U0937464

中等职业教育中餐烹饪专业与西餐烹饪专业系列教材

# 烹饪化学

郑　民　主编
李兰志　副主编
宋金海　茅建民　主审

科学出版社
北　京

## 内 容 简 介

本书共分十章，首先定性地介绍了必要的化学基本概念和基础理论，如物质结构、元素周期律、溶液的pH、胶体以及有关溶液浓度的基本计算等。然后系统介绍了各主族元素和主要化合物，以及各类有机物的结构、分类、命名和性质，重点了解与烹饪和食品有关的元素及化合物的相关知识。最后，从专业实际入手，从色、香、味、形、营养化学成分变化及食品化学的相关安全常识方面对各种菜肴、面点进行了初步探讨。本书充分反映了餐饮的专业要求，重点突出了学生应用能力的培养，内容涵盖了最新的相关成果和应用案例。

本书适合中、高职中西餐烹饪、中西式面点、烹饪工艺与营养等专业的学生使用。

**图书在版编目(CIP)数据**

烹饪化学 / 郑民主编. —北京：科学出版社，2012

（中等职业教育中餐烹饪专业与西餐烹饪专业系列教材）

ISBN 978-7-03-034413-7

Ⅰ. ①烹…　Ⅱ. ①郑…　Ⅲ. ①中式菜肴－烹饪－职业教育－
Ⅳ. ① TS972.117

中国版本图书馆CIP数据核字（2012）第184861号

责任编辑：任锋娟　毕光跃 / 责任校对：马英菊
责任印制：吕春珉 / 封面设计：东方人华平面设计部
版式设计：金舵手

科学出版社 出版
北京东黄城根北街16号
邮政编码：100717
http://www.sciencep.com

北京鑫丰华彩印有限公司 印刷
科学出版社发行　各地新华书店经销

*

2012年6月第 一 版　开本：787 × 1092　1/16
2021年8月第九次印刷　印张：12 1/2　插1
字数：293 000

**定价：35.00元**

（如有印装质量问题，我社负责调换〈鑫丰华〉）
销售部电话 010-62134988　编辑部电话 010-62138978-2015

## 本书编审人员

**顾　问**

吴　星　（扬州大学化工学院　教授）

**主　编**

郑　民　（扬州商务高等职业学校　副教授）

**副主编**

李兰志　（南京旅游营养学校　高级讲师）

**参　编**

王　蓓　（扬州商务高等职业学校　讲师）
顾　瑛　（扬州商务高等职业学校　讲师）
冯小兰　（扬州商务高等职业学校　讲师）

**主　审**

宋金海　（扬州商务高等职业学校　副校长、副教授）
茅建民　（上海邦德职业技术学院　教授、烹饪大师）

# 前言

为了适应我国职业教育的发展，确保中等职业教育的教学质量，中等职业教育学校的烹饪专业化学教材要力求贯彻培养目标，适合教学实际，努力提高学生的科学文化素养和专业理论知识，为学生今后的学习进修和工作打下坚实基础。

编写本书时注意广泛吸取了同类、同层次教材的优点，做好与初中化学课程的衔接，适应生源的变化情况，适当降低理论起点，致力于基础性和实用性的和谐统一，力求做到“重视基础、突出应用、反映前沿”；既能保证学生应有的科学文化素质，又能为学生在学科学习、终身学习和今后的自主发展打好基础；在教学内容的安排和取舍上遵循“尊重学科，但不恪守学科”的原则，删旧增新，适当减少理论推导，着重阐明实际应用价值，注意与专门课程的接口，力求做到立足实践与应用，拓宽基础知识面，强化能力训练和迁移，使一般能力的培养与职业能力的培养相结合。

本书在初中化学知识的基础上，使学生进一步学习和加深化学的基础知识、基本理论和基本实验技能，提高学生的学习兴趣；编写过程中尽量联系一些专业生产和日常生活中的具体实例，力求做到深入浅出、通俗易懂。在正文中还选插了一定数量的拓展材料与借鉴案例，内容涉及日常生活、烹饪操作、食品生产的各个方面，关注最新社会热点问题。每节之后附有练习实践。另外还安排了10个相关的学生实验，以提高学生烹饪化学实验的实际动手操作技能。本书建议点学时为80，具体分配情况见下表。

| 序　号 | 教学内容 | 建议学时 | 备　注 |
|---|---|---|---|
| 1 | 绪论 | 2 | |
| 2 | 第一章　物质结构和元素周期表 | 4 | |
| 3 | 第二章　非金属元素 | 8 | 本章第四节内容可作为选修内容 |
| 4 | 第三章　金属元素 | 4 | 本章内容可作为选修内容 |
| 5 | 第四章　电解质溶液 | 6 | 本章第五节内容可作为选修内容 |
| 6 | 第五章　有机化合物——烃 | 8 | |
| 7 | 第六章　烃的衍生物 | 8 | |
| 8 | 第七章　有机营养素 | 8 | |
| 9 | 第八章　菜点风味化学 | 8 | |
| 10 | 第九章　食品化学安全 | 8 | |
| 11 | 第十章　化学试验 | 10 | 穿插安排在相关章节后选做 |
| 12 | 行业市场调研 | 2 | |
| 13 | 复习机动 | 2 | |
| 14 | 考核评价 | 2 | |
| 总学时 | 80（含选修） | | |

本书由郑民副教授担任主编，负责教材纲目确立、统稿总撰并编写了部分教材内容，南京旅游营养学校的李兰志老师担任副主编。参加本书编写的还有江苏省扬州商务高等职业学校旅游系的顾瑛老师、烹饪系的王蓓老师与冯小兰老师。特聘扬州大学化学工学院吴星教授担任顾问，扬州商务高等职业学校宋金海副教授和茅建民副教授担任主审，他们对本教材进行审读并提出了非常宝贵的建议和意见，在此一并表示感谢。

由于编者水平有限，缺点和不足之处在所难免，恳请广大读者能提出批评、建议和改进意见。

郑　民

2012 年 5 月

# 目录

## 基础模块（二）



## 专 业 模 块

# 实践模块

# 绪 论

改革开放以来，随着人民生活水平的逐步提高和对餐饮业需求的急剧增长，我国职校的烹饪专业教育也得到了快速发展。化学是研究物质及其变化的一门科学，而烹饪则是把食物原料加工成科学、营养的菜点等可食形式的一门专业技术。作为本专业的一门专业基础理论课，把两者有机地结合起来，就是本课程——烹饪化学的研究内容和教学任务。

## 一、烹饪化学的学习意义

为了使烹饪技术建立在现代科学的基础上，继承和发扬我国古代优秀的烹饪文化技术传统，发展具有地方特色的现代化烹饪技术，更好地为人民生活服务。近代化学对人类饮食活动的正式干预是从分子甚至原子的层面上去接触传统的营养科学，其中杰出的成就是人们对营养要素的认识，从而形成了近代营养科学。烹饪专业人员要掌握必要的化学知识，不仅能够应用化学知识去解释烹饪过程中的各种现象，而且能够应用化学知识去指导烹饪技术的研究和创新，这应该是学生学习烹饪基础化学的主要目的和任务。

地球上存在的元素已有112种，但国际上命名承认的只有109种，其中有94种存在于地球上。值得注意的是，目前科学家在人体内已测出的元素有81种，其中必需元素为25种。这首先说明环境元素和人体健康存在着某种内在的联系。化学科学从更深的层次认识人类生命活动的真谛，法国生理学家贝尔纳说："有理智地应用生物化学，就应当注意使我们所生产的食物原料，得到最充分和最好的使用，并使烹调成为一种科学，而同时保存它作为一种艺术的美好成就。"

## 二、烹饪化学的学习内容

化学是自然科学的基础学科之一，是研究物质的组成、结构、性质及变化和变化过程中能量关系的科学。首先定性介绍必要的化学基础理论和基本概念，如原子结构、元素周期律、溶液的电离、pH、胶体以及有关溶液浓度的基本计算等，重点介绍与烹饪有关的元素、化合物的知识；其次介绍各类有机物的结构、分类、命名和性质，如对烹饪操作中常用的酒精、醋酸、胺类等化合物的阐述；然后介绍各种原料的特性及烹饪加工中发生的物理变化、化学变化或生物化学变化，从而使各种菜肴、面点具有不同的色、香、味、形和营养价值，对我国菜肴的特色风味及变化加以探讨；最后结合目前食物原料和食品加工中重要的化学安全问题，初步了解并在今后的操作中避免产生相关的食用安全隐患，防止“病从口入”。

## 三、烹饪化学与专业的联系

烹饪化学是一门年轻的学科，它是从普通化学和食品生物化学中衍生而来的。它不仅为学生打下必要的化学基础，而且进一步探讨了烹饪原料的化学成分、相互反应和变化，是进一步了解烹饪加工制作和烹饪营养卫生的重要基础理论课。它是烹饪专业的理论组成部分，是促进烹饪技术科学化的前提之一。

### 1. 烹饪原料中的化学成分

烹饪原料是由许多化学成分组成的，不同的原料中各种成分的含量也不同。

烹饪原料中的化学成分主要包括糖类、脂类、蛋白质、维生素、水、无机盐、核酸、酶(生物催化剂)、有机酸、生物碱、香气物质和色素等。在烹饪过程中还需加入各种食品添加剂，如调味品、辛香料、人工合成食用色素、防腐剂等，这些物质都是烹饪化学的研究对象。通过讨论，可以找出各种原料的特性和可利用性及它们的营养价值。

### 2. 烹饪过程中的化学现象

烹饪原料是各种化学成分的混合物，常温下它们之间似乎没有什么关系，但当外界环境和条件发生变化后，各种物质分解、转化、互相发生反应，会生成很多新的物质。例如，肉加热后发出浓郁的肉香，其中绝大部分香气物质是在加热过程中产生的；粮食经过微生物发酵可制成白酒、黄酒、啤酒和醋；油脂在储存过程中会变质产生异味；食品的腐败变质生成有强臭味的有害物质；虾加热后颜色变红；油条炸后呈红棕色等。这些现象都是各种化学变化的反映，而这些变化正是烹饪基础化学所要探讨与解释的。

## 四、烹饪化学的学习方法

烹饪化学是一门理论性与实践性都较强的专业基础课，对每个本专业的学生来说，学好这门课程都十分重要。具体学习方法如下。

(1) 正确理解并牢固掌握化学用语、基本概念和基本理论，并以学到的理论为基础，联系实际，更深入地认识物质及其变化的规律。

(2) 在学习重要元素及其化合物的知识时，要分清主次，抓住主要内容；学习无机物时，应紧密联系元素周期律与周期表；学习有机物时，则应以官能团为依据。然后通过对各种物质性质的比较、概括和归类，系统掌握元素及其化合物的知识。

(3) 化学是一门以实验为基础的科学，通过化学实验，能加深理解、巩固所学到的基础知识和基本理论，训练基本技能。因此，在做化学实验时，要善于观察、分析实验现象，并运用基础知识解释实验现象。要学会将烹饪原料中各种复杂的成分与单一的化学成分有机地联系起来；善于归纳总结，对原料及烹饪过程中生成的各种化合物进行归纳分类，从中找出它们的共同规律及其各自的特性和内在联系，或加以利用和保护，或控制与去除。

(4) 在学习过程中应在理解的基础上适当进行记忆，并且联系专业实际加以体会和应用；要善于运用所学的知识来解释生产、生活中所遇到的一些现象，并进一步解决生产中出现的实际问题；结合实践操作展开专题讨论，学会从化学的视角去解释一些常见的生活现象，提高分析和解决实际问题的能力。

教材内容共有九章，分为三大模块（基础模块、专业模块和实践模块），其栏目编排有如下特色。

**【活动探究】**引领学生积极投身实践活动，在“做中学”的自主探究中享受发现的快乐；

**【观察思考】**展示相关专业现象和问题，帮助学生开启化学思维；

**【生活（专业）向导】**结合化学原理解释一些日常现象，对实际生活或专业操作中的某些化学现象与用品提出合理的解释和建议；

**【视野拓展】**提供更多的生动素材，使学生开阔视野，进一步领略化学的奇妙和魅力；

**【归纳小结】**对有关的化学现象和知识进行系统的整理，以表格、图示等方法归纳总结出一般的结论；

**【练习实践】**帮助学生巩固知识，应用知识解决某些专业实际问题。

全部内容充分体现了烹饪化学这一新兴交叉学科独有的特色，为后面的食品营养和食品卫生等课程做好了专业基础理论的坚实铺垫。

著名科学家R. 布里斯罗在就任美国化学会会长期间撰写了一部经典著作，题名为“化学的今天和明天”。在该书的副标题中，化学被神圣地定义为“一门中心的、实用的、创造性的科学”。化学并不神秘，它就在每个人的身边。物质世界在一定意义上可以说是一个千变万化的化学世界。任何人的日常生活都离不开化学，从早到晚，从衣食住行到工作学习，时时处处都与化学紧密相关。烹饪化学专业更是离不开化学，烹饪调料如酒、酱、醋等的酿造，果品、蔬菜等的加工与储藏，畜禽产品、水产品等的加工，都需要用到化学知识。色香味俱佳的食品离不开各种食品添加剂，如甜味剂、防腐剂、香料、调味剂和色素等，它们大都是用化学合成方法或用化学分离方法从天然产物中提取出来的。

由此可见，我们的生活与专业都离不开化学，可以说我们就生活与工作在化学的世界里。现代社会中化学污染等诸多问题愈演愈烈，随着化学及其他科学的发展才能得到很好的解决。化学是一种伴随我们一生的科学。在学习中，我们要激发兴趣，强化对生活、对专业、对生存环境、对社会的责任心和积极参与意识，提升科学素养水平，将这一专业基础课程学好学活。当我们以一种勤学好练的崭新姿态来学习和理解烹饪化学课程时，我们眼中的物质世界与今后的专业生活都会变得更加美好。

# 基础模块（一）

# 第一章

# 物质结构和元素周期表

我们在实际工作中遇到的烹饪原料与食品中的化学成分相当复杂，有些成分是动、植物体内原有的，有些是在加工过程、储藏期间新产生的，有些是人为添加的，有些是原料生产、加工或储藏期间受到的污染，还有的是包装材料带来的，等等。物质在不同条件下表现出来的各种性质，与它们的结构有着密切关系。为了从本质上去认识物质的性质及其变化规律，我们首先需要进一步学习原子结构、同位素、元素周期律及元素周期表等化学理论的基础知识。

## 第一节　原子结构和同位素

19 世纪末，放射性元素逐一被发现，它们裂变的事实打破了原子不能再分的传统观念。这一切激励着科学家们去探索原子的内在结构。到今天，人们已建立起一整套描述原子内在结构的理论和方法，使化学迅速进入微观领域的研究。

### 一、原子核

原子由居于原子中心带正电荷的原子核和核外带负电荷的电子构成。由于原子核的电量和核外电子的电量是相等而电性相反的，因此原子作为一个整体不显电性。原子很小，而原子核的半径约是原子的十万分之一，体积只是原子体积的几千亿分之一。由此可见，原子核和电子之间十分空旷，并存在着电场，电场把原子核与电子紧紧联系在一起。

原子核由质子和中子构成。质子带一个单位正电荷，中子呈电中性。因此在原子中，质子数决定原子核所带的正电荷数，即核电荷数。核电荷数的符号为 $Z$。

$$\text{核电荷数}\ (Z) = \text{核内质子数} = \text{核外电子数} = \text{原子序数}$$

质子的质量为 $1.6726\times10^{-27}$kg，中子的质量稍大些，为 $1.6788\times10^{-27}$kg，电子的质量很小，仅为质子质量的 1/1836，所以原子的质量主要集中在原子核上。由于质子、中子的质量很小，计算不方便，因此通常用它们的相对质量。

作为原子量标准的 $^{12}C$ 的质量是 $1.9927\times10^{-26}$kg，它的 1/12 为 $1.6606\times10^{-27}$kg。质子和中子的相对质量分别是 1.007 和 1.008，取近似整数值为 1。显然，如果忽略电子的质量，将原子核内所有质子和中子的相对质量取近似整数值相加，所得的数值叫做质量数，用符号

$A$ 表示。中子数用符号 $N$ 表示。则

$$质量数（A）= 质子数（Z）+ 中子数（N）$$

因此，只要知道上述 3 个数值中的任意两个，就可以推算出另一个数值。

归纳起来，如以 ${}_Z^AX$ 代表一个质量数为 $A$、质子数为 $Z$ 的原子，那么组成原子的粒子间的关系可以表示如下：

$$原子{}_Z^AX\begin{cases}原子核\begin{cases}质子 & Z个\\中子 & (A-Z)个\end{cases}\\核外电子\quad Z个\end{cases}$$

例如，已知硫原子的核电荷数为 16，质量数为 32，则硫原子的中子数（$A-Z$）= $32-16=16$。

## 二、同位素

具有相同核电荷数（质子数）的同一类原子的总称叫做元素。也就是说，同种元素的原子核的质子数相同。那么，它们的中子数是否相同呢？科学实验研究证明，它们中子数不一定相同。例如，氢元素原子的名称、符号和组成如表 1-1 所示。

**表 1-1　氢元素原子的名称、符号和组成**

| 名称 | 符号 | 俗称 | 原子核的组成 | | 核电荷数 | 质量数 |
|---|---|---|---|---|---|---|
| | | | 质子数 | 中子数 | | |
| 氕（音撇） | ${}_1^1H$ 或 H | 氢（普通氢） | 1 | 0 | 1 | 1 |
| 氘（音刀） | ${}_1^2H$ 或 D | 重氢 | 1 | 1 | 1 | 2 |
| 氚（音川） | ${}_1^3H$ 或 T | 超重氢 | 1 | 2 | 1 | 3 |

${}_1^1H$、${}_1^2H$ 和 ${}_1^3H$ 是具有相同质子数和不同中子数的同一种元素的不同原子，因为它们在元素周期表中占同一位置，所以互称为同位素。许多元素都有同位素。碳元素有 ${}_6^{12}C$、${}_6^{13}C$ 和 ${}_6^{14}C$ 等几种同位素，而 ${}_6^{12}C$ 就是我们将它的质量作为原子量标准的那种碳原子（也叫做碳 12）。

同一种元素的各种同位素虽然质量数不同（即中子数不同），但它们的化学性质几乎完全相同。

在天然存在的某种元素里，无论是游离态还是化合态，各种同位素的原子含量一般是不变的。我们平常所说的某种元素的原子量，是按各种天然同位素原子所占的一定百分比计算出来的平均值。

**【例题】** 自然界中的氧有 3 种同位素：${}_8^{16}O$、${}_8^{17}O$、${}_8^{18}O$，含量分别为 99.790%、0.043%、0.167%，根据所提供的数据试求出平均原子量。

**【解】** O 元素的平均原子量为 $16\times0.99790+17\times0.00043+18\times0.00167=16.00377$。

**视野拓展**

**同位素的应用**

同位素已广泛应用于医学、工业、农业、能源和科学研究等领域。其在医学领域中的应用最为活跃，主要用于显像、诊断和治疗，另外还用于医疗用品消毒、药物作用机理研究和生物医学研究等。

同位素辐射育种是一种能够改进农产品质量、增加产量的新技术。科学家利用辐射诱变技术已经培育出许多抗病能力更强或更能适应不同地区生长条件的农作物新品种，从而增加了谷物产量，并提高了食品的质量。利用同位素示踪技术，可检测并确定植物的最佳肥料吸入量和农药吸入量。而 $^{14}C$ 的放射性可用于考古断代。生物体内的 $^{14}C$ 在碳元素中的原子分数因衰变而减少，每 5730 年就减少一半，因此测定出土文物标本中 $^{14}C$ 在碳元素中原子分数的减少程度，就可以推算出其年代。

然而，某些同位素的放射性会对环境以及人体健康产生危害，我们应科学地使用放射性同位素。

## 练习实践

### 一、选择题

1．下列关于$^{42}_{20}Ca$元素的叙述错误的是（　　）。

A．质子数为 20　B．电子数为 20　C．中子数为 20　D．质量数为 20

2．原子的质量主要集中在（　　）。

A．质子　B．中子　C．电子　D．原子核

3．据报道，上海某医院正在研究用放射性碘治疗肿瘤。这种碘原子的核电荷数为 53，相对原子质量为 125。下列关于这种原子的说法中，错误的是（　　）。

A．中子数为 72　B．质子数为 72

C．电子数为 53　D．质子数和中子数之和为 125

4．下列关于原子核的叙述中，正确的是（　　）。

①通常由中子和电子构成 ②通常由质子和中子构成 ③带负电荷 ④不显电性 ⑤不能再分 ⑥体积大约相当于原子 ⑦质量大约相当于原子

A．①⑤　B．②⑦　C．③④　D．②⑥⑦

### 二、计算题

在自然界中，氯有两种同位素，即$^{35}_{17}Cl$与$^{37}_{17}Cl$，它们在自然界的含量分别是 75.77% 和 24.23%，试计算氯元素的平均原子量。

# 第二节　元素周期律　元素周期表

在以前的化学学习中，我们已经初步了解了 1 ～ 20 号元素的核外电子排布的基本情况。那么，元素的性质是否随原子序数递增而呈周期性变化呢？这正是本节所要进一步研究的内容，即原子核外的电子排布、原子半径、元素化合价等随原子序数的递增而呈现出的周期性变化规律。

## 一、原子核外电子的排布

我们已经知道，不同元素原子核外电子的数目各不相同。科学家运用多种方法研究这些电子在原子核外的运动状态，揭示了核外电子的排布规律。

观察图 1-1 所示的元素原子结构示意图。随着元素核电荷数的递增，元素电子核外电子的排布有什么规律？

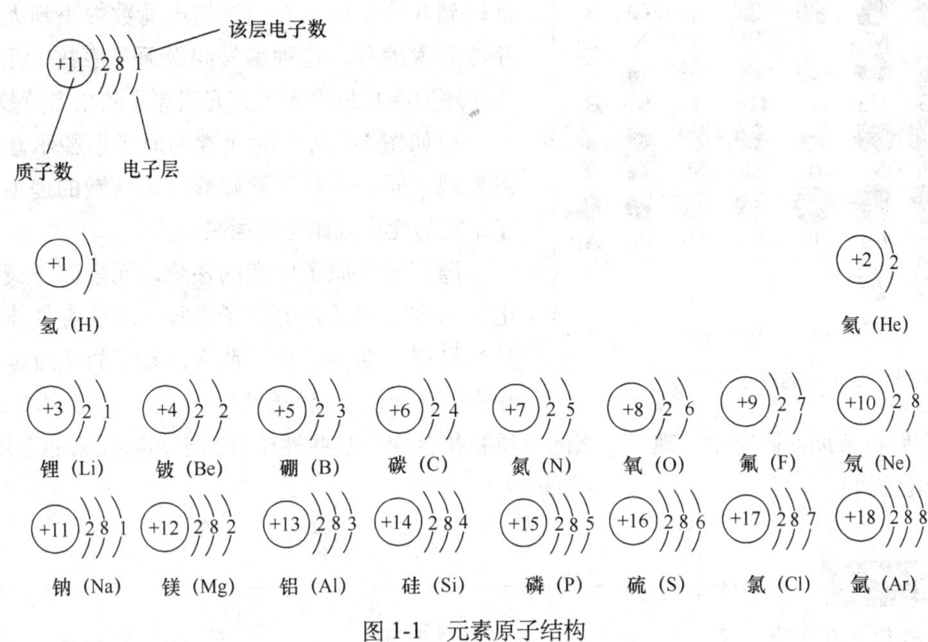


图 1-1 元素原子结构

人们经过长期研究发现，含多个核外电子的原子中，电子运动的主要区域离核有远有近，在离核较近的区域运动的电子能量较低，在离核较远的区域运动的电子能量较高，即电子在原子核外是分层排布的。排布在最外电子层的电子能量最高且不稳定。

原子核外各电子层最多能容纳的电子数是一定的。科学研究证明，电子在原子核外排布时，总是尽量先排在能量最低的电子层。

**活动探究**

1. 查看稀有气体元素的原子核外电子排布，各电子层最多能容纳的电子数是多少？请由此推出原子核外各电子层最多能容纳的电子数和电子层序数 $n$ 的关系。
2. 各稀有气体元素原子中最外电子层最多能容纳的电子数是多少？次外电子层最多能容纳的电子数是多少？

通过以上分析，原子核外各电子层与最外电子层最多能容纳的电子数为 $2n^2$。稀有气体元素原子中最外电子层都已经填满，形成了稳定的电子层结构。

## 二、元素周期律

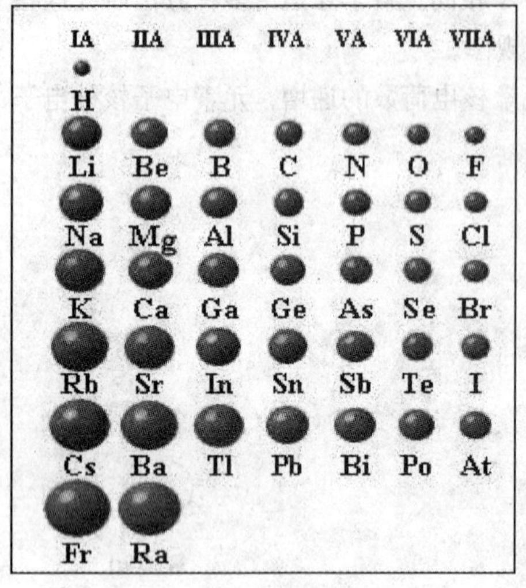


图 1-2　元素的原子半径示意图

分析核电荷数为 1 ～ 18 的元素原子核外电子排布可以发现，随着元素核电荷数的递增，元素原子最外层电子的排布呈现周期性变化，除 H、He 元素外，最外电子层上的电子数重复出现从 1 递增到 8 的变化。人们按核电荷数由小到大的顺序给元素编号，这种编号叫做原子序数。元素的原子序数在数值上等于该元素原子的核电荷数。

由如图 1-2 所示的元素的原子半径示意图可以发现，同一横行元素随着核电荷数的递增，原子半径的变化规律是逐渐减小。

随着元素原子序数的递增，元素原子最外层电子的排布和元素的原子半径（除稀有气体元素外）呈现周期性变化。那么，元素的性质是否有相应的周期性变化规律呢？

人们在长期的研究中发现，元素的单质和化合物的某些性质有助于判断元素的金属性、非金属性强弱。

**活动探究**

进行下列实验，探究钠、镁、铝单质活动性强弱。

**【实验 1】** 切取绿豆大小的一小块金属钠，用滤纸吸干其表面的煤油。在一只 250mL 烧杯中加入少量的水，在水中滴加两滴酚酞溶液，将金属钠投入烧杯中，观察并记录实验现象。

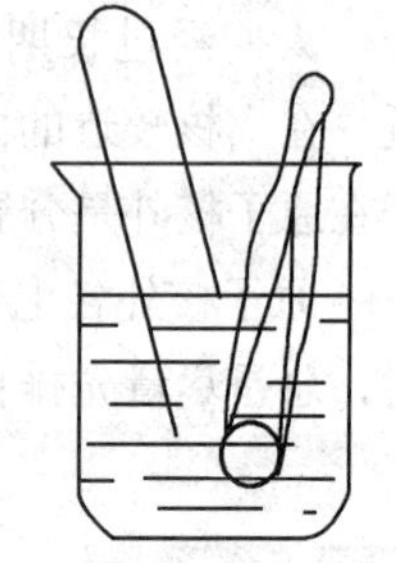

图 1-3　钠与水的反应

**【实验 2】** 将已用砂纸打磨除去氧化膜的一小段镁条放入试管中，向试管中加入适量的水，再向水中滴加两滴酚酞溶液，观察实验现象。再加热试管，观察并记录实验现象。

**【实验 3】** 在两支试管中，分别放入已用砂纸打磨除去氧化膜的一小段镁条和铝片，再向试管中各加入 2 mol/L 盐酸 2 mL，观察并记录实验现象。

| 实验＼物质 | | 钠 | 镁 | 铝 |
|---|---|---|---|---|
| 与水的反应 | 与冷水反应 | | | — |
| | 与热水反应 | — | | — |
| 与盐酸反应 | | — | | |

钠、镁、铝单质活动性强弱的顺序是____________________。

同理，可以探究氯、硫、磷单质的活动性强弱。得出下列结论：

(1) 11 ～ 17 号元素最高价氧化物的水化物的酸碱性强弱的变化规律是______________；11 ～ 17 号元素的金属性和非金属性强弱的变化规律是______________。

(2) 11 ～ 17 号元素的最高化合价和最低化合价的变化规律是______________；11 ～ 17 号元素的最高化合价和最低化合价的数值与原子核外最外层电子数的关系是______________。

更多的研究表明，随着元素核电荷数的递增，元素的原子半径（除稀有气体元素外）、元素的金属性和非金属性、元素的主要化合价（最高化合价与最低化合价）都呈现周期性变化。

元素的性质随着元素核电荷数的递增而呈周期性变化的规律叫做元素周期律。元素周期律是元素原子核外电子排布随着元素核电荷数的递增发生周期性变化的必然结果。

## 三、元素周期表

人们把已经发现的元素按一定的规则排列成元素周期表。元素周期表直观地反映了元素的性质随着核电荷数的递增呈周期性变化的规律。

在元素周期表（图 1-4）中，IA ～ VIIA 族是主族元素，主族和 0 族由短周期元素、长周期元素共同组成；IB ～ VIIB 族是副族元素，副族和 VIII 族完全由长周期元素构成。

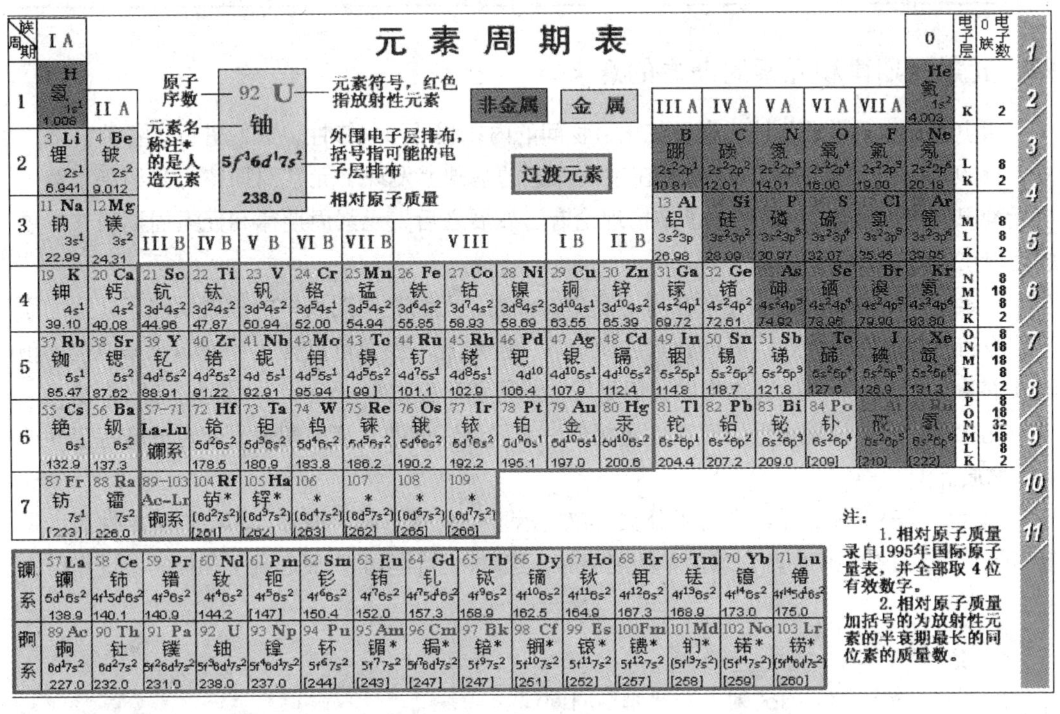


图 1-4　元素周期表

元素周期表是元素周期律的具体表现形式。同一周期的元素，从左到右金属性逐渐减弱，非金属性逐渐增强。同理，同一主族的元素，从上到下金属性逐渐增强，非金属性逐渐减弱。

元素周期表中共有 7 个周期，1 ～ 3 周期是短周期，4 ～ 7 周期是长周期，第 7 周期由于还有尚待发现的元素，又称为不完全周期。

在元素周期表中，从左到右和从上到下，各主族元素性质的递变规律可以用表1-2表示。在周期表中，在硼、硅、砷、碲、砹和铝、锗、锑、钋之间画一折线，折线的左下方是金属元素区，右上方是非金属区。左下角的铯是金属性最强的元素，右上角的氟是非金属性最强的元素，最右的一个纵行是稀有气体元素。由于元素的金属性和非金属性没有严格的界限，所以位于折线两边附近的元素，既表现某些金属性，又表现某些非金属性的两性特点。

表1-2　元素金属性和非金属性的递变

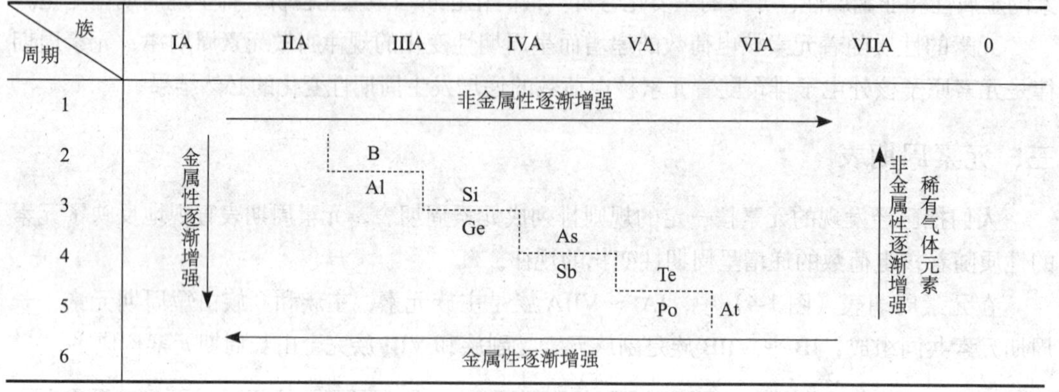


## 四、元素周期律和元素周期表的意义

历史上，为了寻求各种元素及其化合物间的内在联系和规律性，人们进行了各种尝试。

1869年，俄国化学家门捷列夫在前人探索的基础上发现了元素周期律，并编制了第一个元素周期表。直到20世纪原子结构理论有了发展之后，元素周期律和元素周期表才发展成为现在的形式。

元素的原子结构决定了元素在周期表中的位置，元素在周期表中的位置反映了元素的原子结构和元素的性质特点。根据元素在周期表中的位置，我们可以推测元素的原子结构，预测其主要性质。元素周期表能帮助我们更好地学习和研究化学。

元素周期表中位置相近的元素性质相似，人们可以借助元素周期表研究合成有特定性质的新物质。

元素周期表不仅对元素进行了分类，也揭示了一系列的科学观念，如结构决定性质、量变引起质变、复杂现象中蕴含着简单的规律等，这对化学科学的发展起到了积极的推进作用。

**视野拓展**

### 门捷列夫发现元素周期律

1834年2月7日，伊万诺维奇·门捷列夫出生于西伯利亚的托博尔斯克，父亲是中学校长。16岁时，进入圣彼得堡师范学院自然科学教育系学习。毕业后，门捷列夫去德国深造，主要研究物理化学。1861年回国，任圣彼得堡大学教授。

在编写无机化学讲义时，门捷列夫发现这门学科的俄语教材都已陈旧，无法适应新的教学要求，因而迫切需要一本能够反映当代化学发展水平的新的无机

**视野拓展**

化学教科书。在编写有关化学元素及其化合物性质的章节时，他遇到了难题：按照什么次序排列它们的位置呢？当时发现的化学元素已达63种。为了寻找元素的科学分类方法，他不得不研究元素之间的内在联系。门捷列夫抓住了化学家研究元素分类的历史脉络，夜以继日地分析思考，并动手在一张张卡片上写上元素名称、原子量、化合物的化学式和主要性质。写好后分成几类，然后摆放在宽大的实验台上对卡片进行系统整理。他每天手拿元素卡片像玩纸牌那样收起、摆开，再收起、再摆开，皱着眉头“玩牌”……

经过长时间“玩牌”，在门捷列夫面前出现了完全出乎意料的现象，每一行元素的性质都是按照原子量的增大而从上到下地逐渐变化着。“这就是说，元素的性质与它们的原子量呈周期性有关系。”门捷列夫兴奋地抓起记事簿写道：“根据元素原子量及其化学性质的近似性试排元素表。”

1869年2月底，门捷列夫终于在化学元素符号的排列中发现了元素具有周期性变化的规律。同年，德国化学家迈尔根据元素的物理性质及其他性质，也制出了一个元素周期表。

元素周期律使人类认识到化学元素性质发生变化是由量变到质变的过程，把原来认为各种元素之间彼此孤立、互不相关的观点彻底打破了，使化学研究从只限于对无数个别的零星事实做无规律的罗列中摆脱出来，从而奠定了现代化学的坚实基础。

## 练习实践

### 一、填空题

1．元素周期表中共有________个横行，即________个周期。

2．同一周期的主族元素，从左到右，原子半径逐渐________，失电子能力逐渐________，得电子能力逐渐________，金属性逐渐________，非金属性逐渐________。

3．同一主族元素，从上到下原子半径逐渐________，失电子能力逐渐________，得电子能力逐渐________，金属性逐渐________，非金属性________。

4．主族元素最高正化合价一般等于其________序数，非金属元素的负化合价等于________。

5．填表。

| 核外电子排布 | (+11) 2 8 1 | (+12) 2 8 2 | (+7) 2 5 | (+16) 2 8 6 |
|---|---|---|---|---|
| 周期数 | | | | |
| 族数 | | | | |
| 元素名称及符号 | | | | |
| 最高正化合价 | | | | |

### 二、选择题

1．元素的性质随着原子序数的递增呈现周期性变化的原因是（　　）。

A．元素原子的核外电子排布呈周期性变化

B．元素原子的电子层数呈周期性变化

C．元素的化合价呈周期性变化

D．元素的相对原子质量呈周期性变化

2．下列元素的原子半径最小的是（　　）。

A．N　　B．F　　C．Mg　　D．Cl

3．下列元素中最高正化合价数值最大的是（　　）。

A．Na　　B．P　　C．Cl　　D．Ar

4．原子序数从 3 ～ 10 的元素，随着核电荷数的递增而逐渐增大的是（　　）。

A．电子层数　B．电子数　C．原子半径　D．化合价

## 三、问答题

1．用原子结构的观点说明为什么元素性质随原子序数的递增呈周期性的变化。

2．比较下列各对元素，哪一种元素表现出更强的金属性或非金属性？

①Na K　②B Al　③P Al　④O S　⑤S Cl

3．已知元素 A、B、C、D 的原子序数分别为 6、8、11、13，试回答：

① 它们各是什么元素？

② 不看周期表，如何来推断它们各位于哪一周期、哪一族？

## 归纳小结

## 一、原子结构

### 1．构成原子的粒子间的关系

原子 ${}^{A}_{Z}X$
- 原子核
  - 质子　$Z$ 个
  - 中子　$(A-Z)$ 个
- 核外电子　$Z$ 个

### 2．质子数

质子数决定元素的种类和元素在周期表中的位置。

质子数 = 核电荷数 = 核外电子数 = 原子序数

### 3．同位素

具有相同质子数和不同中子数的同一元素的原子互称为同位素。

## 二、元素周期律和元素周期表

### 1．核外电子的排布

(1) 电子层。根据电子的能量差别和通常运动区域与核的距离不同，核外电子处于不同的电子层。

(2) 各电子层容纳的电子数。各电子层最多容纳的电子数是 $2n^2$ 个，最外层电子数不超过 8 个（K 层不超过 2 个），次外层电子数不超过 18 个。

(3) 电子层排布倾向能量最低。核外电子总是尽量先排布在能量最低的电子层，然后由里往外，依次排布在能量逐步升高的电子层。

(4) 电子层排布的表示方法。电子层排布可用原子结构示意图表示。

### 2．元素周期律

元素的性质随着元素原子序数的递增而呈周期性变化的规律叫做元素周期律。

元素性质的周期变化是原子结构，特别是核外电子排布的周期性变化的结果。

### 3．元素周期表

元素周期表是元素周期律的具体表现形式。

同周期元素性质递变规律：从左到右（稀有气体除外），元素的金属性逐渐减弱，非金属性逐渐增强。

同主族元素性质递变规律：从上到下，元素的金属性逐渐增强，非金属性逐渐减弱。

# 第二章

# 非金属元素

在已经发现的元素中，非金属元素只有22种（包括稀有气体），虽然种类不多，但它们的化合物却是化学世界里最庞大的家族。在人类生活和国民经济的发展中，非金属元素有着极其重要的意义。例如，氮、磷、钾属于肥料三要素；氟和碘则是人体不可缺少的元素；一氧化碳、二氧化硫等气体对环境产生污染，导致大气臭氧层变薄，甚至出现了“空洞”等。本章将介绍卤族元素、氧族元素、氮族元素和碳族元素的有关内容，着重学习氯、硫、氮、磷、硅等几种与我们生活和专业密切相关的非金属元素及主要化合物的内容。

## 第一节　卤 族 元 素

由于氟、氯、溴、碘等元素在原子结构和元素性质上具有一定的相似性，又是人类最早发现的成盐元素，因此将它们统称为卤族元素，简称卤素。

### 一、卤素的原子结构及单质的物理性质

卤素在自然界里都以化合态存在，它们的单质可人工制取。卤素的单质都是双原子的分子。表2-1列出了各元素的原子结构和单质的物理性质（请画出其中的电子层结构图）。

**表2-1　卤族元素的原子结构和单质的物理性质**

| 元素名称 | 元素符号 | 核电荷数 | 电子层结构 | 单质 | 颜色和状态（常态） | 密度 | 沸点/℃ | 熔点/℃ | 溶解度（100g水中） |
|---|---|---|---|---|---|---|---|---|---|
| 氟 | F | 9 | | $F_2$ | 淡黄绿色气体 | 1.69g/L | −188.1 | −219.6 | 反应 |
| 氯 | Cl | 17 | | $Cl_2$ | 黄绿色气体 | 3.214g/L | −34.6 | −101 | 226cm$^3$ |
| 溴 | Br | 35 | | $Br_2$ | 深红棕色液体 | 3.119g/L | 58.78 | −7.2 | 4.17g |
| 碘 | I | 53 | | $I_2$ | 紫黑色固体 | 4.93g/L | 184.4 | 113.5 | 0.029g |

从表中可以看出，氟、氯、溴、碘原子的最外层电子数是相同的，都是7个电子，但电子层数不同。因此，它们的原子半径都随着电子层数的增多而增大。它们的离子都因为得到

了1个电子，离子半径比相应的原子半径增大了。

另外，卤素单质的物理性质有较大的差别。例如，常温下，氟、氯是气体，溴是液体，碘是固体，它们的沸点、熔点都逐渐升高，颜色由淡黄绿色到紫黑色，逐渐转深。

## 二、卤素单质的化学性质

我们知道，氯的化学性质很活泼，氯原子的最外电子层是7个电子，在化学反应中很容易得到1个电子而成为8电子的稳定结构。氟、溴、碘原子的最外电子层也都是7个电子，因而它们的化学性质和氯有着很大的相似性。

### 1. 卤素与金属反应

氟、氯、溴、碘都可以和钠等金属起反应。在自然界里，也存在多种金属与卤素的化合物，如氟化钙、氯化钠、氯化镁、溴化钾、碘化钾等。

### 2. 卤素和氢气反应

氟的性质比氯更活泼，氟气与氢气的反应不需要光源，在暗处就能剧烈化合并发生爆炸，溴的性质不如氯活泼，溴气与氢气的反应在达到500℃时即较慢地进行。碘的性质比溴更不活泼，碘与氢气的反应在不断加热条件下缓慢地进行，生成的碘化氢很不稳定，同时发生分解。

### 3. 卤素和水反应

氟遇水发生剧烈的反应，生成氟化氢和氧气。溴与水的反应比氯气与水的反应更弱一些，碘与水只发生很微弱的反应。反应式如下。

$$X_2 + H_2O = HX + HXO\ (\text{X 表示 Cl、Br、I})$$

### 4. 卤素各单质的活动性比较

**【实验1】**把少量新制的饱和氯水分别注入盛有溴化钠溶液和碘化钾溶液的两支试管里，用力振荡后，注入少量无色汽油（或四氯化碳）再振荡。观察油层和溶液颜色的变化。

**【实验2】**把少量溴水注入盛有碘化钾溶液的试管里，用力振荡。观察溶液颜色的变化。

溶液颜色的变化，说明氯可以把溴或碘从它们的化合物中置换出来，溴可以把碘从它的化合物中置换出来。反应式如下。

$$2NaBr + Cl_2 = 2NaCl + Br_2$$

$$2KI + Cl_2 = 2KCl + I_2$$

$$2KI + Br_2 = 2KBr + I_2$$

由此可以证明，氯、溴、碘这3种元素里，氯比溴活泼，溴又比碘活泼。

从卤素的化学性质可以看出，它们有很多相似的地方，但也有差别，如表2-2所示。

表 2-2　卤素单质的化学性质

| 化学式 | 跟氢气的反应和氢化物的稳定性 | 跟水的反应 | 卤素的活动性比较 |
| --- | --- | --- | --- |
| $F_2$ | 在冷暗处就能剧烈化合而爆炸。HF 很稳定 | 使水迅速分解，放出氧气 | 氟最活泼，能把氯、溴、碘从它们的化合物中置换出来 |
| $Cl_2$ | 在强光照射下，剧烈化合而爆炸。HCl 较稳定 | 在日光照射下，缓慢放出氧气 | 氯次之，能把溴、碘从它们的化合物中置换出来 |
| $Br_2$ | 在高温条件下，较慢地化合。HBr 较不稳定 | 反应较氯微弱 | 溴又次之，能把碘从它的化合物中置换出来 |
| $I_2$ | 持续加热，慢慢化合。HI 不稳定，同时发生分解 | 很微弱的反应 | 碘较不活泼 |

卤素容易得到电子而被还原，它们本身是强氧化剂。但是，氟、氯、溴、碘各原子的核电荷数不同，核外电子层数不同，原子的大小也都不同，各原子核对外层电子的引力也有所不同。总的来看，卤素是活泼的非金属元素，它们的活动性又随着核电荷数的增加、原子半径的增大而减弱。

$$\xrightarrow[\text{氧化性逐渐减弱}]{F_2 \quad Cl_2 \quad Br_2 \quad I_2}$$

卤素单质的氧化性顺序

**视 野 拓 展**

**自来水消毒**

自来水要进行消毒，消毒剂选择氯气。氯气易溶于水，与水结合生成次氯酸和盐酸，在整个消毒过程中起主要作用的是次氯酸。对产生臭味的无机物来说，它能将其彻底氧化消毒，对于有生命的天然物质，如水藻、细菌，它能穿透细胞壁，氧化其酶系统（酶为生物催化剂），使其失去活性，使细菌的生命活动受到阻碍而死亡。次氯酸本身呈中性，容易接近细菌体而显示出良好的灭菌效果。次氯酸根离子也具有一定的消毒作用，但它带负电荷而难于接近细菌体（细菌体带负电荷），因而较之次氯酸，其灭菌效果要差得多，所以氯气消毒效果要比采用漂白粉消毒更佳。

## 三、卤素的几种重要化合物

卤素的化学性质非常活泼，能与很多单质和化合物反应，因此含卤化合物的种类非常多。这里只简单介绍几种与日常生活和人体健康有关的卤化银和碘化物的一些知识。

1. 卤化银

**【实验 3】**将少量 $AgNO_3$ 溶液分别滴入盛有 NaCl 溶液、NaBr 溶液和 KI 溶液的三支试管中，观察并比较三支试管中发生的现象。再各加入少量稀硝酸，观察有什么变化。

可以看到，在三支试管里分别有白色、浅黄色、黄色的沉淀生成。而且，这三种沉淀都不溶于稀硝酸。

$$NaCl + AgNO_3 = AgCl\downarrow\ (\text{白色}) + NaNO_3$$

$$NaBr + AgNO_3 = AgBr \downarrow \text{（浅黄色）} + NaNO_3$$

$$KI + AgNO_3 = AgI \downarrow \text{（黄色）} + KNO_3$$

在上述反应中，三支试管里的 $Cl^-$、$Br^-$、$I^-$ 分别与 $Ag^+$ 反应，生成了相应的不溶性卤化银。我们也经常用 $AgNO_3$ 溶液来检验卤素离子的存在。

卤化银都有感光性，在光的照射下会发生分解反应。卤化银的这种感光性质常被用于制作感光材料。照相用的胶卷和相纸上都有一层药膜，其主要成分就是溴化银。在拍照时，胶片上的溴化银即发生分解反应（即我们常说的感光），用显影剂和定影剂处理后，就可以得到明暗程度跟实物相反的底片。而后使相纸通过底片感光，再经过显影、定影处理，就可得到明暗程度跟实物一致的照片了。

在人工控制气象方面，碘化银起着重要的作用。在必要的情况下，向空中播撒碘化银粉末可达到人工降水（雨、雪）的目的。

### 2. 碘化物的主要用途

碘酸钾、碘化钾等含碘的化合物，不仅是我们在实验室中常用的化学试剂，而且也能供给人体必不可少的微量元素——碘。

人体一般每日摄入 0.1 ～ 0.2mg 碘就可以满足需要。在正常情况下，人们通过食物、饮水及呼吸即可摄入所需的微量碘。但在一些地区，由于各种原因，水和土壤中缺碘，食物中的含碘量也较少，造成人体摄碘量少。有些地区由于在食物中含有阻碍人体吸收碘的某些物质，也会造成人体缺碘。值得注意的是，人体摄入过多的碘也是有害的。因此，不能认为高碘的食物吃得越多越好，要根据个人的身体情况而定。

**生 活 向 导**

#### 人体必需的微量元素——碘

碘有极其重要的生理作用，在人体中碘的总量约为 12 ～ 20mg，其中约 1/2 分布在甲状腺内。甲状腺内的甲状腺球蛋白是一种含碘的蛋白质，是人体的碘库。人需要时，甲状腺球蛋白就很快水解为有生物活性的甲状腺素，并通过血液到达人体各组织。

甲状腺素是一种含碘的氨基酸，它具有促进体内物质和能量代谢、促进身体生长发育、提高神经系统的兴奋性等生理功能。人体中如果缺碘，甲状腺就得不到足够的碘，甲状腺素的合成就会受到影响，使得甲状腺组织产生代偿性增生，形成甲状腺肿（俗称"大脖子病"）。甲状腺肿等碘缺乏病是世界上分布最广、发病人数最多的一种地方病。我国是世界上严重缺碘的地区，全国约有四亿多人缺碘。碘缺乏病给人类的智力与健康造成了极大的损害，对婴幼儿的危害尤其严重。因为严重缺碘的妇女，容易生出患有克汀病和智力低下的婴儿。患有克汀病的患儿身体矮小、智力低下、发育不全，甚至痴呆，即使是轻症患儿也多有智力低下的表现。

为了防止碘缺乏病，各国都采取了一些措施，如提供含碘食盐或其他含碘的食品，食用含碘丰富的海产品等，其中以食用含碘食盐最为方便有效。1991 年，我国政府为了消除碘缺乏病，在居民的食用盐中均加入了一定量的碘酸钾，以确保人体对碘的摄入量。

活动探究

白纸显字

找一张吸水性好的白纸，用淀粉溶液（也可用米汤或面粉糊代替）在纸上写字或作画。待字迹稍干，字、画就难以辨认了，随即用毛笔或棉花沾少量碘酒涂抹在纸上，纸上原来看不到的文字或图画就会显现出来，如图 2-1 所示。请说出这一实验的化学原理。

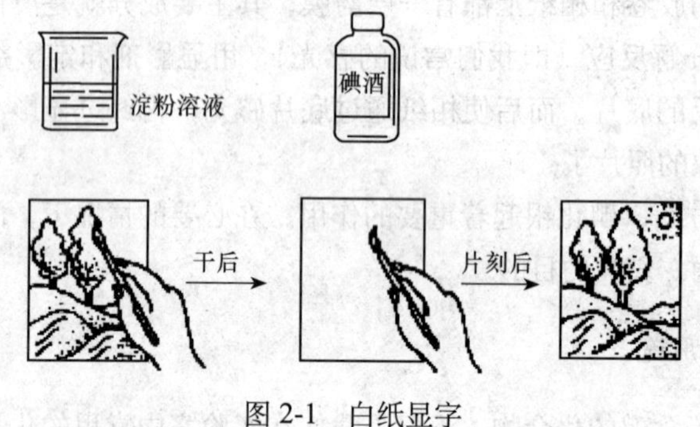


图 2-1 白纸显字

## 练习实践

### 一、填空题

1．通常状况下，卤素单质中________和________是气体，________是液体，________是固体。

2．卤素原子最外层的电子数都是________个，在化学反应中卤素原子容易得到________个电子。在卤化物中，卤素最常见的化合价是________价。

3．在卤族元素中，氧化性最强的是________，原子半径最小的是________。

### 二、选择题

1．下列物质中，能使淀粉碘化钾溶液变蓝的是（　　）。

A．氯水　　B．溴水　　C．KBr　　D．KI

2．下列物质中，在光照下易分解的是（　　）。

A．氯水　　B．NaBr　　C．KI　　D．AgBr

3．下列物质与 $AgNO_3$ 溶液混合后，能产生黄色沉淀的是（　　）。

A．KF　　B．KI　　C．KCl　　D．KBr

### 三、实验题

现有 KBr、NaOH、$CuCl_2$、$AgNO_3$ 四种溶液，分别置于 A、B、C、D 四支试管中并进行下述实验：

1．将 A、B 混合，产生蓝色沉淀；

2．将 A、D 混合，产生白色沉淀；

3．将 C、D 混合，产生浅黄色沉淀。

根据以上现象，判断 A、B、C、D 试管中各是什么溶液。

# 第二节　氧 族 元 素

元素周期表中的第 VIA 族元素又称氧族元素，包括氧（O）、硫（S）、硒（Se）、碲（Te）、钋（Po）等几种元素。氧族元素在元素周期表中的位置如下。

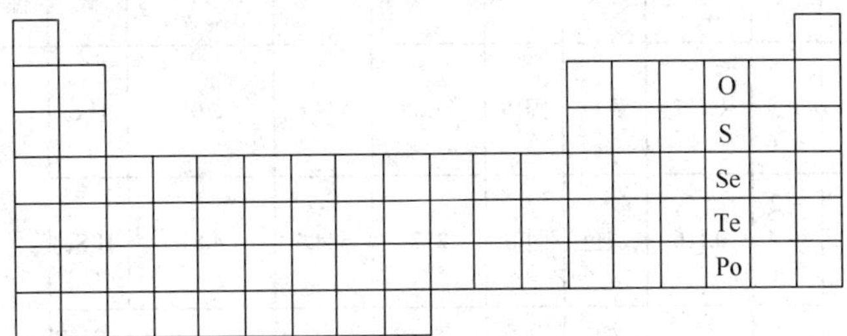


**观察思考**

1. 根据氧族元素的位置图和表 2-3 分析，氧族元素原子的核电荷数、电子层数及原子半径等是如何变化的？

2. 各元素单质的熔点、沸点、密度等物理性质是怎样变化的？

3. 从氢化物的稳定性来分析，各元素的非金属性是怎样变化的？

## 一、氧族元素的原子结构及性质变化

从表 2-3 中可以看出（请试着画出其中的原子结构简图），氧、硫、硒、碲单质的物理性质随核电荷数的增加而发生变化。它们的熔点、沸点随着核电荷数的增加而逐渐升高，它们的密度也随着核电荷数的增加而逐渐增大。氧族元素原子的电子层结构很相似，它们原子的最外电子层都有 6 个电子。氧族元素随着核电荷数的增加，电子层数增多，原子半径逐渐增大，原子核对最外层电子的引力逐渐减弱，使原子获得电子的能力也依次减弱，失去电子的能力依次增强。所以，氧、硫、硒、碲单质的化学性质也随核电荷数的增加而发生变化。它们的非金属性逐渐减弱，金属性逐渐增强。例如，氧、硫表现出比较显著的非金属性，硒是半导体，而碲则能够导电。在化学反应里，氧族元素的原子可以从其他原子那里获得 2 个电子，生成－2 价的化合物；它们的原子最外电子层的 6 个电子，或其中的 4 个电子一般也可以发生偏移，生成＋6 价或＋4 价的化合物。

**表 2-3　氧族元素的原子结构和单质的物理性质**

| 元素名称 | 元素符号 | 核电荷数 | 原子结构示意图 | 化合价 | 原子半径/nm | 单质 | | | | | 氢化物 | | 氧化物 | |
|---|---|---|---|---|---|---|---|---|---|---|---|---|---|---|
| | | | | | | 颜色 | 状态 | 熔点/℃ | 沸点/℃ | 密度/（g/cm³） | 化学式 | 稳定性 | 化学式 | 最高价氧化物水化物化学式 |
| 氧 | O | 8 | | －2 | 0.074 | 无色 | 气体 | －218.4 | －183 | 1.43（固体） | $H_2O$ | 减少 | — | — |

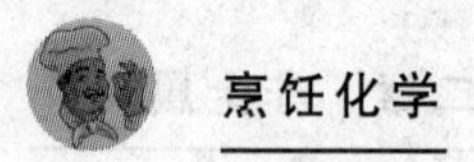


续表

| 元素名称 | 元素符号 | 核电荷数 | 原子结构示意图 | 化合价 | 原子半径/nm | 单质 | | | | | 氢化物 | | 氧化物 | |
|---|---|---|---|---|---|---|---|---|---|---|---|---|---|---|
| | | | | | | 颜色 | 状态 | 熔点/℃ | 沸点/℃ | 密度/(g/cm³) | 化学式 | 稳定性 | 化学式 | 最高价氧化物水化物化学式 |
| 硫 | S | 16 | | −2<br>+4<br>+6 | 0.102 | 黄色 | 固体 | 112.8 | 444.6 | 2.07 | $H_2S$ | | $SO_2$<br>$SO_3$ | $H_2SO_4$ |
| 硒 | Se | 34 | | −2<br>+4<br>+6 | 0.116 | 灰色 | 固体 | 217 | 684.9 | 4.81 | $H_2Se$ | 减少 | $SeO_2$<br>$SeO_3$ | $H_2SeO_4$ |
| 碲 | Te | 52 | | −2<br>+4<br>+6 | 0.1432 | 银白色 | 固体 | 452 | 1390 | 6.25 | $H_2Te$ | | $TeO_2$<br>$TeO_3$ | $H_2TeO_4$ |

在元素周期表中，氧族元素位于卤族元素的左边。所以，其非金属性要比同周期卤素的非金属性弱。

我们知道，硫是一种比较活泼的非金属，其氧化物有 $SO_2$ 和 $SO_3$。$SO_3$ 对应的水化物是 $H_2SO_4$，$H_2SO_4$ 是常见的 3 大强酸之一。

氧族元素能与大多数金属直接化合。在生成的化合物中，它们的化合价一般都是 −2 价。

## 二、硫单质的性质

### 1. 硫的物理性质

硫单质是淡黄色的晶体，密度约为水的 2 倍。它不溶于水，微溶于酒精，溶于二硫化碳（$CS_2$）。硫蒸气急剧冷却后会凝聚成粉末，叫做硫化。

### 2. 硫的化学性质

(1) 硫与金属反应：硫的化学性质比较活泼，能和除金、铂以外的各种金属直接化合，生成金属硫化物并发出热量。

(2) 硫与非金属反应：硫能和很多非金属反应，硫蒸气能和氢气直接化合成硫化氢；硫在空气或纯氧中燃烧时，呈现蓝色火焰，生成二氧化硫。

## 三、硫的主要化合物

### （一）硫化氢

硫化氢（$H_2S$）是一种无色有臭鸡蛋味的气体，密度比空气略大，有毒，是一种大气污染物，吸入大量硫化氢会造成昏迷或死亡。农业上，若稻田里通风不好，会产生硫化氢，导致稻苗烂根。动植物体腐败时会产生硫化氢气体。硫化氢能溶于水，在常温、常压下，1 体积水能溶解 2.6 体积的硫化氢。

### （二）二氧化硫

二氧化硫（$SO_2$）是一种无色、有刺激性气味的有毒气体。它的密度比空气大，容易液化（沸点是 $-10$℃），易溶于水，也是一种大气污染物。在常温、常压下，1 体积水大约能溶解 40 体积的二氧化硫。

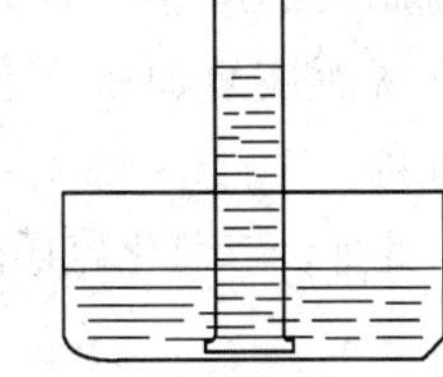
图 2-2　$SO_2$ 与水反应现象

#### 1．二氧化硫与水的反应

**【实验 4】**将一支装满二氧化硫气体的试管倒立在滴有紫色石蕊试液的水槽中，观察实验现象。

我们可以看到，装有二氧化硫气体的试管倒立在水槽中以后，试管中的水面上升，试管中的液体变成红色，如图 2-2 所示。

**观察思考**

二氧化硫溶于水后形成的溶液可以使紫色的石蕊试液变红，此溶液是碱性还是酸性？

在初中化学中我们学过，酸可以使紫色的石蕊试液变红。因此，二氧化硫溶于水后形成的溶液一定显酸性。事实正是如此，二氧化硫溶于水后，生成了亚硫酸（$H_2SO_3$）。亚硫酸只能存在于溶液中，它很不稳定，容易分解成水和二氧化硫。二氧化硫溶于水的反应是一个可逆反应，反应式如下。

$$SO_2 + H_2O \rightleftharpoons H_2SO_3$$

#### 2．二氧化硫与氧气的反应

在二氧化硫中，硫的化合价是＋4 价，因此二氧化硫既具有一定的氧化性，又具有一定的还原性，反应式如下。

$$2SO_2 + O_2 \rightleftharpoons 2SO_3$$

三氧化硫是一种无色固体，熔点（16.8℃）和沸点（44.8℃）都较低。三氧化硫与水反应生成硫酸，同时放出大量的热，反应式如下。

$$SO_3 + H_2O \rightleftharpoons H_2SO_4$$

在工业生产上，常利用上面两个反应制造硫酸。

#### 3．二氧化硫的漂白性

**活动探究**

将二氧化硫气体通入装有品红溶液（0.1%）的试管里，观察品红溶液颜色的变化；给试管加热，观察溶液发生的变化，如图 2-3 所示。

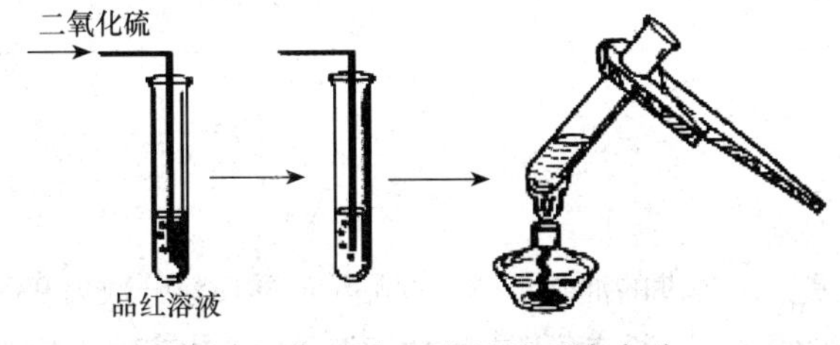

图 2-3　$SO_2$ 与品红溶液反应实验

通过上述实验我们可以看到，向品红溶液中通入二氧化硫后，品红溶液的颜色逐渐褪去。给试管加热时，溶液又变成红色。

实验说明，二氧化硫具有漂白作用。工业上常用二氧化硫漂白纸浆、毛、丝、草编制品等。实验现象还表明，用二氧化硫漂白过的有色物质，在一定的条件下还可以恢复原来的颜色。这是由于二氧化硫跟某些有色物质化合生成的无色物质不稳定，容易分解而恢复原来有色物质的颜色。因此，用二氧化硫漂白过的草帽等日久又渐渐变成黄色。

此外，二氧化硫还能够杀灭霉菌和细菌，可以用做食物和干果的防腐剂。

**视野拓展**

### 二氧化硫对大气的污染

二氧化硫是污染大气的主要有害物质之一。它对人体的直接危害是引起呼吸道疾病，严重时还会使人死亡。空气中的二氧化硫会部分氧化成三氧化硫并形成酸雾。空气中硫的氧化物和氮的氧化物随雨水降下就成为酸雨。正常雨水的pH约为5.6（这是由于溶解了二氧化碳的缘故），酸雨的pH小于4.5。

酸雨有很大的危害，它落到地面，能直接破坏森林、草原和农作物，使土壤酸性增强。酸雨还会使湖泊酸化，造成鱼类等死亡。另外，酸雨还会加速建筑物、桥梁、工业设备以及电信电缆等所用的许多材料的腐蚀。

空气中的二氧化硫主要来自化石燃料的燃烧，以及含硫矿石的冶炼和硫酸、磷肥、纸浆生产等产生的工业废气。因此，这些废气必须经过处理后才能向大气中排放，如不进行净化处理或回收利用就直接排放到空气中，不但浪费硫资源，而且造成空气污染，给人类造成危害。

**活动探究**

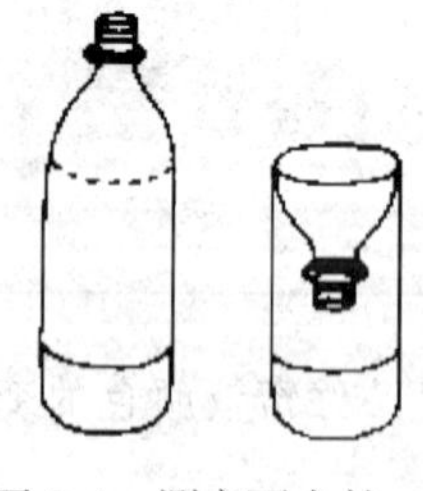
图 2-4　测定雨水的pH

测定雨水的pH

用空饮料瓶改制雨水收集器，采集雨水样品，并用pH试纸测定雨水的pH，如图2-4所示。为了提高测定的准确性，可以同时设立几处采集点，取它们的平均值。将实验数据列成表格，根据试验方法和结论写成小论文，分成小组合作并进行交流。

（三）硫酸

纯硫酸是无色、无臭、难挥发的油状液体。商品浓硫酸质量分数为98%，密度为1.84g/cm$^3$。硫酸是工业上重要的3种酸之一。稀硫酸具有酸的一切通性，浓硫酸还有以下一些特性。

1．吸水性

由于浓硫酸对水有强烈的亲和作用，能以任意比与水混溶生成一系列稳定的水合物，并放出大量热。因此，浓硫酸常用做干燥剂。在配制硫酸溶液时，切勿把水倒入浓硫酸中，应边搅动边将浓硫酸缓缓地倒入水中，以免发生喷溅而造成灼伤。

2．脱水性

浓硫酸能按 2∶1 的氢氧原子个数比夺取许多有机物（如糖、淀粉、纤维素）分子中的氢原子和氧原子，使之碳化。所以，浓硫酸能严重地破坏动物组织，有强烈的腐蚀性，使用时要注意安全。

3．强氧化性

浓硫酸能和几乎所有的金属（金、铂除外）发生反应。例如：

$$2H_2SO_4\text{（浓）} + Cu = CuSO_4 + 2H_2O + SO_2\uparrow$$

铝、铁、铬等金属在冷的浓硫酸中因被氧化生成一层薄而致密的氧化物膜，阻止继续与酸反应，这种现象叫做金属的钝化。因此可以把浓硫酸装在铁罐中储存和运输。

4．硫酸根离子的检验

硫酸和可溶性硫酸盐溶液里都存在硫酸根离子（$SO_4^{2-}$），可根据硫酸钡（$BaSO_4$）既不溶于水又不溶于酸的性质，来检验硫酸根离子的存在。

**【实验 5】** 在分别盛有 2mL 0.1mol/L $H_2SO_4$、0.1mol/L $Na_2SO_4$ 溶液和 0.1mol/L $Na_2CO_3$ 溶液的 3 支试管中，各滴入两滴 $BaCl_2$ 溶液，观察现象。

可以看到，三支试管中均有白色沉淀生成。其反应式分别如下。

$$H_2SO_4 + BaCl_2 = BaSO_4\downarrow + 2HCl$$

$$Na_2SO_4 + BaCl_2 = BaSO_4\downarrow + 2NaCl$$

$$Na_2CO_3 + BaCl_2 = BaCO_3\downarrow + 2NaCl$$

再分别加入少量的稀硫酸，振荡，可看到 $BaSO_4$ 沉淀不溶解，而 $BaCO_3$ 沉淀则溶解，并放出气体。其反应式如下。

$$BaCO_3 + 2HCl = BaCl_2 + H_2O + CO_2\uparrow$$

因此，鉴定硫酸根离子时应先加入 $BaCl_2$ 溶液，生成白色沉淀后再加几滴稀硫酸溶液，白色沉淀不消失，则可证明有硫酸根离子的存在。

## 练 习 实 践

### 一、填空题

1．氧族元素随着核电荷数的增加，电子层数________，原子半径逐渐________，原子核吸引电子的能力依次________，因此，它们的非金属性依________的顺序逐渐减弱，金属性逐渐________。

2．氧族元素原子的最外电子层都有________个电子。在化学反应里，氧族元素的原子容易从其他原子________个电子，生成________价的化合物。氧族元素中，有的还能生成________价或________价的化合物。

## 二、选择题

1．下列关于氧族元素性质的叙述中，正确的是（　　）。

A．都能生成＋6价的化合物　　B．都能与金属直接化合

C．原子的最外层电子数都是6　　D．都能生成稳定的氢化物

2．在下列单质中，属于半导体的是（　　）。

A．$O_2$　　B．S　　C．Se　　D．Te

3．下列关于$SO_2$的说法中，不正确的是（　　）。

A．$SO_2$是硫及某些硫化物在空气中燃烧的产物

B．$SO_2$有漂白作用，也有杀菌作用

C．$SO_2$溶于水后生成$H_2SO_4$

D．$SO_2$是一种大气污染物

4．在下列变化中，不属于化学变化的是（　　）。

A．$SO_2$使品红溶液褪色　　B．氯水使有色布条褪色

C．活性炭使红墨水褪色　　D．$O_3$使某些染料褪色

## 三、问答题

分小组合作探讨，并充分利用网络资源，通过实例说明酸雨的危害性，并用所学知识加以解释。

# 第三节　氮族元素

元素周期表里第Ⅴ族主族元素氮（N）、磷（P）、砷（As）、锑（Sb）、铋（Bi），统称为氮族元素。

从氮族元素在周期表中的位置来看，氮族元素的非金属性要比同周期的氧族和卤族元素弱。氮族元素的一些重要性质如表2-4所示。

表2-4　氮族元素的原子结构和单质的物理性质

| 元素 | 原子半径/$10^{-10}$m | 主要化合价 | 单质 | | | |
|---|---|---|---|---|---|---|
| | | | 颜色和状态 | 密度/（$g/cm^3$） | 熔点/℃ | 沸点/℃ |
| N | 0.75 | −3，＋1，＋2，＋3，＋4，＋5 | 无色气体 | $1.2506\times10^{-3}$ | −209.86 | −195.8 |
| P | 1.10 | −3，＋3，＋5 | 白磷：白色或黄色固体<br>红磷：红棕色固体 | 1.82（白磷）<br>2.34（红磷） | 44.1（白磷） | 280（白磷） |
| As | 1.21 | −3，＋3，＋5 | 灰砷，灰色固体 | 5.727（灰砷） | 817（灰砷） | 613（升华）（灰砷） |
| Sb | 1.41 | ＋3，＋5 | 银白色金属 | 6.684 | 630.74 | 1750 |
| Bi | 1.52 | ＋3，＋5 | 银白色或微显红色金属 | 9.80 | 271.3 | 1560 |

可见，氮族元素原子的最外层都有 5 个电子，它们在最高氧化物里的化合价是+5 价。氮族元素随着原子核外电子层数的增加，获得电子的趋势逐渐减弱，失去电子的趋势逐渐增强。所以，它们的非金属性逐渐减弱，金属性逐渐增强。氮、磷表现出比较显著的非金属性，砷虽然是非金属，但已表现出一些金属性，而锑、铋已表现出比较明显的金属性。

我们知道，土壤里若缺乏氮、磷、钾 3 种元素，会影响农作物的生长。所以，农业上主要施用含氮、磷、钾元素的化肥。氮和磷都位于元素周期表的第 VA 族，它们在化学性质上有一些相似之处。下面主要介绍氮和磷单质及其重要化合物的一些性质。

## 一、氮

### （一）氮气

氮以化合态存在于多种无机物和有机物之中，是构成蛋白质和核酸不可缺少的物质。在空气中，氮以氮气的形式存在，是空气的主要成分。

纯净的氮气是一种无色的气体，密度比空气稍小。氮气在水中的溶解度很小，通常状况下，1 体积水中只能溶解大约 0.02 体积的氮气。在常压（101kPa）下，氮气在－195.8℃时变成无色液体，在－209.9℃时变成雪花状固体。

氮气是由氮原子组成的双原子分子。由于氮分子中的 N≡N 键很牢固，使氮分子的结构很稳定。通常状况下，氮气的化学性质不活泼，很难与其他物质发生化学反应。但是，在一定条件下，如高温、高压、放电等，氮就能与一些物质如 $H_2$、$O_2$ 等发生化学反应。

#### 1．氮气与氢气的反应

在高温、高压和有催化剂存在的条件下，$N_2$ 与 $H_2$ 可以直接化合，生成氨（$NH_3$），并放出热量。同时，$NH_3$ 也会分解成 $N_2$ 和 $H_2$，所以该反应是一个可逆反应。

$$N_2 + 3H_2 \underset{\text{催化剂}}{\overset{\text{高温、高压}}{\rightleftharpoons}} 2NH_3$$

#### 2．氮气与氧气的反应

我们知道，空气的主要成分是 $N_2$ 和 $O_2$，在通常状况下它们不起反应。但是，在放电条件下，$N_2$ 和 $O_2$ 可以直接化合，生成无色、不溶于水的一氧化氮（NO）气体。

$$N_2 + O_2 = 2NO$$

反应生成的 NO 在常温下很容易与空气中的 $O_2$ 化合，生成红棕色、有刺激性气味的二氧化氮（$NO_2$）气体。

$$2NO + O_2 = 2NO_2$$

$NO_2$ 是一种有毒气体，易溶于水，它与水反应生成 $HNO_3$ 和 NO。工业上利用这一反应制取硝酸（$HNO_3$）。

$$3NO_2 + H_2O = 2HNO_3 + NO$$

以上几个反应是在自然界中经常发生的重要反应。在电闪雷鸣的雨天，会产生放电现象。由于放电，使空气中的 $N_2$ 和 $O_2$ 反应生成了 NO，NO 又被 $O_2$ 氧化成 $NO_2$。$NO_2$ 在雨水中与水反应生成硝酸，随雨水淋洒到土壤中，并与土壤中的矿物质作用生成能被植物吸收的硝酸盐。这样就使土壤从空气中得到氮，促进了植物的生长。

在工业上，氮气是合成氨、制取硝酸的重要原料。在通常状况下，由于氮气的化学性质很不活泼，因此它常被用做保护气。例如，在灯泡中填充氮气以防止钨丝被氧化或挥发；粮食、罐头、水果等食品，也常用氮气做保护气，以防止食品腐烂；医学上则常用液氮做冷冻剂，用于在冷冻麻醉条件下做手术等。

（二）氨和铵盐

1. 氨

氨在自然界中是动物体特别是蛋白质腐败之后的产物。它没有颜色，是具有刺激性气味的气体。在标准状况下，氨的密度是0.771g/L，比同体积的空气轻。

氨很容易液化，在常压下冷却到－33.35℃或在常温下加压到（7～8）×$10^5$Pa，气态氨就凝结为无色的液体，同时放出大量的热。液态氨汽化时会吸收大量的热，能使它周围物质的温度急剧降低，因此氨常作为制冷剂。

氨极易溶于水，氨水呈弱碱性，能使酚酞溶液渐变成红色。

2. 铵盐

铵盐都是晶体，能溶于水。铵盐可用做氮肥。由于铵盐受热易分解，储存氮肥时，应密封包装并放在阴凉通风处；施肥时应埋在土壤内并及时灌水，以保证肥效。

实验证明，铵盐与碱共热都能产生氨，这是铵盐的共同性质。

在实验室，可以利用铵盐与碱反应的性质来检验铵离子的存在。如果把NaOH溶液加到某种物质的固体或溶液里，加热后产生的气体能使湿润的红色石蕊试纸变蓝，就可以初步判断该物质是铵盐。

$$NH_4Cl + NaOH \xlongequal{} NH_3\uparrow + H_2O + NaCl$$

3. 硝酸

硝酸是一种强酸，它具有酸的通性。例如，它能与碱及碱性氧化物等反应生成硝酸盐和水。硝酸又是一种强氧化性酸，它与金属反应不产生氢气。

纯硝酸是无色、易挥发、有刺激性气味的液体，密度为1.5027g/$cm^3$，沸点为83℃。98%（质量分数）以上的浓硝酸在空气中由于挥发出$HNO_3$而产生“发烟”现象，通常叫做发烟硝酸。实验室常用浓硝酸的质量分数大约为69%。

硝酸在化学性质上，除了具有酸的通性外，还具有本身的特性。

（1）不稳定性。硝酸不稳定，很容易分解。纯净的硝酸或浓硝酸在常温下光照或受热就会分解。硝酸越浓，就越容易分解。我们有时在实验室看到的浓硝酸呈黄色，就是由于硝酸分解产生的$NO_2$溶于硝酸的缘故。为了防止硝酸分解，在储存时，应该把它盛放在棕色瓶里，并放置在黑暗且温度低的地方。

（2）强氧化性。硝酸是一种强氧化剂，几乎能与所有的金属（除金、铂等少数金属）发生氧化还原反应。例如，铜与浓硝酸、稀硝酸反应：

$$Cu + 4HNO_3（浓）=\!=\!= Cu(NO_3)_2 + 2NO_2\uparrow + 2H_2O$$

$$3Cu + 8HNO_3（稀）=\!=\!= 3Cu(NO_3)_2 + 2NO\uparrow + 4H_2O$$

有些金属如铝、铁等在冷的浓硝酸中会发生钝化现象，生成的薄而致密的氧化物膜阻止了反应进一步进行。所以，常温下可用铝槽车装运浓硝酸。

硝酸还能与许多非金属及某些有机物发生氧化还原反应。例如，硝酸能与碳反应：

$$C（灼热）+ 4HNO_3（浓）=\!=\!= CO_2\uparrow + 4NO_2\uparrow + 2H_2O$$

由于硝酸具有强氧化性，对皮肤、衣物、纸张等都有腐蚀性，所以使用硝酸（特别是浓硝酸）时，一定要格外小心，注意安全。如果不慎将浓硝酸弄到皮肤上，应立即用大量清水冲洗，再用小苏打水或肥皂洗涤。浓硝酸和浓盐酸的混合物（体积比为 1 : 3）叫做王水。它的氧化能力更强，能使一些不溶于硝酸的金属如金、铂等溶解。

硝酸是一种重要的化工原料，可用于制造炸药、染料、塑料、硝酸盐等。在实验室里，它是一种重要的化学试剂。

**视野拓展**

### 亚硝酸盐的致癌作用

亚硝酸钠（$NaNO_2$）是无色或浅黄色的晶体，有咸味，外观类似于食盐。亚硝酸钠是一种工业用盐，常用于印染、漂白等行业，还广泛用做防锈剂和建筑业常用的混凝土掺加剂。

亚硝酸盐作为食品添加剂，在肉制品如香肠、肴肉等的生产中可以使用，其主要作用是保持肉制品的亮红色泽、抑菌和增强风味，但要严格控制使用范围和使用量。肉制品中的亚硝酸盐含量不得超过 30mg/kg，并妥善保管。另外，由于土壤化学成分的缘故，使某些蔬菜如芹菜、韭菜、菠菜、卷心菜、莴苣中含有大量的硝酸盐，特别是在腌制不透或腐烂变质的蔬菜中，硝酸盐含量更高，硝酸盐被人体中肠道细菌还原为亚硝酸盐而对人体造成伤害。所以，不能食用色泽异常的肉制品、变质陈腐的蔬菜和腌制不透的咸菜。

亚硝酸钠有毒，人如果食用含有亚硝酸钠的食物，会出现嘴唇、指甲、皮肤发紫，头晕、呕吐、腹泻等症状，严重时可使人死亡。由于亚硝酸钠的外观类似食盐，要严防把它误当食盐食用。腐烂的蔬菜等也含有亚硝酸钠，不能食用。此外，亚硝酸盐类对人还有致癌作用，应引起足够的重视。

## 二、磷

在自然界中，没有游离态的磷存在，磷主要以磷酸盐的形式存在于矿石中。磷和氮一样，是构成蛋白质的成分之一。动物的骨骼、牙齿和神经组织，植物的果实和幼芽，生物的细胞里都含有磷，磷对于维持生物体正常的生理机能起着重要的作用。

磷的单质有多种同素异形体，白磷和红磷是磷的同素异形体中最常见的两种，它们在一定条件下可以互相转化。

**【实验 6】**在长玻璃管的中部放少量红磷，玻璃管的一端用软木塞或湿纸团塞紧，另一端敞开。先均匀加热红磷周围的玻璃管，然后在放红磷的地方加强热，观察发生的现象，如图 2-5 所示。

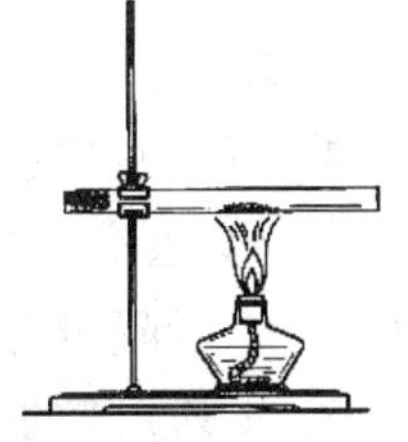

图 2-5　红磷转变成白磷

可以看到，加热后，玻璃管内有黄色蒸气产生，并且在玻璃管内壁冷的地方有黄色固体附着，此固体即为白磷。

由于白磷和红磷的结构不同，它们在性质上存在差异。例如，白磷的着火点比红磷低得多，当白磷受到轻微的摩擦或被加热到 40℃时，就会燃烧；即使在常温下，白磷在空气中也会缓慢氧化，氧化时发出白光，在暗处可以清楚地看见。所以，白磷必须储存在密闭容器里，少量时可保存在水里。

白磷和红磷在空气中燃烧，都能生成白色的五氧化二磷（$P_2O_5$）。

白磷和红磷都有许多用途，如白磷可用于制造纯度较高的磷酸，还可制造燃烧弹和烟幕弹等；红磷可用于制农药，还可用于制造安全火柴等。

## 练习实践

### 一、填空题

1．氮族元素位于元素周期表的________族，共________种元素，其中非金属性最强的是________。

2．氮族元素的最外层电子数为________，随着核电荷数的递增，原子半径逐渐________，得电子的能力逐渐________，非金属性逐渐________，其气态氢化物的稳定性从上到下逐渐________。

3．氮族元素的最高正化合价是________，负化合价是________，随着核电荷数的递增，其最高价氧化物的水化物的酸性逐渐________。

4．因为氮分子中的________键结合得很牢固，所以在通常情况下，氮分子结构很稳定。

5．白磷受到轻微摩擦或被加热到 40℃就会发生________现象。少量白磷必须储存在________里。

6．如要除去 NO 中混有的 $NO_2$，所用的试剂为________。

### 二、选择题

1．下列气体中，不会造成空气污染的是（　　）。

A．$N_2$　　B．NO　　C．$NO_2$　　D．CO

2．下列气体中，不能用排空气法收集的是（　　）。

A．$CO_2$　　B．$H_2$　　C．$NO_2$　　D．NO

3．下列关于氮的叙述中不正确的是（　　）。

A．氮分子为非极性分子

B．氮气的性质活泼，在常温下能与 $H_2$、$O_2$ 等非金属反应

C．液氮可做冷冻剂

D．氮有多种化合价

4．下列关于白磷和红磷性质的叙述中不正确的是（　　）。

A．在空气中燃烧都生成 $P_2O_5$　　B．白磷有毒，红磷无毒

C．都不溶于水，但都能溶于 $CS_2$　　D．白磷和红磷互为同素异形体

5．下列元素的原子半径最大的是（　　）。

A．氮　　B．氧　　C．硫　　D．磷

6．下列物质中酸性最强的是（　　）。

A．$H_3PO_4$　　B．$HNO_3$　　C．$H_2CO_3$　　D．$H_3BO_3$

## 三、问答题

怎样证明白磷和红磷是同素异形体？

# 第四节　碳族元素

碳元素原子的最外电子层上有 4 个电子。与碳相同，硅（Si）、锗（Ge）、锡（Sn）、铅（Pb）元素原子的最外电子层上也都有 4 个电子。这 5 种元素位于周期表的第 IVA 族，我们称它们为碳族元素。

**观察思考**

根据前面所学的元素周期律知识，试推断碳族元素性质变化的一些规律性。

碳族元素的化合价主要有＋4 和＋2，碳、硅、锗、锡的＋4 价化合物是稳定的，而铅的＋2 价化合物是稳定的。碳族元素的一些重要性质如表 2-5 所示。

表 2-5　碳族元素的原子结构和单质的物理性质

| 元素名称 | 元素符号 | 原子半径 /nm | 主要化合价 | 单质的性质 | | | |
|---|---|---|---|---|---|---|---|
| | | | | 颜色、状态 | 密度 / (g/cm³) | 熔点 /℃ | 沸点 /℃ |
| 碳 | C | 0.077 | ＋2，＋4 | 金刚石：无色固体 | 3.51 | 3350 | 4827 |
| | | | | 石墨：灰黑色固体 | 2.25 | 3652 ～ 3697 | 4827 |
| 硅 | Si | 0.117 | ＋2，＋4 | 晶体硅：灰黑色固体 | 2.32 ～ 2.34 | 1410 | 2355 |
| 锗 | Ge | 0.122 | ＋2，＋4 | 银灰色固体 | 5.35 | 937.4 | 2830 |
| 锡 | Sn | 0.141 | ＋2，＋4 | 银白色固体 | 7.28 | 231.9 | 2260 |
| 铅 | Pb | 0.175 | ＋2，＋4 | 蓝白色固体 | 11.3 | 327.5 | 1740 |

碳族元素随着核电荷数的增加，一些性质呈现规律性的变化。在碳族元素的单质中，碳是非金属；硅虽外观像金属，但在化学反应中多显示非金属性，通常被认为是非金属；锗的金属性比非金属性强；锡和铅都是金属。

从表 2-5 中还可看出，碳的同素异形体金刚石和石墨的物理性质存在着明显的差异，这是由于在金刚石和石墨中碳原子的结合方式不同。近年来，科学家们又发现了一些以新的单质形态存在的碳，其中比较重要的是 $C_{60}$。$C_{60}$ 是一种由 60 个碳原子构成的分子，形似足球（图 2-6），因此也常被称为“足球烯”。除此之外，还发现了一些结构与 $C_{60}$ 类似的碳分子，如 $C_{70}$ 等。

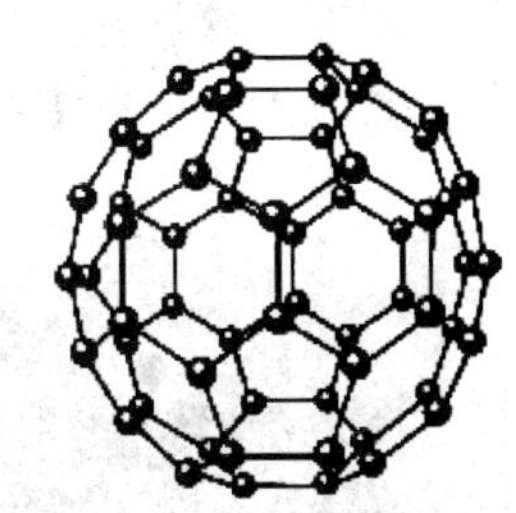

图 2-6　$C_{60}$ 结构示意图

有关碳及其无机化合物的性质，初中化学已学过一些。下面我们简单了解硅及其化合物。

## 一、硅的单质

硅是自然界中分布很广的一种元素，在地壳中，它的含量仅次于氧。在自然界中，没有游离态的硅，只有以化合态存在的硅，如二氧化硅、硅酸盐等。

硅是一种重要的非金属单质，硅有晶体硅和无定形硅两种同素异形体。晶体硅是灰黑色、有金属光泽、硬而脆的固体，它的结构类似于金刚石，熔点和沸点都很高，硬度也很大。晶体硅还有一个重要的性质，就是它的导电性介于导体和绝缘体之间，是良好的半导体材料，可用来制造集成电路、晶体管、硅整流器等半导体器件。

## 二、硅的氧化物

二氧化硅是硅的氧化物，广泛存在于自然界中，与其他矿物共同构成了岩石。天然二氧化硅也叫硅石，是一种坚硬难熔的固体。

二氧化硅的化学性质不活泼，不与水反应，也不与酸（氢氟酸除外）反应，但能与碱性氧化物或强碱反应生成盐。因此实验室中盛放碱液的试剂瓶要用橡皮塞而不能用玻璃塞（玻璃中含有 $SiO_2$）。

二氧化硅的用途很广，目前广泛应用的高性能通信材料光导纤维的主要原料就是二氧化硅。石英的主要成分也是二氧化硅，较纯净的石英可用来制造石英玻璃，实验室中使用的一些耐高温的化学仪器就是用石英玻璃制成的。利用石英制造的石英电子表、石英钟等也在生活中十分常见。透明的石英晶体，就是我们常说的水晶，常用来制造电子工业中的重要部件、光学仪器，也可用来制作高级工艺品和眼镜片等。

## 三、硅酸盐

硅酸盐是构成地壳岩石的主要成分，自然界中存在的各种天然硅酸盐矿物约占地壳质量的5%。硅酸盐的种类很多，结构也很复杂，通常可用二氧化硅和金属氧化物的形式来表示其组成，如硅酸钠 $Na_2SiO_3\,(NaO \cdot SiO_2)$、高岭石 $Al_2(Si_2O_5)(OH)_4\,(Al_2O_3 \cdot 2SiO_2 \cdot 2H_2O)$。

硅酸钠是一种常见的硅酸盐，它的水溶液俗称水玻璃。水玻璃是无色黏稠的液体，是一种矿物胶，可用做建筑上的黏合剂。硅酸钠不能燃烧且不易受腐蚀，可用做防腐剂。木材、纺织品等浸过水玻璃后，不但能防腐而且不易着火。黏土的主要成分也是硅酸盐。黏土的种类很多，常见的有高岭土和一般黏土。黏土是制造陶瓷器的主要原料。

**活动探究**

**水中花园**

在水槽或大玻璃容器的底部铺一层洗净的细沙（约 1cm 厚），再放置一块形状像假山的石头或炉渣。向容器中注入过滤后的质量分数为 20% 的 $Na_2SiO_3$ 溶液（约占容器体积的 3/4），用玻璃棒将底部的沙子摊平。静置，待液面停止晃动后，用镊子分别将各种盐的固体（红豆粒大小），如 $CuSO_4$、$MnCl_2$、$CaCl_2$、$CoCl_2$（氯化钴）等，投入槽底细沙的不同位置。不久可以看到，在投入了盐的地方，有晶体慢慢从水底的细沙中向上“生长”。几小时后，就能长成各种颜色的“水草”，形成美丽的“水中花园”。

## 练习实践

### 一、填空题

1．根据硅和碳在周期表中的位置可以推知，$H_2SiO_3$ 比 $H_2CO_3$ 的酸性________。

2．盛放碱液的试剂瓶不能用玻璃塞，是为了防止发生________反应（用化学方程式表示），而使瓶塞与瓶口黏在一起。

### 二、选择题

1．下列单质中，属于金刚石的同素异形体的是（　　）。

A．硅　　B．石墨　　C．锡　　D．铂

2．下列物质中，能直接用做半导体材料的是（　　）。

A．金刚石　　B．石墨　　C．硅　　D．铅

3．下列叙述中，正确的是（　　）。

A．碳族元素都是非金属元素，其非金属性随核电荷数的增加而减弱

B．碳族元素的单质都有导电性

C．在常温下，硅能跟氧气反应生成二氧化硅

D．同一周期的氧族元素比碳族元素的非金属性强

4．下列物质中，不与水反应的是（　　）。

A．$SiO_2$　　B．$CO_2$　　C．$SO_2$　　D．CaO

## 归纳小结

非金属元素位于元素周期表的右方，主要指第 IA 族的氢，第 IIA 族的硼，第 IVA 族的碳和硅，第 VA 族的氮、磷、砷，第 VIA 族的氧、硫、硒、碲和第 VIIA 族的氟、氯、溴、碘、砹等 16 种元素。非金属元素数量虽不多，但是在无机物质中的一些单质，氧化物、酸、碱、盐等几乎都包含有非金属元素。

### 一、卤族元素

卤素是一族非金属元素。卤元素原子最外电子层都有 7 个电子，在化学反应中容易得到电子，是典型的非金属元素。它们的化学性质主要是强的非金属性，它们的单质都是强氧化剂。与金属反应生成金属卤化物，与氢气反应生成卤化氢，与水反应生成氢卤酸、次卤酸，与卤化物反应会把较不活泼的卤素从它们的卤化物中置换出来。

### 二、氧族元素

氧族元素的原子结构相似，最外电子层都有 6 个电子，在化学反应中容易得到电子，显非金属性，其化学性质相似。

1．硫的化学性质

(1) 与大多数金属反应生成金属硫化物。

(2) 与氢气反应生成硫化氢。硫化氢的水溶液氢硫酸是一种弱酸。

(3) 与氧气反应生成二氧化硫等。

(4) 二氧化硫易溶于水并与水反应生成亚硫酸，亚硫酸不稳定，易分解成二氧化硫和水，此反应为可逆反应。

二氧化硫经催化氧化生成三氧化硫。三氧化硫与水剧烈化合而生成硫酸。

2．硫酸的性质

稀硫酸具有酸的同性。浓硫酸的特性是吸水性、脱水性和氢氧化性。

## 三、氮族元素

氮族元素是元素周期表的第 VA 族，包括氮、磷、砷、锑、铋 5 种元素。氮族元素原子的最外电子层都有 5 个电子，其非金属性比同周期的氧族、卤族元素弱。

1．氮气

(1) 氮分子在常温下很不活泼。但在高温下，氮气也能与氢气、氧气等发生反应。

(2) 氮的氧化物较多，重要的为一氧化氮和二氧化氮。

二氧化氮溶于水生成硝酸和一氧化氮。

2．氨和铵盐

(1) 氨容易液化，并极易溶于水。

(2) 氨水具有弱碱性。

(3) 氨与酸反应生成铵盐。

(4) 铵盐易受热分解。

(5) 铵盐可以与碱发生反应。

3．硝酸

硝酸除具有酸的通性外，还具有以下特征。

(1) 不稳定性：受光照或受热易分解生成水、二氧化氮和氧气。

(2) 氧化性：硝酸是一种强氧化剂，它几乎能与所有金属、非金属发生氧化还原反应。

## 四、碳族元素

碳族元素是元素周期表的第 IV 族，包括碳、硅、锗、锡、铅 5 种元素。碳族元素原子的最外电子层有 4 个电子，既不易失去电子，也不易得到电子，容易形成共价化合物。

1．硅

硅是良好的半导体材料，性质与碳相似。

2．二氧化硅

天然的二氧化硅分别为晶体和无定形两大类。二氧化硅不溶于水，是一种酸性氧化物，能与碱性氧化物或碱发生反应生成盐。

# 第三章

# 金属元素

初中时我们学过一些金属知识，对常见金属的性质和用途已经有了初步的了解。在现代社会的工农业生产、科技研发、日常生活和我们的烹饪器皿中，金属都起着非常重要的作用。

在已发现的元素中，大约有 4/5 是金属元素。在元素周期表中，从第 IIIA 族的硼元素相右下角画一条阶梯形折线，则周期表的右上角区域是非金属和稀有气体元素，其余的都是金属元素（氢除外）。金属元素在元素周期表中的分布如图 3-1 所示。金属有不同的分类方法。在冶金工业上，常把金属分为黑色金属和有色金属两大类。黑色金属通常指铁、铬、锰及其合金，主要是铁碳合金；有色金属是指除铁、铬、锰以外的所有金属。人们也常按照密度大小把金属分为轻金属和重金属。此外，还可按使用情况将金属分为常见金属和稀有金属。

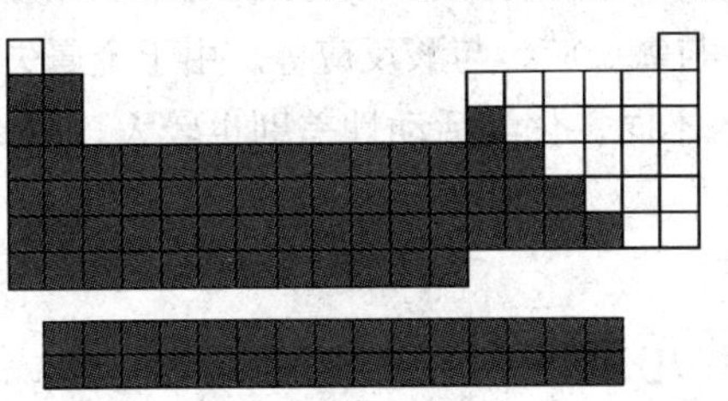

图 3-1　金属元素在元素周期表中的分布

其中两种或两种以上金属（或金属和非金属）熔合而成的具有金属特性的物质叫合金。

## 一、金属的物理性质

在常温下，一切金属都具有晶体结构（除汞外）。我们知道，金属原子的最外层电子数比较少，最外层电子与原子核的联系又比较松弛，所以金属原子容易失去电子。这些电子不是固定在某一金属离子的附近，而是在晶体中自由地移动，所以叫自由电子。依靠流动的自由电子，使金属原子和金属阳离子相互连接在一起而形成金属晶体。所以，金属具有很多共同的物理性质。

### 1．颜色和光泽

大多数金属呈银白色，少数金属呈其他颜色，如金呈黄色，铜呈紫红色。金属都是不透明的，块状或片状的金属具有金属光泽。在粉末状态时，除镁、铝等金属仍保持原有的光泽外，一般金属都呈黑色或暗灰色。

### 2．延展性

一般地说，金属具有不同程度的延展性，可以抽成细丝，也可以压成薄片；也有少数金属（锑、铋、锰等）质脆，延展性较差。

3．传导性

因为自由电子的存在，大多数金属具有良好的导电性和导热性，导电性好的金属导热性也好。常见的几种金属按照导电和导热能力由大到小排列如下：银、铜、金、铝、锌、铁、铂、锡、铅。

因为金、银比较贵重，所以一般的电线都是铜和铝制成的。

4．密度、硬度和熔点

大多数金属密度、硬度较大，熔点较高，但它们之间差别也较大。

（1）密度：最大的为锇（Os，22.57g/cm$^3$），最小的为锂（Li，0.534g/cm$^3$）。

（2）熔点：最高的为钨（W，3413℃），最低的为汞（Hg，－39℃）。

（3）硬度：最硬的为铬（Cr,9），最软的为钾（K）、钠（Na）、铯（Cs）等，可用小刀切割。

## 二、金属的化学性质

我们知道，多数金属元素原子的最外层电子数都小于4，在发生化学反应时，它们的最外层电子较容易失去。所以，金属最主要的共同化学性质是都易失去最外层的电子变成金属阳离子而表现出还原性，如金属可以与非金属反应，与氧反应，与酸反应等。由于金属失去电子的难易程度不同，所以各种金属还原性的强弱也不同，化学活动性差别也较大。因此，对于金属的化学性质，需要结合具体物质进行研究。

# 第一节　碱金属元素

人们把元素周期表中第IA族的锂、钠、钾、铷、铯等元素叫做碱金属。它们的结构特征和性质等方面存在着某种内在的联系，下面我们将逐一进行探讨。

## 一、碱金属元素的原子结构及物理性质

碱金属是一类化学性质非常活泼的金属，因此它们在自然界中都以化合态存在。碱金属的单质都由人工制得。由表3-1（请试着填出其中的电子层结构）可以得出规律：碱金属元素原子最外电子层上都只有1个电子，随着核电荷数的增多，它们的电子层数逐渐增多，原子半径逐渐增大。

表3-1　碱金属元素的原子结构

| 元素名称 | 元素符号 | 核电荷数 | 电子层结构 | 原子半径 /nm |
|---|---|---|---|---|
| 锂 | Li | 3 | | 0.152 |
| 钠 | Na | 11 | | 0.186 |
| 钾 | K | 19 | | 0.227 |
| 铷 | Rb | 37 | | 0.248 |
| 铯 | Cs | 55 | | 0.265 |

从表3-2中还可以看出，碱金属除铯略带金色光泽外，其余的都是银白色。碱金属都比较柔软，有延展性。碱金属的密度都较小，尤其是锂、钠、钾。碱金属的熔点都较低，如铯在气温稍高时就是液态。此外，碱金属的导热、导电性能也都很强。随着碱金属元素核电荷数的增加，它们的密度呈增大趋势，熔点和沸点逐渐降低。

**表3-2 碱金属元素的主要物理性质**

| 元素名称 | 元素符号 | 核电荷数 | 颜色状态 | 密度/（$g/cm^3$） | 熔点/℃ | 沸点/℃ |
|---|---|---|---|---|---|---|
| 锂 | Li | 3 | 银白色，柔软 | 0.534 | 180.5 | 1347 |
| 钠 | Na | 11 | 银白色，柔软 | 0.97 | 97.81 | 882.9 |
| 钾 | K | 19 | 银白色，柔软 | 0.86 | 63.65 | 774 |
| 铷 | Rb | 37 | 银白色，柔软 | 1.532 | 38.89 | 688 |
| 铯 | Cs | 55 | 略带金色光泽，柔软 | 1.879 | 28.40 | 678.4 |

注：密度是指常温时的数据。

我们再来分析碱金属元素的原子结构与其化学性质的关系，可以做如下推论。

（1）碱金属元素原子的最外层上都只有1个电子，因此它们具有相似的化学性质。如果以钠为例，可以推测锂、钾、铷、铯等碱金属也能与氧气等非金属以及与水等起反应。

（2）碱金属元素的原子失去最外电子层中电子的能力逐渐增强，即碱金属元素的性质也具有差异性。从锂到铯，它们的金属性逐渐增强。因此，钾、铷、铯与氧气或水的反应，将比钠更剧烈。

## 二、碱金属的化学性质

### 1．与非金属的反应

**【实验1】**取一小块钾，擦干表面的煤油后，放在石棉网上稍加热，如图3-2所示。观察发生的现象，并跟钠在空气中的燃烧现象进行对比。

同钠一样，钾也能与氧气发生反应，而且反应比钠更剧烈。

大量实验证明，碱金属都能与氧气发生反应。锂与氧气的反应不如钠剧烈，生成氧化锂，反应式如下。

$$4Li + O_2 \xlongequal{点燃} 2Li_2O$$

在室温时，铷和铯遇到空气就会立即燃烧。钾、铷等碱金属与氧气反应，生成比过氧化物更复杂的氧化物。

除与氧气反应外，碱金属还能与氯气等大多数非金属反应，表现出很强的金属性，且金属性从锂到铯逐渐增强。

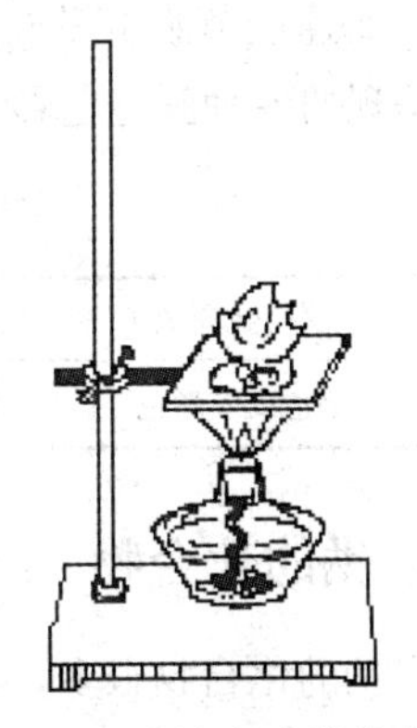

图3-2 钾在空气中燃烧实验

### 2．与水的反应

**【实验2】**在一个盛有水的锥形瓶里滴入几滴酚酞试液。取黄豆大小的一小块钾，擦干表面的煤油后放入锥形瓶里，迅速

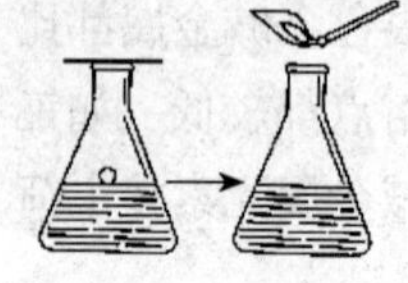
图 3-3　钾与水的反应

用玻璃片盖好，如图 3-3 所示。观察所发生的现象，并跟钠与水的反应现象进行对比。反应完毕后，取下玻璃片，迅速将燃着的小木条靠近锥形瓶口，检验反应所生成的气体。

实验证明，同钠一样，钾也能与水发生反应生成氢气和氢氧化钾。钾与水的反应比钠与水的反应更剧烈，反应放出的热可以使生成的氢气燃烧，并发生轻微的爆炸，证明钾比钠的金属性更强。

$$2K + 2H_2O = 2KOH + H_2\uparrow$$

大量实验还证明，碱金属都能与水发生反应，生成氢氧化物并放出氢气。例如，铷、铯与水的反应比钾与水的反应还要剧烈。它们遇水立即燃烧，甚至可能发生爆炸。

## 三、焰色反应

钠在空气中燃烧时，可以看出其火焰呈现黄色。如果我们炒菜时不慎将食盐或食盐水溅在火焰上，也会发现火焰呈现黄色。很多金属或它们的化合物在灼烧时都会使火焰呈现出特殊的颜色，这在化学上叫做焰色反应。

**【实验 3】**把装在玻璃棒上的铂丝（也可用光洁无锈的铁丝，或镍丝、铬丝、钨丝）放在酒精灯火焰（最好用煤气灯，它的火焰颜色较浅）里灼烧，直到与原来的火焰颜色相同为止，如图 3-4 所示。用铂丝蘸取碳酸钠溶液，放在火焰上灼烧，就可以看到火焰呈黄色。在观察钾的火焰颜色时，要透过蓝色的钴玻璃去观察，这样可以滤去黄色的光，避免钾盐中的杂质钠所造成的干扰。

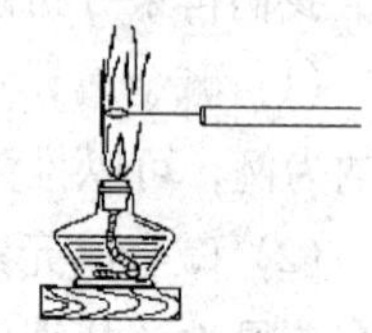
图 3-4　焰色反应实验

**观察思考**

当在玻璃管口点燃某些可燃性气体时，火焰常呈现黄色。能否由此说明这些气体的火焰为黄色吗？为什么？

一些常见金属或金属离子的焰色反应颜色如表 3-3 所示。不仅碱金属和它们的化合物都能呈现焰色反应，钙、锶、钡、铜等金属也能呈现焰色反应。我们可以根据焰色反应所呈现的特殊颜色来测定金属或金属离子的存在。

每逢佳节晚上燃放的五彩缤纷的焰火，就是碱金属，以及锶、钡等金属化合物焰色反应所呈现的各种鲜艳色彩。

**表 3-3　一些金属或金属离子的焰色反应颜色**

| 金属或金属离子 | 锂 | 铷 | 钙 | 锶 | 钡 | 铜 |
|---|---|---|---|---|---|---|
| 焰色反应颜色 | 紫红色 | 紫色 | 砖红色 | 洋红色 | 黄绿色 | 绿色 |

## 四、钠的化合物

钠的化合物很多，用途也很广泛。我们在初中已学过氢氧化钠和氯化钠。这里重点了解过氧化钠、碳酸钠和碳酸氢钠。

1．过氧化钠

过氧化钠（$Na_2O_2$）是淡黄色的固体，能与水反应。

**【实验 4】**把水滴入盛有过氧化钠固体的试管中，用带火星的木条放在试管口，检验生成的气体，如图 3-5 所示。

**【实验 5】**用棉花包住约 0.2g 过氧化钠粉末，放在石棉网上。在棉花上滴加几滴水，观察发生的现象，如图 3-6 所示。

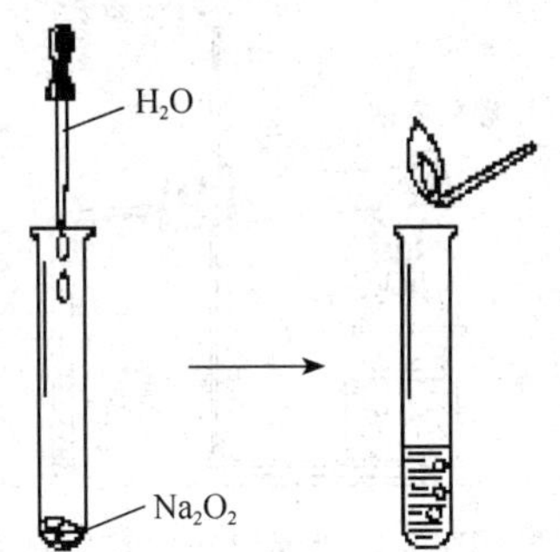


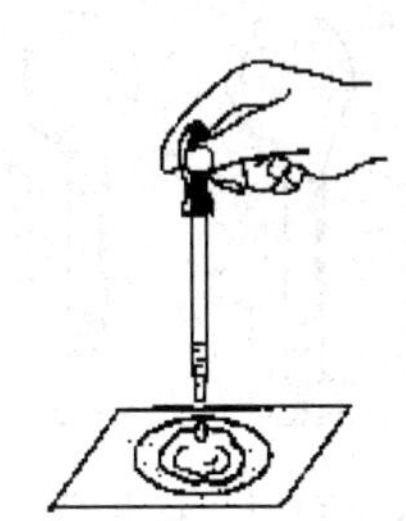

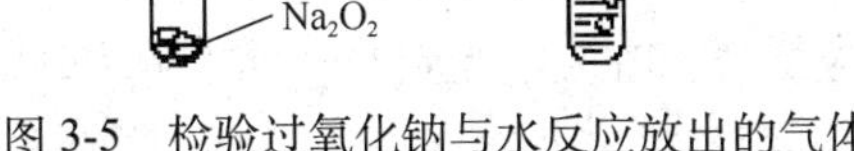

图 3-5 检验过氧化钠与水反应放出的气体　　图 3-6 过氧化钠与水的反应

过氧化钠与水反应生成氢氧化钠和氧气，反应式如下。

$$2Na_2O_2 + 2H_2O = 4NaOH + O_2\uparrow$$

这是一个放热反应，反应放出的热能使棉花燃烧，反应生成的氧气又使棉花燃烧加剧。

过氧化钠是强氧化剂，可以用来漂白织物、麦秆、羽毛等。

过氧化钠跟二氧化碳反应，生成碳酸钠和氧气，反应式如下。

$$2Na_2O_2 + 2CO_2 = 2Na_2CO_3 + O_2$$

因此，它可用在呼吸面具和潜水艇里作为氧气的来源。

2．碳酸钠和碳酸氢钠

碳酸钠（$Na_2CO_3$）俗名纯碱或苏打，是白色粉末。碳酸钠晶体含结晶水，化学式是 $Na_2CO_3\cdot 10H_2O$。在空气里碳酸钠晶体很容易失去结晶水，并渐渐碎裂成粉末。失水以后的碳酸钠叫做无水碳酸钠。

碳酸氢钠（$NaHCO_3$）俗名小苏打，是一种细小的白色晶体。碳酸钠比碳酸氢钠容易溶解于水。

碳酸钠和碳酸氢钠都能与盐酸反应放出二氧化碳，反应式分别如下。

$$Na_2CO_3 + 2HCl = 2NaCl + H_2O + CO_2\uparrow$$

$$NaHCO_3 + HCl = NaCl + H_2O + CO_2\uparrow$$

**【实验 6】**在两支试管中分别加入 3mL 稀盐酸，将两个各装有 0.3g $Na_2CO_3$ 或 $NaHCO_3$ 粉末的小气球分别套在两支试管口。将气球内的 $Na_2CO_3$ 和 $NaHCO_2$3 同时倒入试管中，比较它们放出 $CO_2$ 的快慢，如图 3-7 所示。

从上述实验可以看到，$NaHCO_3$ 和 $Na_2CO_3$ 都能与 HCl 溶液起反应，但 $NaHCO_3$ 与 HCl 溶液的反应要比 $Na_2CO_3$ 与 HCl 溶液的反应剧烈得多。

**【实验 7】** 把 $Na_2CO_3$ 放在试管里，约占试管容积的 1/6，并往另一支试管里倒入澄清的石灰水，加热，观察澄清的石灰水是否起变化，如图 3-8 所示。换上一支放入同体积 $NaHCO_3$ 的试管，加热，观察澄清石灰水的变化。

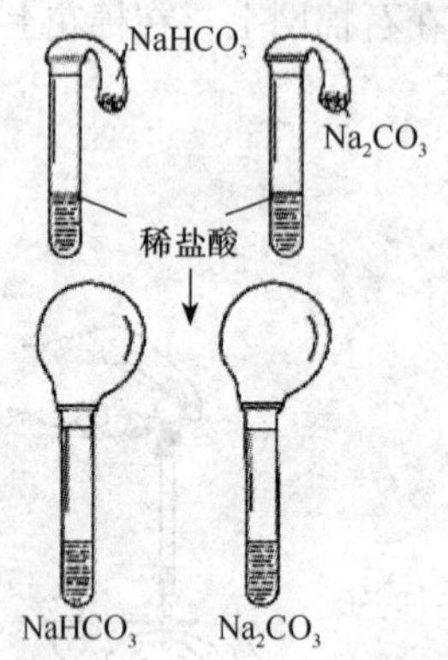


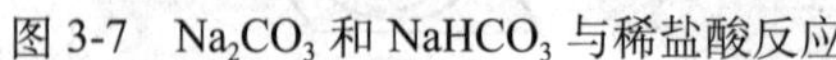


图 3-7 $Na_2CO_3$ 和 $NaHCO_3$ 与稀盐酸反应

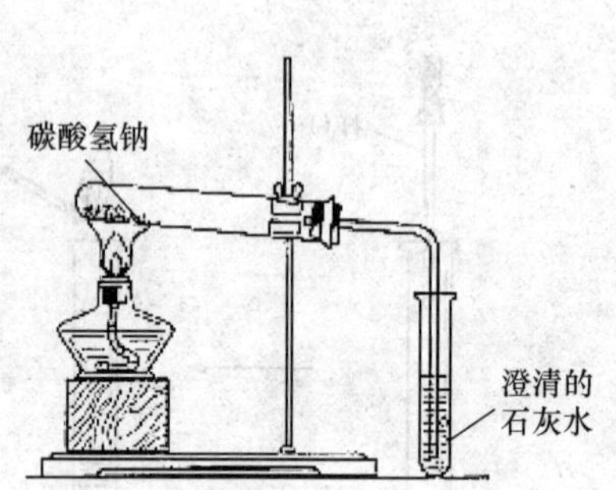


图 3-8 鉴别 $Na_2CO_3$ 和 $NaHCO_3$

从实验可以看到，$Na_2CO_3$ 受热没有变化，而 $NaHCO_3$ 受热后放出了 $CO_2$。这个实验说明 $Na_2CO_3$ 很稳定，$NaHCO_3$ 不稳定，受热容易分解，反应式如下

$$2NaHCO_3 \xlongequal{\triangle} Na_2CO_3 + H_2O + CO_2\uparrow$$

可以利用这个反应来鉴别 $Na_2CO_3$ 和 $NaHCO_3$。

**活动探究**

如何鉴别 $Na_2CO_3$、$NaHCO_3$ 和 NaCl？

碳酸钠是化学工业的重要产品之一，有很多用途。它广泛应用于制玻璃、制皂、造纸、纺织等工业中，也可以用来制造其他钠的化合物。碳酸氢钠是焙制饼干、糕点所用发酵粉的主要成分之一。在医疗上，它是用于治疗胃酸过多的一种药剂。

## 练 习 实 践

### 一、填空题

1．碱金属元素中金属性最强的是________，原子半径最小的是________。

2．钠和钾都是活泼金属，钾比钠更________，因为钾的原子核外电子层数比钠的________，更容易________电子。

3．钠或________灼烧时，火焰呈现________色；钾或________灼烧时，火焰呈现________色。观察钾的焰色反应的颜色需透过________色的钴玻璃，这是为了避免________中可能混有________的干扰。

4．钾和钠各 1g，分别与 20mL 水反应，其中反应更剧烈的是________。在相同状况下，生成气体的质量大的是________。

## 二、选择题

1．金属钠比金属钾（ ）。

A．金属性强 B．与水反应激烈 C．原子半径大 D．熔点高

2．下列关于 Na 和 $Na^+$ 性质的叙述中，正确的是（ ）。

A．它们都是强还原剂 B．它们的电子层数相同

C．它们都显碱性 D．它们灼烧时都能使火焰呈现黄色

## 三、写出下列反应的化学方程式

1．钠在空气中燃烧。

2．钠在氯气中燃烧。

3．钠与水反应。

4．氧化钠与水反应。

## 四、实验题

如何鉴别 $Na_2CO_3$、$K_2CO_3$、NaCl 和 $K_2SO_4$？请写出有关反应的化学方程式。

# 第二节 碱土金属元素

元素周期表的第 IIA 族包括铍、镁、钙、锶、钡、镭几种元素，通常称为碱土金属。

因为这些金属的氧化物都熔点很高，它们溶于水又显较强的碱性，历史上曾经把难熔的氧化物称为土性的，所以这 6 种金属被称为碱土金属。

它们都是灰色至银白色金属，容易与空气中的氧气和水蒸气反应，在表面形成氧化物和碳酸盐，失去光泽。

碱土金属的硬度略大于碱金属，钙、锶、钡、镭仍可用小刀切割，其熔点和密度也都大于碱金属，但仍属于轻金属。

碱土金属的导电性和导热性能较好。它们的化学性质活泼，在空气中加热时发生燃烧，产生夺目的火光，形成氧化物。与水作用时，放出氢气，生成氢氧化物，碱性比碱金属的氢氧化物弱，但钙、锶、钡、镭的氢氧化物仍属强碱。

碱土金属最外电子层上有两个价电子，氧化态为+2，所生成的盐多半很稳定，遇热不易分解，在室温下也不发生水解反应。碱土金属的离子为无色，其盐类大多是白色固体，碱土金属的盐类（如硫酸盐、碳酸盐等）溶解度都比较小。

在自然界中，碱土金属都以化合物的形式存在，可用焰色反应鉴定。由于它们的性质活泼，只能用电解方法制取。

因为 IIA 族的镁和 IIIA 族的铝在性质上有类似之处，但由于结构不同，性质又有一些差异。为了便于比较，我们在此把镁和铝的性质并列介绍。

## 一、镁和铝的物理性质

镁和铝分别位于第三周期的 IIA 和 IIIA 族，它们都是银白色的轻金属，有较强的韧性和延展性，有良好的导电、导热性，如表 3-4 所示（请填出它们的原子结构简图）。

表 3-4　镁和铝的物理性质

| 元素名称 | 元素符号 | 核电荷数 | 原子示意图 | 单质的物理性质 | | | | |
|---|---|---|---|---|---|---|---|---|
| | | | | 颜色和状态 | 硬度 | 密度 /(g/cm$^3$) | 熔点 /℃ | 沸点 /℃ |
| 镁 | Mg | 12 | | 银白色固体 | 很软 | 1.738 | 1.738 | 1090 |
| 铝 | Al | 13 | | 银白色固体 | 较软 | 2.70 | 2.70 | 2467 |

**观察思考**

1．镁和铝分别位于元素周期表的第几周期，第几族？
2．分别在表 3-3 中画出镁和铝的原子结构示意图，它们的原子结构有哪些特点？
3．为什么镁的化学性质比铝活泼？试用实验事实加以说明。

物质的用途常与它们的性质有很大关系，因此铝常用于制作导线和电缆，铝箔常用于制造食品、饮料的包装等。镁和铝的更重要的用途是制造合金，制成合金可克服纯镁和纯铝的硬度、强度较低，不适于制造机器零件的缺点。例如，含有硅、铜、锌、锰等元素的镁、铝合金就具有质轻、坚韧、力学性能较好等许多优良性质，可用来制作飞机外壳材料、门窗等。

## 二、镁和铝的化学性质

镁和铝都是在同一周期中比较活泼的金属，但由于镁比铝的原子半径大，最外层电子数少，原子核对最外层电子的引力更小一些，因此镁的最外层电子更易失去，镁比铝更活泼。

镁和铝都能与非金属、酸等物质反应，铝还可以与强碱溶液反应。

### 1．与非金属的反应

在常温下，镁和铝都与空气里的氧气反应，生成一层致密而坚固的氧化物薄膜，从而使金属失去光泽。由于这层氧化膜能阻止金属的继续氧化，所以镁和铝都有抗腐蚀的性能。

镁和铝除能与氧气发生反应外，在加热时还能与其他非金属（如硫、卤素等）发生反应。

### 2．与酸的反应

前面曾做过镁、铝分别与稀盐酸反应的实验，反应后都生成氢气。二者相比较，镁的反应更剧烈一些。

在常温下，在浓硫酸或浓硝酸里铝的表面被钝化，生成坚固的氧化膜，可阻止反应的继续进行。因此，可以用铝制的容器装运浓硫酸或浓硝酸。

### 3．与碱的反应

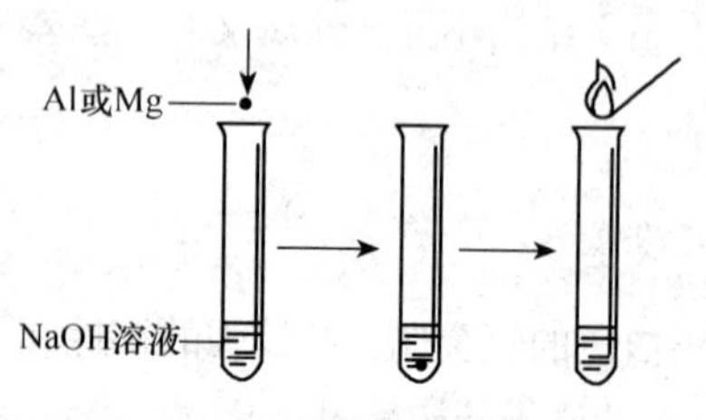

图 3-9　铝和镁与碱的反应

很多金属能跟酸起反应，但大多数金属却不能与碱发生反应，那么镁和铝的情况呢？

**【实验 8】**在两个试管里分别加入 10mL 浓 NaOH 溶液，再各放入一小段铝片和镁条，观察实验现象，如图 3-9 所示。过一段时间后，用点燃的木条分别放在两个试管口，有什么现象发生？

通过实验我们看到，镁不能与 NaOH 溶液反应，铝能反应，并放出一种可燃性气体（氢气），同时生成偏铝酸钠（$NaAlO_2$），反应式如下。

$$2Al + 2NaOH + 2H_2O = 2NaAlO_2 + 3H_2\uparrow$$

由于酸、碱、盐等可直接腐蚀铝制品，所以铝制餐具不宜用来蒸煮或长时间存放具有酸性、碱性或咸味的食物。

### 4．与某些氧化物的反应

镁和铝都是较活泼的金属，它们的还原性比较强，不仅能把氧气还原，而且在一定条件下还能跟某些氧化物发生反应，将其中的某些元素还原。例如，铝在一定条件下，能与氧化铁发生铝热反应。

铝热反应原理可以应用在生产上，如焊接钢轨等。在冶金工业中也常应用这一反应原理，使铝与金属氧化物反应，冶炼钒、铬、锰等。

## 三、铝的重要化合物

由于镁和铝都是较活泼的金属，因此它们都以化合态存在于自然界中。

### 1．氧化铝

氧化铝（$Al_2O_3$）是一种白色难熔的物质，是冶炼金属铝的原料，也是一种比较好的耐火材料。它可以用来制造耐火坩埚、耐火管和耐高温的实验仪器等。

氧化铝是典型的两性氧化物。新制备的氧化铝既能与酸反应生成铝盐，又能与碱反应生成偏铝酸盐。

### 2．氢氧化铝

氢氧化铝［$Al(OH)_3$］是几乎不溶于水的白色胶状物质。它能凝聚水中的悬浮物，又有吸附色素的性能。在实验室里可以用铝盐溶液与氨水的反应来制取氢氧化铝。

**【实验 9】**在试管里放入 10mL 0.5mol/L $Al_2(SO_4)_3$ 溶液，滴加氨水，生成白色胶状 $Al(OH)_3$ 沉淀。继续滴加氨水，直到不再产生沉淀为止。过滤，用蒸馏水冲洗沉淀，可得到较纯净的 $Al(OH)_3$。取少量 $Al(OH)_3$ 沉淀放在蒸发皿中，加热，观察 $Al(OH)_3$ 的分解。

上述反应可以表示如下。

$$Al_2(SO_4)_3 + 6NH_3 \cdot H_2O = 2Al(OH)_3\downarrow + 3(NH_4)_2SO_4$$

$$2Al(OH)_3 = Al_2O_3 + 3H_2O$$

**【实验 10】**把上面实验中制得的 $Al(OH)_3$ 沉淀分装在两个试管里，向一个试管里滴加 2mol/L 盐酸，向另一个试管里滴加 2mol/L NaOH 溶液。边加边振荡，直至沉淀完全溶解。

实验表明，$Al(OH)_3$ 在酸或强碱溶液里都能溶解。这说明它既能与酸反应，又能与强碱溶液反应，它是典型的两性氢氧化物。

3．硫酸铝钾

水合硫酸铝钾 [$KAl(SO_4)_2 \cdot 12H_2O$] 俗称明矾。明矾是无色晶体，易溶于水，溶于水时发生水解反应，其水溶液显酸性。明矾水解所产生的胶状的 $Al(OH)_3$ 吸附能力很强，可以吸附水里的杂质，并形成沉淀，使水澄清，所以明矾常用做净水剂。

**生活向导**

### 铝制品的锈蚀

铝制品的表面虽然有致密的保护膜，不易被氧化，但是当有较活泼元素（如卤素）的离子存在时，氧化膜将这些离子吸附在表面，取代了膜中的氧形成新的化合物。例如，有氯离子存在时，就会使一部分保护膜变成氯化铝，氯化铝易溶于水，因而使保护膜的结构遭到破坏，产生了孔隙，有害物质就可能渗入内部，加速铝制品的腐蚀。

食盐的成分是氯化钠，其中还含有少量氯化镁，在水中溶解后能电离生成氯离子，因此会破坏保护膜。氯化镁在溶解时会发生水解，使溶液呈酸性，使铝制品腐蚀得更快，因此不能用铝制品盛放含盐的蔬菜及食品。

### 明矾的用途

明矾又名白矾，是明矾石的提炼品。

明矾是传统的食品改良剂和膨松剂，常用做油条、粉丝、米粉等食品生产的添加剂。但是由于明矾的化学成分为硫酸铝钾，含有铝离子，所以过量摄入会影响人体对铁、钙等成分的吸收，导致骨质疏松、贫血，甚至影响神经细胞的发育。因此，一些营养专家提出，要尽量少吃含有明矾的食品。

### 油条的制作

油条之所以会膨松中空，主要原因是添加了膨松剂。膨松剂会发生化学反应，产生的大量气体（通常是二氧化碳）将柔韧的面团胀开。

传统上油条中使用的膨松剂有两类：北方油条通常用明矾（十二水合硫酸铝钾）配纯碱（碳酸钠），广式油条通常用臭粉（碳酸氢铵）。前者虽然口感好，但是会在油条中残留一定的铝，长期食用可能会导致慢性铝中毒；后者虽然不会产生有害物残留，但是会在炸制时放出对人体有害的氨气。所以现在一些大型的早餐店和方便食品厂商开始使用酒石酸氢钾等无铝膨松剂来代替明矾。

## 练习实践

### 一、填空题

1．在元素周期表中，金属元素位于每一周期的________。金属原子的最外层电子数一般比较________，和同周期非金属相比，其原子半径较________，在化学反应中容易________电子生成________，金属发生________反应，是________剂。

2．氧化铝和氢氧化铝既可以与________反应，又可以与________反应，它们是典型的________氧化物和________氢氧化物。

3．在氯化镁溶液中滴加少量氢氧化钠溶液，现象为________，继续加入过量的氢氧化钠溶液，现象为________；在氯化铝溶液中滴加少量氢氧化钠溶液，现象为________，继续加入过量的氢氧化钠溶液，现象为__________。钠、镁、铝的氢氧化物的碱性从弱到强的排列顺序为__________。

## 二、选择题

1．下列关于镁的叙述中，不正确的是（　　）。

A．在空气中燃烧时发出耀眼的白光

B．由于镁能与空气中的氧气反应，所以必须密封保存

C．能与盐酸反应放出氢气

D．能与沸水反应放出氢气

2．下列关于铝的叙述中，不正确的是（　　）。

A．铝属于第ⅢA族元素

B．铝是地壳里含量最多的金属元素

C．在常温下，铝不能与氧气反应

D．铝既能溶于酸，又能溶于强碱溶液

3．下列各物质的水溶液，滴加稀硫酸或氯化镁溶液时，均有白色沉淀生成的是（　　）。

A．$BaCl_2$　　B．$Ba(OH)_2$　　C．$Na_2CO_3$　　D．KOH

## 三、问答题

1．根据日常生活经验，简述金属有哪些主要用途。

2．什么是合金？举例说明合金有哪些用途。

# 归 纳 小 结

## 金属的通性

部分金属的主要化学性质如表3-5所示。

**表3-5　部分金属的主要化学性质**

| 金属活动性顺序 | K Ca Na Mg Al Mn Fe Zn Sn Pb (H) Cu Hg Ag Pt Au | | | |
|---|---|---|---|---|
| 金属原子失电子能力 | 依次减小，还原性减弱 | | | |
| 在空气中与氧气的反应 | 易被氧化 | 常温时被氧气氧化 | 加热时能被氧化 | 不能被氧化 |
| 与水反应 | 常温下可置换出水中的氢 | 加热或与水蒸气反应时能置换出水中的氢 | 不与水反应 | |
| 与酸反应 | 能置换出稀酸（如HCl、$H_2SO_4$）中的氢 | | 不能置换出稀酸中的氢 | |
| | 反应剧烈 | 反应程度依次减弱 | 能与浓硫酸、硝酸反应 | 能与王水反应 |
| 跟盐的反应 | 位于金属活动性顺序前面的金属可以将后面的金属从其盐溶液中置换出来 | | | |
| 跟碱的反应 | Al等具有两性的金属可以与碱反应 | | | |

不同金属在密度、硬度、熔点、沸点等方面差别很大，但多数金属有许多共同的物理性质，如有金属光泽，有延性和展性，能导电、导热等。

金属元素原子共同的化学性质是容易失去最外层电子，变成金属阳离子，表现出还原性。金属的还原性强弱与它的结构、在元素周期表中的位置有关，与金属活动性顺序大致相同。金属的还原性主要表现在金属能与氧气或其他非金属、水、酸、盐发生反应。

金属冶炼的主要方法有热分解法、热还原法和电解法等。

1．镁及其重要化合物之间的转化关系

$Mg \xrightarrow[②CO_2,\ 点燃]{①O_2,\ 点燃} MgO \xrightarrow{H_2SO_4} MgSO_4 \underset{H_2SO_4}{\overset{NaOH}{\rightleftharpoons}} Mg(OH)_2$

$Mg \xrightarrow{H_2O,\ \triangle} Mg(OH)_2$

$Mg \xrightarrow{H_2SO_4} MgSO_4$

2．铝及其重要化合物之间的转化关系

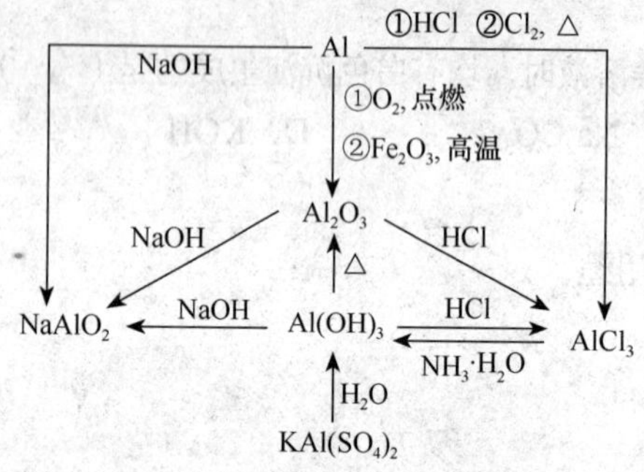

# 第四章 电解质溶液

许多化学反应要在溶液中才能进行，而溶液、电解质和食物的酸碱度等知识在烹饪专业的实际操作中具有重要的作用。例如，正常新鲜畜肉多呈中性或弱碱性，宰后1小时pH为6.20～6.30，自然条件下冷却6小时以上pH为5.60～6.0。动植物的体液就是一种生理性溶液，在维持人的生理功能方面电解质也有着神奇的作用。初中化学中已经涉及了一些溶液、溶解度、电解质方面的初步知识。本章将重点介绍一些与电解质溶液相关的知识。

## 第一节　溶液的基本概念

在烹饪操作中，无论是炖还是烧，很多原料的烹制都要在混合物的液体状态下进行。本节主要探讨关于溶液的几个基本概念。

### 一、溶液、悬浊液、乳浊液

**观察思考**

将不同的物质放入水中搅拌后静置，仔细观察是否都能得到溶液。

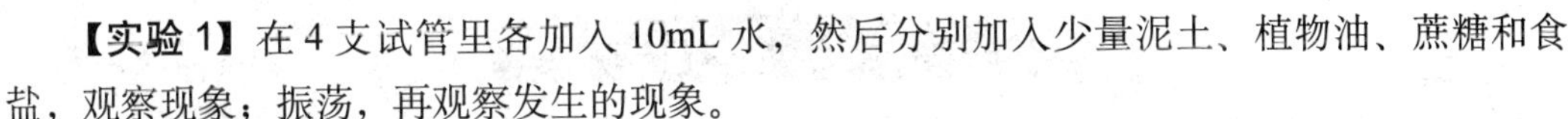

**【实验1】**在4支试管里各加入10mL水，然后分别加入少量泥土、植物油、蔗糖和食盐，观察现象；振荡，再观察发生的现象。

可以看到，4支试管里的现象不同。加入蔗糖或食盐的试管里，得到的是透明的液体。加入泥土、植物油的试管里，振荡后得到混浊的液体。

前两种液体是均一、稳定的。只要水分不蒸发，温度不变化，不管放置多久，蔗糖和食盐都不会分离出来的。像这样一种或几种物质分散到另一种物质里，形成的均一、稳定的混合物，叫做溶液。溶解其他物质的物质叫做溶剂，被溶解的物质叫做溶质。溶液是由溶剂和溶质组成的。上述实验中，水是溶剂，蔗糖和食盐是溶液。水是很好的无机溶剂，也是最常用的溶剂。用水做溶剂的溶液，即称为水溶液。除了水之外，汽油、酒精等也可以做溶剂。

溶质可以是固体，也可以是液体或气体。两种液体互相溶解时，通常把量多的一种叫做溶剂，量少的一种叫做溶质。当溶液中有水存在时，不论水的量有多少，习惯上都把水看作溶剂。

把泥土放入水中时，泥土沉到水底，振荡后得到浑浊的液体。液体里悬浮着很多分子集合成的固体小颗粒，使整个液体呈浑浊状态。这种液体不稳定，静止一会儿后，固体逐渐下沉。这种固体小颗粒悬浮于液体里形成的混合物叫做悬浊液。

植物油加入水中后漂浮在水面上，分为有界面的两层，振荡后得到乳状浑浊液体。这种液体里分散着不溶于水的小液滴，小液滴也是由很多分子集合而成的。这种液体也不稳定，经过静止，植物油逐渐浮起来，又分为上下两层。这种小液滴分散到液体里形成的混合物叫做乳浊液。

## 二、溶解、溶解性

溶解是一种物质（溶质）分散于另一种物质（溶剂）中成为溶液的过程，如食盐或蔗糖溶解于水而成水溶液。

通常把一种物质溶解在另一种物质里的能力叫做溶解性。溶解性的大小与溶质和溶剂的性质有关。同一种物质在不同溶剂里的溶解性也不相同。例如，食盐容易溶解在水里，却很难溶解在汽油里；油脂很难溶解在水里，却很容易溶解在汽油里，用汽油擦洗衣服上的油污，正是利用了油脂容易溶解在汽油里的性质。

## 三、饱和溶液、不饱和溶液

糖或食盐很容易溶解在水里，但是在一定量的水里是不是可以无限地溶解呢？生活经验告诉我们，在一杯水里，如果糖或食盐放得太多，在杯底就会剩下溶解不了的糖或食盐了。下面介绍两种物质的溶解实验。

**【实验2】**在各盛有 10 mL 水的两支试管里，分别缓缓地加入氯化钠和硝酸钾的固体。边加入边振荡，到试管里有剩余固体不能再溶解为止。这个实验说明了什么问题？

实验说明，在一定温度下（实验是在室温条件下进行的），在一定量的水里（实验中为 10 mL），氯化钠或硝酸钾不能无限地溶解。

在一定温度下，在一定量的溶剂里，不能再溶解某种物质的溶液叫做这种溶质的饱和溶液；还能继续溶解某种溶质的溶液，叫做这种溶质的不饱和溶液。

## 练习实践

### 一、选择题

1．下列物质中属于溶液的是（　　）。

A．牛奶　　B．碘酒　　C．蒸馏水　　D．豆浆

2．厨房中常用的下列物质与水混合，不能形成溶液的是（　　）。

A．食盐　　B．植物油　　C．白糖　　D．白酒

3．下列常见的医用溶液中，溶剂不是水的是（　　）。

A．葡萄糖注射液　　B．生理盐水　　C．消毒酒精　　D．碘酒

4．一定温度下，某物质的饱和溶液一定是（　　）。

A．很稀的溶液　　B．很浓的溶液

C．可以继续溶解该物质的溶液　　　　D．不能继续溶解该物质的溶液

**二、调研题**

分成小组合作调查，统计厨房中烹饪操作时可能遇到的溶液、悬浊液与乳浊液。

# 第二节　溶液的浓度及换算

生活经验告诉我们，在一杯水里加入的糖加越多，糖水就越甜。这句话的化学术语就是“浓度越大，糖水越甜”。

一定量的溶液里所含溶质的量，就叫做这种溶液的浓度。溶液的浓度是表达溶液中溶质跟溶剂相对存在量的数量标记。同一种溶液，使用不同的标准，它的浓度就有不同的表示方法。表示溶液的浓度有多种方法，可归纳成两大类：一类是质量浓度，表示一定质量的溶液里溶质和溶剂的相对量，如质量百分比浓度、质量摩尔浓度等；另一类是体积浓度，表示一定量体积溶液中所含溶质的量，如物质的量浓度、体积比浓度等。质量浓度的值不因温度变化而变化，而体积浓度的值随温度的变化而相应变化。

## 一、溶质的质量分数

溶质的质量分数（ω）是溶质质量与溶液质量之比。例如，溶质质量分数为25%的葡萄糖注射液就是指100g注射液中含葡萄糖25g。

$$溶质的质量分数=\frac{溶质质量}{溶液质量}\times 100\%$$

## 二、体积比浓度

体积比浓度是指用溶质与溶剂的体积比表示的浓度。例如，1∶1盐酸，即表示1体积量的盐酸和1体积量的水混合的溶液。市场上所售酒水即采用了这种浓度表示方法。

## 三、物质的量浓度

### 1．物质的量

由于化学变化中涉及的原子、分子或离子等单个微粒的质量都很小，难以进行直接称量，而实际参加反应的微粒数目往往很大，为了将一定数目的微观离子与可称量物质之间联系起来，在化学上特别引入“物质的量”这一概念。

物质的量这个物理量所表示的意义，实际上就是含有一定数目粒子的集体。科学实验表明，在0.012kg $^{12}C$中所含的原子数约为$6.02\times10^{23}$个。如果在一定量的粒子的集体中所含有的粒子数目与0.012kg $^{12}C$中所含的原子数目相同，就称该集体的这个量值为1mol。即1mol的任何粒子的粒子数目都约为$6.02\times10^{23}$。$6.02\times10^{23}mol^{-1}$叫做阿伏伽德罗常数。也就是说，摩尔这个单位是以0.012kg $^{12}C$中所含的原子数目为标准，来衡量其他粒子集体中所含粒子数目的。

我们可以用各种不同的方法测定阿伏伽德罗常数。现在，阿伏伽德罗常数能够通过实验测得比较精确的数值。在这里，我们使用 $6.02\times10^{23}mol^{-1}$ 这个近似值。阿伏伽德罗常数的符号为 $N_A$。物质的量的单位是摩尔，物质的量的符号为 $n$；摩尔简称摩，符号为 mol。

物质的量、阿伏伽德罗常数与粒子数之间存在下式所表示的关系：

$$n=\frac{N}{N_A}$$

式中，$N$ 是某一粒子集体中的粒子数。

从这个式子中可以看出，物质的量是粒子数与阿伏伽德罗常数之比，即某一粒子集体的物质的量就是这个粒子集体中的粒子数与阿伏伽德罗常数之比。

**【例题 1】** 在 0.5mol $O_2$ 中含有 $O_2$ 的分子数目是多少？

**【解】** 在 0.5mol $O_2$ 中含有的 $O_2$ 的分子数目为

$$N(O_2)=n(O_2)\times N_A$$
$$=0.5mol\times6.02\times10^{23}mol^{-1}=3.01\times10^{23}$$

2．摩尔质量

我们知道，1mol 不同物质中所含的分子、原子或离子的数目是相同的，但由于不同粒子的质量不同，1mol 不同物质的质量也不相同。

一种元素的相对原子质量是以 $^{12}C$ 质量的 1/12 作为标准的，其他元素的原子质量跟它相比较后得到该元素原子的相对原子质量。1mol $^{12}C$ 的质量为 0.012kg，即 0.012kg 是 $6.02\times10^{23}$ 个 $^{12}C$ 原子的质量。因此，1mol 任何粒子集体中都含有相同数目的粒子。由此可以推知 1mol 任何粒子的质量。

例如，1 个 $^{12}C$ 与 1 个 H 的质量比约为 12∶1，因此 1mol $^{12}C$ 与 1mol H 的质量比也约为 12∶1。由于 1mol$^{12}C$ 的质量为 0.012kg，所以 1mol H 的质量也就约为 0.001kg。

1mol 任何原子的质量都是以 g 为单位，在数值上等于该种原子的相对原子质量。物质的量（$n$）、物质的质量（$m$）和物质的摩尔质量（$M$）之间存在如下关系。

$$M=\frac{m}{n}$$

3．物质的量浓度

以单位体积溶液里所含溶质（表示各种溶质）的物质的量来表示溶液组成的物理量，叫做该溶质的物质的量浓度。物质的量浓度的符号为 $c$，常用单位为 mol/ L 和 mol/ mL。

$$\text{物质的量浓度(mol/L)}=\frac{\text{溶质物质的量(mol)}}{\text{溶液的体积(L)}}$$

数学表达式为

$$c=\frac{n_B}{V}$$

计算时需注意：

(1) 体积是指溶液的体积，而不是溶剂的体积，常用单位为 L；

(2) 溶质的量是用物质的量来表示的，不能用物质的质量来表示；

(3) 溶液一旦配好，即确定了物质的量浓度。由于溶液的均一性，使得溶液内部处处浓度相同。无论取出多少体积的溶液，浓度始终不变，但所含溶质的物质的量或质量会因体积的不同而不同。

**【例题 2】**

(1) 把 100g 质量分数为 98% 的浓硫酸稀释成 10%，求需要加入水的质量（注：溶液稀释过程中，溶质质量不变）。

**【解】** 设加入水的质量为 $x$

$100g\times98\%=(100g+x)\times10\%$

解得：$x$=880g

答：把 100g 质量分数为 98% 的浓硫酸稀释成 10%，需要加入水的质量是 880g。

(2) 用稀释后的硫酸溶液 49g 与含有少量铜的粗锌反应至不再有氢气生成为止，求该粗锌中含纯锌的质量（稀释后硫酸质量分数为 10%）。

**【解】** 设锌的质量为 $y$

$Zn+H_2SO_4=ZnSO_4+H_2\uparrow$

65……98

$y$……49g×10%

$$\frac{65}{y}=\frac{98}{49g}\times10\%$$

解得：$y$=3.25g

答：该粗锌中含纯锌 3.25g。

(3) 98% 的 $H_2SO_4$，$\rho=1.84g/cm^3$，求物质的量浓度。

**【解】**
$$c=\frac{100mL\times1.84g/cm^3\times98\%}{98g/mol\times1L}=18.4mol/L$$

## 练 习 实 践

### 一、填空题

1．溶液质量分数是表示________的一种方法，其数学意义是________之比。现有溶质质量分数为 20% 的氯化钠溶液，其 20% 表示的含义就是每________ g 氯化钠溶液中含有氯化钠________ g。

2．将 20g 氯化钠溶于 80g 水中，制取氯化钠溶液，则氯化钠溶液中溶质的质量分数是________。

### 二、计算题

1．3mol Fe 的质量是多少？

2．如何用 98% 的浓硫酸（密度为 1.84g/ mL）配制 1.0mol/L 的硫酸溶液 500mL？

3．将 4g NaOH 溶解在 10mL 水中，稀释至 1L 后取出 10mL，其物质的量浓度是多少？

# 第三节 电解质溶液

在初中化学中已经学习过，NaCl、NaOH 和 HCl 等物质溶于水后，在水分子的作用下产生能够自由移动的水和离子，从而使溶液具有导电性。如果把 NaCl、NaOH 等固体加热至熔融，它们也会产生自由移动的离子，也具有导电性。这些在水溶液里或熔融状态下能导电的化合物叫做电解质。化合物导电的前提是其内部存在着能自由移动的阴阳离子，电解质在水溶液中或熔融状态下产生自由移动的离子的过程称为电离。

## 一、强电解质和弱电解质

电解质的电离通常用电离方程式表示。电解质溶于水后生成水和离子，但为了书写方便，通常写成简单离子的形式，如：

$$NaCl = Na^+ + Cl^-$$

$$NaOH = Na^+ + OH^-$$

$$HCl = H^+ + Cl^-$$

蔗糖、酒精等化合物，无论是在水中还是在熔融状态下，均以分子形式存在，因而不能导电，这样的化合物叫做非电解质。

强电解质一般是强酸强碱和大多数盐。强电解质在水溶液中全部电离成离子。

弱电解质一般是弱酸弱碱（水中只能部分电离的化合物），另外水是极弱的电解质。弱电解质在水溶液里部分电离成离子。

然而，能导电的不一定是电解质。判断某化合物是否是电解质，不能只凭它在水溶液中导电与否，还需要进一步考察其晶体结构和化学键的性质等因素。例如，硫酸钡难溶于水，溶液中离子浓度很小，但溶于水的那小部分硫酸钡却几乎完全电离。从结构看，只要难溶盐是离子型化合物或强极性共价型化合物，尽管难溶，也是电解质。

另外，有些能导电的物质，如铜、铝等不是电解质，因为它们并不是能导电的化合物，而是单质，不符合电解质的定义。

## 二、电离度和电离平衡

### 1. 电离度

不同弱电解质在水溶液中的电离程度是不同的。有的电离程度大，有的电离程度小。这种电离程度的大小，可用电离度来表示。电解质的电离度就是当弱电解质在溶液里达到电离平衡时，溶液中已经电离的电解质分子占原来总分子数（包括已电离的和未电离的）的百分数。电解质的电离度常用符号 α 来表示。

$$\alpha = \frac{\text{已电离的电解质分子数}}{\text{溶液中原有电解质的分子总数}} \times 100\%$$

**【例题 3】** 25℃时，在 0.1mol/L 醋酸溶液里，每 10 000 个醋酸分子里有 132 个分子电离成离子。它的电离度是多少？

【解】$\alpha=\frac{132}{10\,000}=1.32\%$

答：它的电离度是1.32%。

影响电离度的因素主要是电解质本身的性质，以及温度和溶液的浓度等外因。

(1) 浓度的影响。醋酸稀释时电离度的变化如表4-1所示。

**表4-1　醋酸稀释时电离度的变化**

| 浓度/(mol/L) | 0.2 | 0.1 | 0.001 |
|---|---|---|---|
| 电离度/% | 0.948 | 1.32 | 12.4 |

可见，电离度随浓度的降低而增大。原因是浓度越小，离子互相碰撞而结合成分子的机会越小，电离度就越大。

(2) 温度的影响。因为电离过程是吸热的，因此温度升高则离子化倾向加强；又因大多数电解质电离时没有显著的热量变化，这就导致温度对电离度虽有影响，但影响并不大的必然结果。一般情况下，温度对电离度影响不大，但水的离解过程显著吸热，所以温度升高可以增大水的电离度。

因此，用电离度比较几种电解质的相对强弱时，要注意所给条件，即浓度和温度，如不注明温度则通常指25℃。

在相同温度和溶液浓度时，电离度的大小可以表示弱电解质的相对强弱。

### 2. 电离平衡

弱电解质溶于水后，在水分子作用下，弱电解质分子电离出离子，而离子可重新结合成分子，故弱电解质的电离过程是可逆的。例如，醋酸HAc分子电离成$H^+$和$Ac^-$（醋酸根）离子，它的逆反应就是$H^+$和$Ac^-$离子结合成醋酸HAc分子。

$$CH_3COOH \rightleftharpoons CH_3COO^- + H^+$$

可见，这类电解质溶液里既有离子存在又有电解质分子存在。在一定条件（如温度、溶液浓度）下，当电解质分子电离成离子的速率和离子重新结合成分子的速率相等时，电离过程就达到了平衡状态，这叫做电离平衡。

此时，弱电解质分子电离成离子的过程和离子重新结合成弱电解质分子的过程仍在进行，没有停止。在一定条件下建立平衡后，弱电解质分子及其电离出的离子的浓度都保持不变。条件改变，电离平衡被破坏，平衡发生移动。因此，电离平衡是动态平衡。

## 练习实践

### 一、选择题

1．下列物质在水溶液中电离时，(　　)能生成$Cl^-$。

A．氯化钙　　B．次氯酸钠　　C．氯酸钾　　D．液氯

2．下列物质中属于弱电解质的是(　　)。

A．NaAc　　B．$NH_4Cl$　　C．$KNO_3$　　D．$H_2S$

## 二、判断题

1．水的标准离子积常数不变。（ ）

2．相同温度下，纯水或 0.1mol・L HCl 或 0.1mol・L NaOH 溶液中，水的标准离子积常数都相同。（ ）

3．水的标准离子积常数与温度有关。（ ）

4．某溶液的 pH 增加 1，溶液中的 $H^+$浓度增大 10 倍。（ ）

# 第四节　溶液的酸碱性

研究电解质溶液时往往涉及溶液的酸碱性。电解质溶液的酸碱性跟水的电离有着密切的关系。为了从本质上认识溶液的酸碱性，就要了解水的电离情况。

## 一、水的电离

实验证明，水是一种极弱的电解质，它能微弱地电离，生成 $H_3O^+$和 $OH^-$：

$$H_2O + H_2O \rightleftharpoons H_3O^+ + OH^-$$

通常，上式也可简写为

$$H_2O \rightleftharpoons H^+ + OH^-$$

从纯水的导电实验测得，在 25℃时，1L 纯水中只有 $1\times10^{-7}$ mol $H_2O$ 电离，因此纯水中 $H^+$浓度和 $OH^-$浓度各等于 $1\times10^{-7}$mol/L。在一定温度时，水跟其他弱电解质一样，也有一个电离常数：

$$c(H^+)\cdot c(OH^-)=K\cdot c(H_2O)$$

1L $H_2O$ 的物质的量为 55.6 mol，这与发生电离的 $H_2O$ 的物质的量 $1\times10^{-7}$mol 相比，水的已电离部分可以忽略不计。所以电离前后，$H_2O$ 的物质的量几乎不变，可以看作一个常数。常数乘常数必然为一个新的常数，通常我们把它写作 $Kw$，因而上式也可写为

$$c(H^+)\cdot c(OH^-)=Kw$$

$Kw$ 叫做水的离子积常数，简称水的离子积。水的离子积是一个很重要的常数，它反映了一定温度下的水中 $H^+$浓度和 $OH^-$浓度之间的关系。在 25℃时，水中 $H^+$浓度和 $OH^-$浓度都是 $1\times10^{-7}$mol/L，所以 $Kw=c(H^+)\cdot c(OH^-)=1\times10^{-7}\text{mol/L}\times1\times10^{-7}\text{mol/L}=1\times10^{-14}\text{mol/L}$。

## 二、溶液的酸碱性及表示方法

在常温时，由于水的电离平衡的存在，不仅是纯水，在酸性或碱性的稀溶液里的 $H^+$浓度和 $OH^-$浓度的乘积总是一个常数：$1\times10^{-14}$。在中性溶液里，$H^+$浓度和 $OH^-$浓度相等，都是 $1\times10^{-7}$mol/L；在酸性溶液里不是没有 $OH^-$，而是其中的 $H^+$浓度比 $OH^-$浓度大；在碱性溶液里也不是没有 $H^+$，而是其中的 $OH^-$浓度比 $H^+$浓度大。

常温时，溶液的酸碱性与 $c(H^+)$ 和 $c(OH^-)$ 的关系可以表示如下。

中性溶液：$c(H^+)=c(OH^-)=1\times10^{-7}$mol/L；

酸性溶液：$c(H^+)>c(OH^-)$，$c(H^+)>1\times10^{-7}$mol/L；

碱性溶液：$c(H^+) < c(OH^-)$，$c(H^+) < 1\times10^{-7}$mol/L。

$c(H^+)$越大，溶液的酸性越强；$c(H^+)$ 越小，溶液的酸性越弱。

我们经常要用到一些 $c(H^+)$很小的溶液，如 $c(H^+)=10^{-7}$mol/L，$c(H^+)=1.34\times10^{-3}$mol/L，等等。用这样的量来表示溶液的酸碱性的强弱很不方便。为此，化学上常采用 pH 来表示溶液酸碱性的强弱：

$$pH=-\lg c(H^+)$$

例如，纯水的 $c(H^+)=1\times10^{-7}$ mol/L，纯水的 $pH=-\lg c(H^+)=-\lg10^{-7}=7$。同理，中性溶液中，$c(H^+)=10^{-7}$ mol/L，pH=7；酸性溶液中，$c(H^+)>10^{-7}$ mol/L，pH < 7；碱性溶液中，$c(H^+)<10^{-7}$ mol/L，pH > 7。

溶液的酸性越强，其 pH 越小；溶液的碱性越强，其 pH 越大。$c(H^+)$、pH 与溶液酸碱性的关系如图 4-1 所示。

当溶液的 $c(H^+)$或 $c(OH^-)$大于 1mol/L 时，用 pH 表示溶液的酸碱性并不简便。所以，

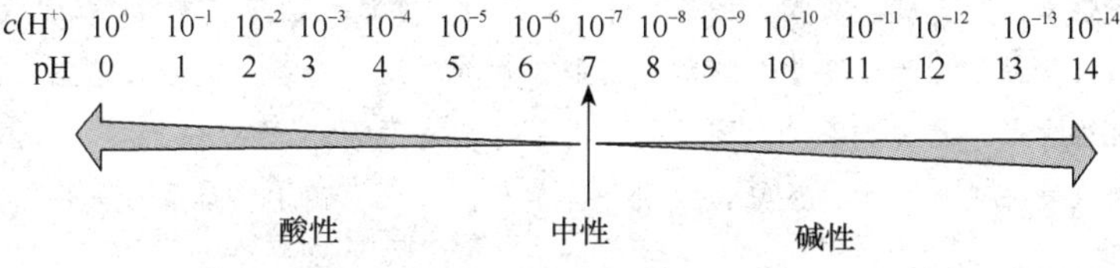


图 4-1　溶液酸碱性与 pH 的关系

当溶液的 $c(H^+)$大于 1mol/L 时，一般不用 pH 来表示溶液的酸碱性，而直接用 $H^+$ 浓度来表示。

值得一提的是，人的体液也有不同的 pH，在日常饮食中应注意食物的酸碱性与人体体液 pH 的匹配、协调，以免酸中毒或碱中毒，以得到理想的食疗保健效果。

**视野拓展**

## 与人体相关的 pH

医学证明，人体是内碱外酸的状态。健康的头发的 pH 为 4.5 ～ 5.5。清晨起床第一次尿液 pH 为 6.5 ～ 7.0，构成细胞的基本物质原生质即原浆 pH 为 7.6 ～ 8.0。

人生下来的时候体液是碱性的，pH 为 7.35 ～ 7.45，但随着时间和食物的影响，逐渐酸化，中年时体液 pH 为 7.25 ～ 7.35，老年时体液 pH 为 7.2 ～ 7.3。当人体 pH 低于 7.35 时，人体处于亚健康状态；当人体液 pH 再低时，就会产生重大疾病；如只有 6.8 ～ 6.7，人就会面临死亡。科学研究表明，体液的酸化过程就是人体的衰老过程。

人体各部位的 pH 如表 4-2 所示。

表 4-2　人体各部位 pH

| 类别 | 皮肤 | 头发 | 淋巴液 | 血液 | 胃液 | 胆汁 | 胰液 | 唾液 | 尿液 |
|---|---|---|---|---|---|---|---|---|---|
| pH | 4.5 ～ 6.5 | 4.5 ～ 5.5 | 7.0 ～ 7.5 | 7.35 ～ 7.45 | 1.5 | 7.4 | 7.8 ～ 8.0 | 6.6 ～ 7.1 | 5.5 ～ 7.4 |

注：中年人体液 pH 为 7.25~7.35，老年人体液 pH 为 7.2 ～ 7.3。

专业向导

**食物酸碱性的简单分类**

食物的酸碱性是指食物中的无机盐属于酸性还是属于碱性。一般金属元素钠、钙、镁等，在人体内的氧化物呈碱性，含金属元素较多的食物就是碱性食物。一些食物中含有较多的非金属元素，如磷、硫、氯等，非金属元素在人体内氧化后，生成带有阴离子的酸根，属于酸性食物。多吃碱性食品能保持身材与人体健康。

酸性食品：除牛奶与动物血以外的动物性食品，如粮食、糖果、糕点、鱼、猪肉及其他动物肉类等。

碱性食品：除五谷杂粮外的植物性食品，如水果、蔬菜、豆制品；在动物性食品中，只有奶类和动物血属碱性食品，其他都属酸性食品。

中性食品：油、盐、咖啡、茶等。

具体细分如下。

(1) 强酸性食品：蛋黄、乳酪、白糖做的西点或柿子、乌鱼子、柴鱼等。

(2) 中酸性食品：火腿、鸡肉、鲔鱼、猪肉、鳗鱼、牛肉、面包、奶油、马肉等。

(3) 弱酸性食品：白米、花生、啤酒、白酒、油炸豆腐、海苔、文蛤、章鱼、泥鳅。

(4) 强碱性食品：葡萄、茶叶、葡萄酒、海带芽、海带等。

(5) 中碱性食品：萝卜干、大豆、红萝卜、蕃茄、香蕉、橘子、番瓜、草莓、蛋白、梅干、柠檬、菠菜等。

(6) 弱碱性食品：红豆、萝卜、苹果、甘蓝菜、洋葱、豆腐等。

## 练习实践

### 一、选择题

1．下列物质的水溶液呈中性的是（　　）。

A．NaCl　　B．$K_2CO_3$　　C．$Al_2(SO_4)_3$　　D．$(NH_4)_2SO_4$

2．下列溶液中，其 pH 最小的是（　　）。

A．0.010mol/LNaOH　　B．0.010mol/L $H_2SO_4$

C．0.010mol/L HCl　　D．0.010mol/L $H_2C_2O_4$

3．下列溶液中，其 pH 最大的是（　　）。

A．0.10mol/L HCl　　B．0.010mol/L $HNO_3$

C．0.10mol/L NaOH　　D．0.010mol/L KOH

### 二、判断题

1．纯水中加入酚酞指示剂，呈无色。（　　）

2．在 0.1mol/L 氨水溶液中加入酚酞指示剂，溶液呈红色；向溶液中添加少量 $NH_4Cl$ 溶液，溶液的颜色由红色变为无色。这说明溶液由碱性变为酸性。（　　）

### 三、调研题

对日常食物原料的酸碱性进行调查并分门归类，能否得到一些容易掌握的规律和特点？

# 第五节　缓 冲 溶 液

在实验室中，常利用同离子效应来配制一定 pH 的缓冲溶液，并借助缓冲溶液来稳定溶液的 pH。

缓冲溶液是一种能在加入少量酸、碱和水时抵抗 pH 改变的溶液。pH 缓冲系统对维持生物的正常 pH 与正常生理环境起重要作用。

缓冲溶液的 pH 的决定因素可有下列几点结论。

(1) 缓冲溶液的 pH 与该酸的电离平衡常数 $K$ 及盐和酸的浓度有关。

(2) 酸和盐浓度等比例增减时，溶液的 pH 不变。

(3) 酸和盐浓度相等时，缓冲溶液的缓冲效率为最高。

**视 野 拓 展**

### 缓冲溶液对生命体的意义

人体的血液就是一种缓冲体系。经过粗略估算，每人每天需耗用氧约 600L，产生 480L 二氧化碳，约产生 21mol 碳酸。然而人从吸入氧气至呼出二氧化碳的整个过程中，血液的 pH 始终保持在 7.35 ～ 7.45 的范围内，变化甚微。这除了人体具有排酸功能，即加深呼吸排除二氧化碳以及从肾排除过剩的酸外，应归功于血液的缓冲作用。

血液中能起缓冲作用的组分主要有如下 4 对。

(1) 碳酸 - 碳酸氢盐（$H_2CO_3$-$NaHCO_3$，$H_2CO_3$-$KHCO_3$）；

(2) 血红蛋白缓冲体系（HHb-KHb，$HHbO_2$-$KHbO_2$）；

(3) 血浆蛋白缓冲体系（HPr-NaPr）；

(4) 磷酸氢盐缓冲体系（$NaH_2PO_4$-$Na_2HPO_4$，$KH_2PO_4$-$K_2HPO_4$）。

糖、脂肪和蛋白质等营养物质在体内氧化分解的最终产物是二氧化碳和水，在碳酸酐酶的催化下转化为碳酸，因此碳酸是体内产生量最多和最主要的酸性物质。血液中对碳酸直接起缓冲作用的是血红蛋白（HHb）和氧合血红蛋白（$HHbO_2$）缓冲体系，使血液的 pH 维持在 7.35 ～ 7.45。

人们吃的蔬菜和果类，其中含有柠檬酸钠、钾盐、磷酸氢二钠和碳酸氢钠等碱类，它们在体内产生的碱进入血液时，会使体液的 $OH^-$浓度升高。

当血液的 pH 低于 7.3 时，新陈代谢产生的二氧化碳不能从细胞进入血液；当血液的 pH 高于 7.5 时，肺中的二氧化碳不能有效地同氧气交换排出体外。这时会出现酸中毒或碱中毒现象，严重时会危及生命。

## 归纳小结

### 一、溶液的基本概念

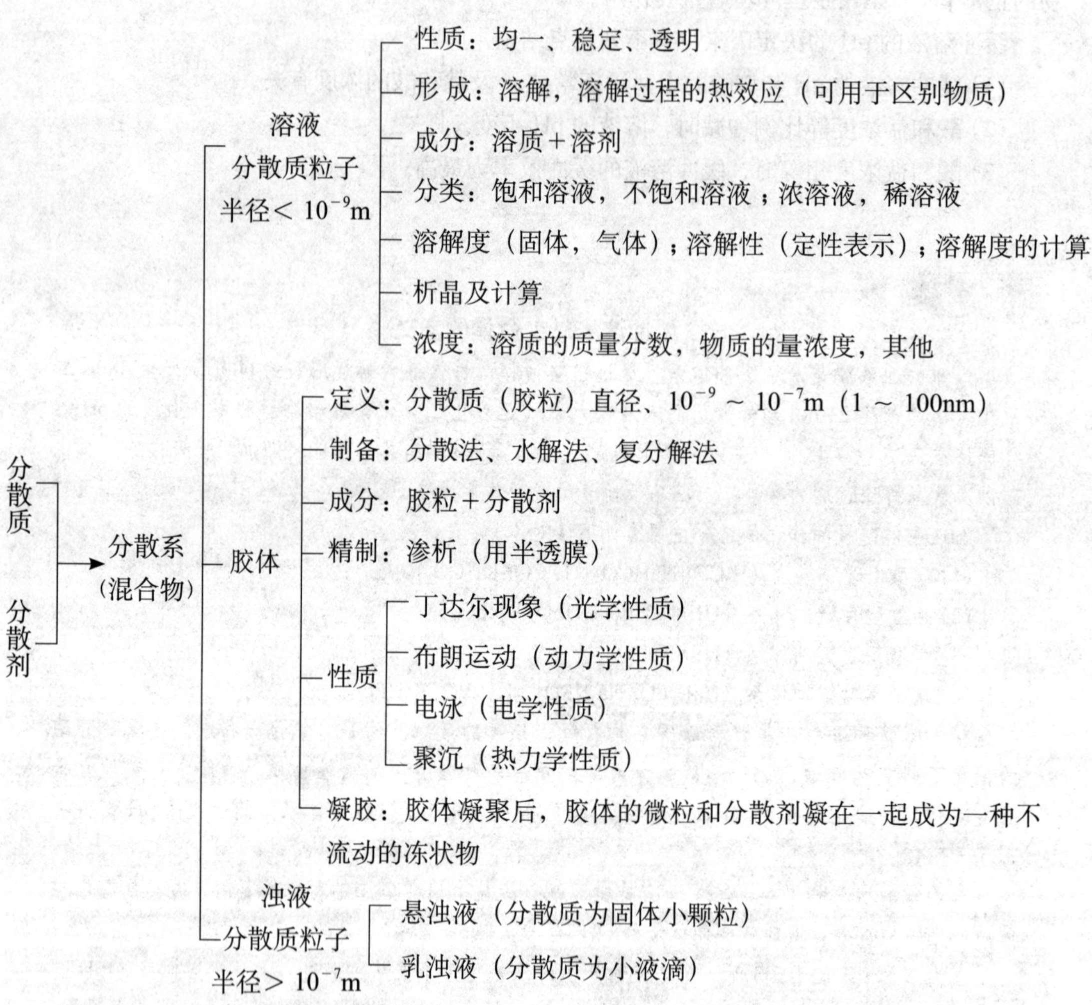

## 二、溶液的浓度及换算

（1）浓度及其换算如图 4-2 所示。

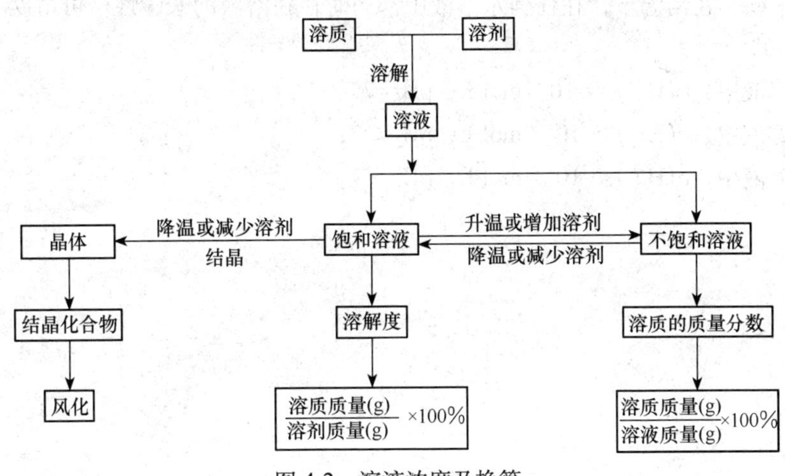


图 4-2　溶液浓度及换算

（2）各概念间的相互关系如图 4-3 所示。

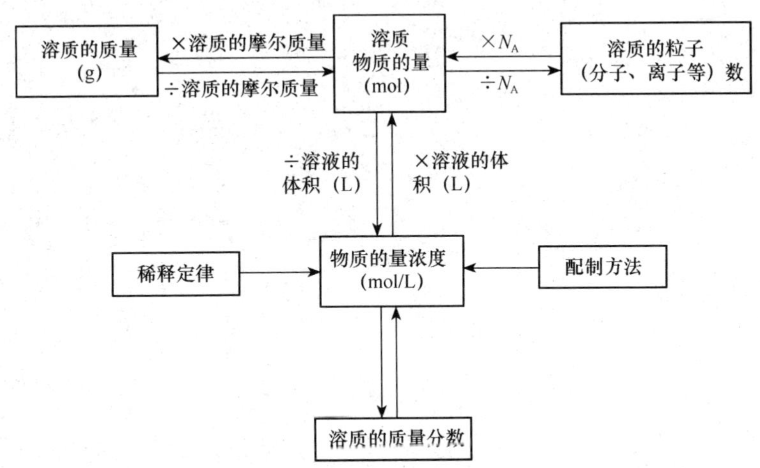


图 4-3　溶液相关概念间的相互关系

## 三、电解质溶液

### 1．电解质的概念

凡在水溶液中或熔融状态下能导电的化合物叫做电解质，在这两种状态都不能导电的化合物叫做非电解质。根据电解质电离是否完全分为强电解质和弱电解质。强电解质在水溶液中完全电离，全部以离子形式存在；弱电解质在溶液中部分电离，主要以分子形式存在。强电解质包括强酸、强碱和绝大多数的盐，弱电解质包括弱酸、弱碱和水。

2. 水的电离

纯水作为一种极弱的电解质，具有弱电解质的特性。酸、碱、盐（能水解的盐）都会破坏水的电离平衡。在常温下，在任何水溶液中都同时存在溶液的酸碱性，可用以下相对关系表示。

在中性溶液中，$c(H^{+}) = 10^{-7}$ mol/L，pH=7；

在酸性溶液中，$c(H^{+}) > 10^{-7}$ mol/L，pH < 7；

在碱性溶液中，$c(H^{+}) < 10^{-7}$ mol/L，pH > 7。

# 基础模块（二）

# 第五章

# 有机化合物——烃

食品原料主要有两大类型：一类是我们前面学的无机化合物，简称无机物；另一类属于有机化合物，简称有机物。研究有机化合物的组成、结构、性质及其制法的一门科学就是有机化学。大量的研究证明，有机化合物都含有碳元素，所以人们就把含碳类的化合物叫做有机化合物。有机化合物与无机化合物之间没有绝对的界限，也不存在本质的区别。然而，由于碳元素在周期表中的特殊位置，使得有机化合物在组成、结构和性质等方面有着不同于无机物的明显特点。

有机化合物种类繁多。目前天然和人工合成的化合物已超过一千万种，其中绝大多数是有机化合物。有机物的结构特殊，使它们的性质有以下特点。

（1）有机物分子结构复杂，种类繁多。

（2）大多数有机物难溶于水，易溶于汽油、酒精、苯有机溶剂。

（3）绝大多数有机物的熔点低，受热易分解，而且可以燃烧。

（4）绝大多数有机物是非电解质，不易导电。

（5）有机物发生的反应较慢，不易完成，并且常伴有副反应。因此许多有机反应需要加热、加压或应用催化剂等条件，来促使发生。

有机物在日常生活和生产中占有重要地位，日常的食物原料大多属于有机物。

## 第一节　甲烷和烷烃

仅由碳和氢两种元素组成的有机物称为碳氢化合物，简称烃。

根据烃分子结构中碳架的不同形式，可以把烃分为两大类：链烃和环烃。链烃和环烃还可以按分子结构中价键的不同，进一步分类如下。

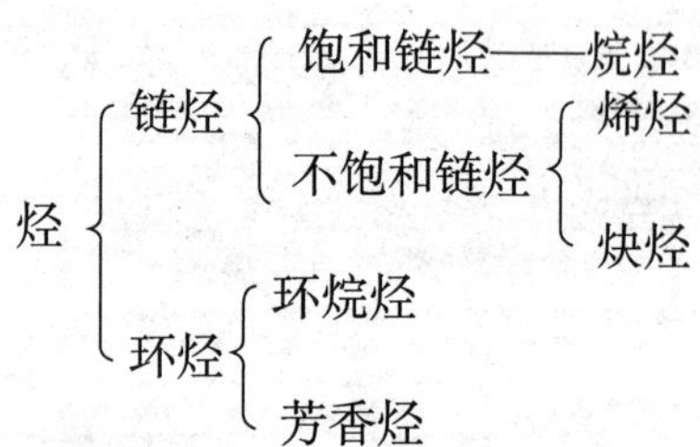

## 一、甲烷

烃是有机物中最简单的一类，可以看作有机物的母体。甲烷是最简单、最重要的烷烃代表物。

### （一）甲烷的存在和物理性质

甲烷大量存在于自然界，天然气、沼气及煤矿坑气的主要成分是甲烷（天然气里甲烷的体积分数为80%～90%）。甲烷是无色、无味的气体，密度为0.717g/L（标准状况），比空气轻，难溶于水。

### （二）甲烷的分子结构

甲烷的分子式是$CH_4$。在甲烷分子中，碳原子最外电子层上的4个电子分别与4个氢原子的电子形成4个共价键。甲烷的结构式可以表示为：

这种用短线来表示一对共用电子的图式称为结构式。

科学实验证明，甲烷分子里的碳原子与4个氢原子并不在一个平面内，整个分子呈一个正四面体形的立体结构，碳原子位于正四面体的中心，4个氢原子分别位于正四面体的4个顶点上，如图5-1所示，常用的两种甲烷分子结构模型如图5-2所示。

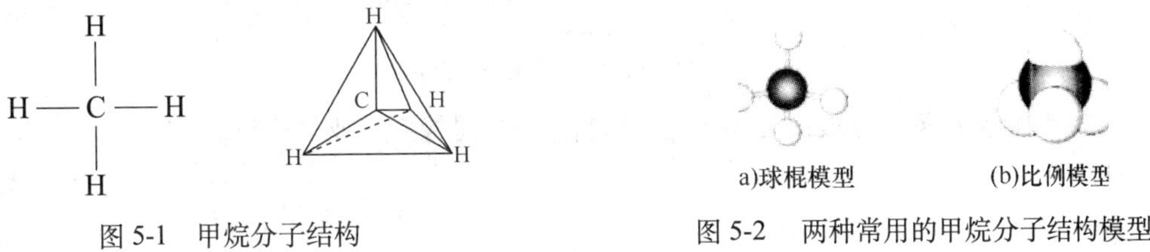


图5-1　甲烷分子结构　　图5-2　两种常用的甲烷分子结构模型

### （三）甲烷的化学性质

1．氧化反应

我们知道，甲烷是一种很好的燃料，在空气里容易燃烧生成二氧化碳和水，同时放出大量的热。

$$CH_4 + 2O_2 \xrightarrow{点燃} CO_2 + 2H_2O$$

**【实验1】**把甲烷通入盛有高锰酸钾（$KMnO_4$）酸性溶液的试管里，观察紫色溶液是否有变化，如图5-3所示。

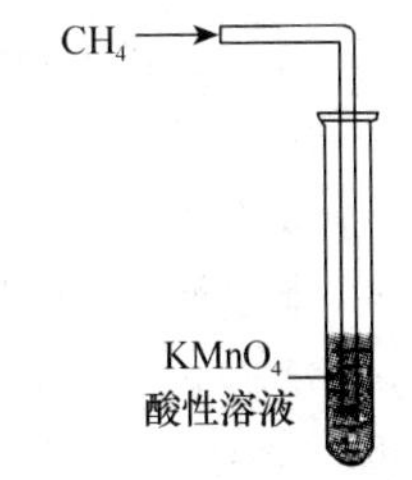


图5-3　甲烷通入$KMnO_4$溶液

从实验中可以看到，溶液颜色没有变化，这说明甲烷与高锰酸钾不发生反应。

在通常条件下，甲烷不仅与高锰酸钾等强氧化剂不发生反应，与强酸、强碱也不发生反应，可见甲烷的化学性质是比较稳定的。但是，甲烷的稳定性是相对的，在一定的条件下，甲烷也会发生某些反应。

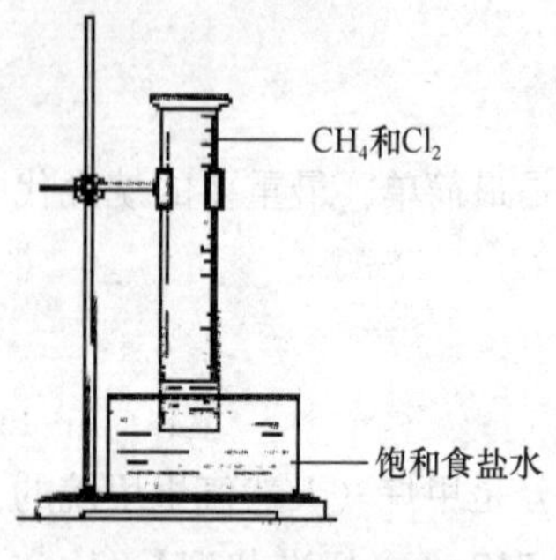

图 5-4　取代反应实验

2．取代反应

【实验 2】取一个 100 mL 的大量筒，用排饱和食盐水的方法先后收集 20 mL $CH_4$ 和 80mL $Cl_2$，放在光亮的地方（注意不要放在日光直射的地方，以免引起爆炸），等待片刻，观察发生的现象，如图 5-4 所示。

大约 3 分钟后，可以观察到量筒壁上出现油状液滴，量筒内水面上升。

在光照的条件下，$CH_4$ 与 $Cl_2$ 发生了下述反应。

$$H-\underset{Cl}{\overset{Cl}{C}}-H+Cl-Cl \xrightarrow{光} H-\underset{Cl}{\overset{Cl}{C}}-Cl+H-Cl$$

四氯甲烷

在反应中，甲烷分子里的氢原子被氯原子取代，最终生成四氯甲烷。这种有机物分子里的某些原子或原子团被其他原子或原子团所代替的反应称为取代反应。

3．甲烷的受热分解

在隔绝空气并加热至 1000℃的条件下，甲烷分解生成炭黑和氢气。

$$CH_4 \xrightarrow{高温} C + 2H_2$$

氢气是合成氨及合成汽油等工业用原料；炭黑是橡胶工业的原料。

**视野拓展**

### 有机化合物认识简史

人类使用有机物的历史很长，世界上几个文明古国很早就已掌握了酿酒、造醋和制饴糖的技术。据记载，中国古代曾制取到一些较纯的有机物，如没食子酸（载于 982 ～ 992 年）、乌头碱（载于 1522 年以前）、甘露醇（载于 1037 ～ 1101 年）等；16 世纪后期，西欧制得了乙醚、硝酸乙酯、氯乙烷等。由于这些有机物都是直接或间接来自动植物体，因此那时人们仅将从动植物体内得到的物质称为有机物。

1828 年，德国化学家维勒首次用无机物氰酸铵合成了有机物——尿素。但这个重要发现并没有立即得到其他化学家的承认，因为氰酸铵尚未能用无机物制备出来。直到 H. 科尔比（H.Kolbe）在 1844 年合成了醋酸，M. 贝特洛（M.Berthelot）在 1854 年合成了油脂等，有机化学才进入了合成时代，大量的有机物通过人工的方法合成出来。

人工合成有机物的发展，使人们清楚地认识到，在有机物与无机物之间并没有一个明确的界限，但在组成和性质方面确实存在着某些不同之处。在所有的有机物中都含有碳，多数含氢，其次还含有氧、氮、卤素、硫、磷等。从此，化学家们开始将有机物定义为含碳的一类化合物。

## 二、烷烃

### 1．烷烃和同系物

除甲烷外，还有一系列性质和甲烷很相似的烷烃，如乙烷（$C_2H_6$）、丙烷（$C_3H_8$）、丁烷（$C_4H_{10}$）等。它们的结构式分别表示如下。

在这些烃的分子里，碳原子之间都以碳碳单键结合成链状，剩余的价键全部跟氢原子相

$$\begin{array}{ccccc} & H & & H & \\ & | & & | & \\ H- & C & - & C & -H \\ & | & & | & \\ & H & & H & \end{array}$$

乙烷

$$\begin{array}{ccccccc} & H & & H & & H & \\ & | & & | & & | & \\ H- & C & - & C & - & C & -H \\ & | & & | & & | & \\ & H & & H & & H & \end{array}$$

丙烷

$$\begin{array}{ccccccccc} & H & & H & & H & & H & \\ & | & & | & & | & & | & \\ H- & C & - & C & - & C & - & C & -H \\ & | & & | & & | & & | & \\ & H & & H & & H & & H & \end{array}$$

丁烷

结合达到了饱和。这样的烃叫做饱和链烃，又叫烷烃。为了书写方便，有机物除用结构式表示外，还可以用结构简式表示。烷烃的种类很多，表 5-1 中列出了部分烷烃的物理性质。

**表 5-1　部分烷烃的物理性质**

| 名称 | 结构简式 | 常温时的状态 | 熔点 /℃ | 沸点 /℃ | 相对密度 |
|---|---|---|---|---|---|
| 甲烷 | $CH_4$ | 气 | －182 | －164 | 0.466 |
| 乙烷 | $CH_3CH_3$ | 气 | 183.3 | －88.6 | 0.572 |
| 丙烷 | $CH_3CH_2CH_3$ | 气 | －189.7 | －42.1 | 0.5853 |
| 丁烷 | $CH_3(CH_2)_2CH_3$ | 气 | －138.4 | －0.3 | 0.5788 |
| 戊烷 | $CH_3(CH_2)_3CH_3$ | 液 | －130 | 6.15 | 0.6262 |
| 癸烷 | $CH_3(CH_2)_8CH_3$ | 液 | －29.7 | 174.1 | 0.7300 |
| 十七烷 | $CH_3(CH_2)_{15}CH_3$ | 固 | 22 | 301.8 | 0.7780 |

注：甲烷的相对密度是－164℃条件下测得的数据。
乙烷的相对密度是－100℃条件下测得的数据。
丙烷的相对密度是－45℃条件下测得的数据。

从表 5-1 可以看出，烷烃的物理性质随着分子里碳原子数的递增呈现规律性的变化。例如常温下，它们的状态由气态变到液态又变到固态；它们的沸点逐渐升高，相对密度逐渐增大。在化学性质上，这些烃与甲烷相类似。通常状况下，它们很稳定，与酸、碱及氧化剂都不发生反应，也难与其他物质化合。但这些烃在空气里都能点燃，在光照的条件下它们都能与氯气发生取代反应。

分析表中烷烃的结构简式可以发现，相邻两个烷烃在组成上都相差一个“$CH_2$”原子团。如果把烷烃中的碳原子数定为 $n$，烷烃中的氢原子数就是 $2n+2$，所以烷烃的分子式可以用通式 $C_nH_{2n+2}$ 来表示。像这样结构相似，在分子组成上相差一个或若干个 $CH_2$ 原子团的物质互相称为同系物。烷烃中的甲烷、乙烷、丁烷等都互为同系物。

### 2．同分异构现象和同分异构体

在研究物质的分子组成和性质时，发现很多有机物的分子组成相同，但性质却有差异。例如，

丁烷（$C_4H_{10}$）就有分子组成和相对分子质量完全相同，但性质却有差异的两种物质，如表 5-2 所示。

表 5-2 正丁烷与异丁烷的部分物理性质

| 名称 | 熔点 /℃ | 沸点 /℃ | 相对密度 |
|---|---|---|---|
| 正丁烷 | −138.4 | −0.5 | 0.5788 |
| 异丁烷 | −159.6 | −11.7 | 0.557 |

科学实验证明，这两种分子组成和相对分子质量完全相同，性质却不尽相同的丁烷原来有着不同的分子结构。这两种丁烷的结构式分别如下。

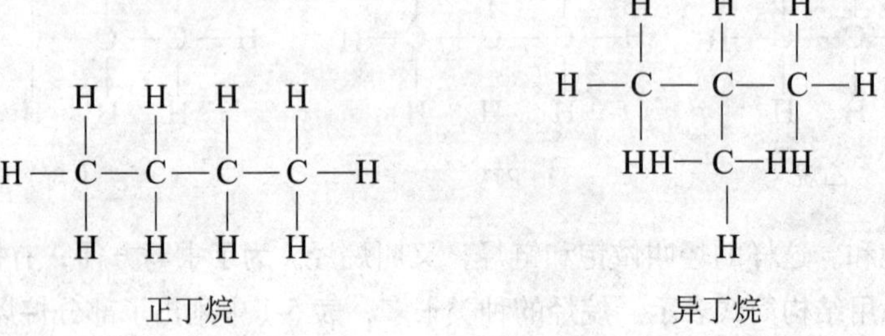

正丁烷　　　　异丁烷

化合物具有相同的分子式，但具有不同的结构式的现象叫做同分异构现象。具有同分异构现象的化合物互称为同分异构体。正丁烷和异丁烷就是丁烷的两种同分异构体。

烷烃分子里，含碳原子数越多，碳原子的结合方式就越复杂，同分异构体的数目就越多。例如，戊烷（$C_5H_{12}$）有 3 种同分异构体，己烷（$C_6H_{14}$）有 5 种，庚烷（$C_7H_{16}$）有 9 种，而癸烷（$C_{10}H_{22}$）有 75 种之多。

烃失去 1 个或几个氢原子后所剩余的原子团叫做烃基。烃基一般用 R—表示。如果失去氢原子的烃是烷烃，剩余的原子团就叫做烷基。例如，甲烷分子失去 1 个氢原子后剩余的—$CH_3$ 部分叫做甲基，乙烷分子失去 1 个氢原子后剩余的—$CH_2CH_3$ 部分叫做乙基，等等。

## 练习实践

### 一、填空题

1．在有机化合物中，碳元素呈________价，碳原子与碳原子之间不仅可以形成共价单键，还可以形成________键和________键；不仅可以形成________，还可以形成碳环。

2．烷烃的通式是________。烷烃分子中的碳原子数目每增加 1 个，其相对分子质量就增加________。

3．烃基是烃分子中失去 1 个或几个________后所剩余的部分。

### 二、选择题

1．下述关于烃的说法中，正确的是（　）。

A．烃是指分子里含有碳、氢元素的化合物

B．烃是指分子里含碳元素的化合物

C．烃是指燃烧反应后生成二氧化碳和水的有机物

D．烃是指仅由碳和氢两种元素组成的化合物

2．在下列反应中，光照对反应几乎没有影响的是（　　）。

A．氯气与氢气的反应　　B．氯气与甲烷的反应

C．氧气与甲烷反应　　D．次氯酸的分解

3．下列各对物质中，互为同系物的是（　　）。

A．$CH_4$、$C_{10}H_{22}$　　B．$CH_4$、$C_2H_5OH$

C．$C_2H_6$、$C_4H_8$　　D．$CH_3COOH$、$C_3H_8$

4．下列烷烃的一氯取代产物中没有同分异构体的是（　　）。

A．2- 甲基丙烷　　B．丙烷　　C．丁烷　　D．乙烷

## 三、填表

A．同种物质　B．同位素　C．同系物　D．同素异形体　E．同分异构体

| 物质名称 | 相互关系 |
|---|---|
| 丁烷与 2- 甲基丙烷 | |
| 金刚石和石墨 | |
| 庚烷和十六烷 | |
| 氯仿与三氯甲烷 | |
| 氕、氘、氚 | |

# 第二节　乙烯和烯烃

在碳氢化合物中，除了碳原子之间都以碳碳单键相互结合的饱和链烃之外，还有许多烃，它们的分子里含有碳碳双键或碳碳三键，碳原子所结合的氢原子数少于饱和链烃里的氢原子数，这样的烃叫做不饱和烃。

## 一、乙烯

### （一）乙烯的结构

乙烯就是一种不饱和烃，它的分子里含有碳碳双键，乙烯的分子式是 $C_2H_4$，结构式为：$H-\overset{\displaystyle H}{\overset{|}{C}}=\overset{\displaystyle H}{\overset{|}{C}}-H$，结构简式是 $CH_2=CH_2$，结构模型如图 5-5 所示。

图 5-5　两种常用的乙烯分子结构模型

### （二）乙烯的性质

在通常状况下，乙烯是一种无色、稍有气味的气体。乙烯难溶于水，在标准状况时的密度为 1.25g/L，比空气的密度略小。

乙烯的分子里含有碳碳双键，与只含碳碳单键的烷烃相比，双键的存在会对乙烯的化学性质产生什么影响呢？

1．氧化反应

【实验 3】点燃纯净的乙烯，观察乙烯燃烧时的现象。

可以看到，乙烯在空气中燃烧，火焰明亮并伴有黑烟。跟烷烃一样，乙烯在空气中燃烧也生成二氧化碳和水，反应式如下。

$$CH_2{=}CH_2 + 3O_2 \xrightarrow{\text{点燃}} 2CO_2 + 2H_2O$$

乙烯中碳的质量分数比较高，燃烧时由于碳没有得到充分燃烧，所以有黑烟产生。

【实验 4】把乙烯通入盛有 $KMnO_4$ 酸性溶液的试管中，观察试管里溶液颜色的变化，如图 5-6 所示。

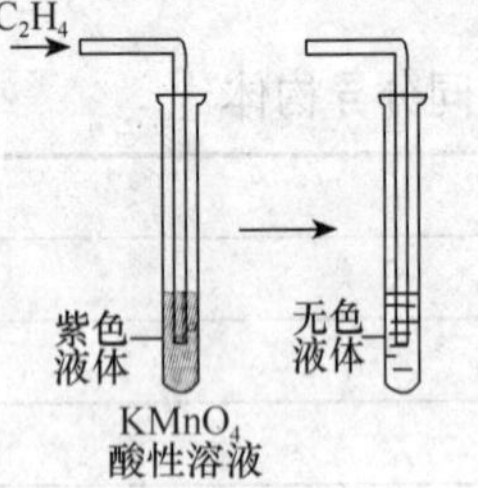

图 5-6　乙烯通入 $KMnO_4$ 溶液

可以看到，通入乙烯后，$KMnO_4$ 酸性溶液的紫色很快褪去。这说明乙烯能被氧化剂 $KMnO_4$ 氧化，它的化学性质比烷烃活泼。利用这个反应可以区别甲烷和乙烯。

2．加成反应

【实验 5】把乙烯通入盛有溴的四氯化碳溶液的试管中（图 5-7），观察试管里溶液颜色的变化。

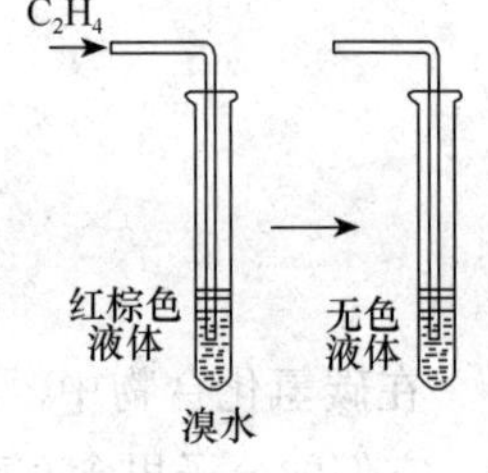

图 5-7　乙烯通入溴溶液

可以看到，乙烯通入溶液后，其红棕色很快褪去，说明乙烯与溴发生了反应。

在这个反应中，乙烯双键中的一个键断裂，有溴原子加在价键不饱和的碳原子上，生成无色液体。

这种有机物分子中双键（或三键）两端的碳原子与其他原子或原子团直接结合生成新的化合物的反应，叫做加成反应。

乙烯还可以与水、氢气、卤化氢、氯气等在一定的条件下发生加成反应。例如：

$$CH_2{=}CH_2 + H_2O \xrightarrow{\text{催化剂}} CH_3CH_2OH$$

工业上可以利用乙烯与水的加成反应，即乙烯水化法制取乙醇。

3．聚合反应

在适宜的温度、压强和有催化剂存在的条件下，乙烯的碳碳双键中的一个键可以断裂，分子间通过碳原子的相互结合能形成很长的碳链，生成聚乙烯。

$$nCH_2{=}CH_2 \xrightarrow{\text{催化剂}} \left[\!-CH_2{-}CH_2-\!\right]_n$$

聚乙烯

聚乙烯的分子很大，相对分子质量可达几万到几十万。这种相对分子质量很大的化合物属于高分子化合物，简称高分子或高聚物。由相对分子质量小的化合物分子互相结合成相对分子质量大的高分子的反应叫做聚合反应。这样的聚合反应同时也是加成反应，所以这种聚合反应又叫做加成聚合反应，简称加聚反应。乙烯聚合成聚乙烯的反应就属于加聚反应。

聚乙烯是一种重要的塑料，由于它性质坚韧，低温时仍能保持柔软性，化学性质稳定，在工农业生产和日常生活中有广泛应用。

### （三）乙烯的用途

乙烯是石油化学工业最重要的基础原料，它主要用于制造塑料、合成纤维、有机溶剂等。20 世纪 60 年代以来，世界上乙烯工业得到了迅速的发展。乙烯工业的发展，带动了其他以石油为原料的石油化工的发展。因此，一个国家乙烯工业的发展水平，已成为衡量这个国家石油化学工业水平的重要标志之一。我国的乙烯工业从无到有，从 1985 年至 1995 年，10 年间我国的乙烯年生产能力增加了 3.2 倍。一些规模更大、技术更先进的乙烯生产装置还在积极建设中。

乙烯除了是石油化学工业的重要原料之外，它还是一种植物生长调节剂，它可以用来催熟果实（番茄、柠檬等）。在长途运输中，为了避免途中果实发生腐烂，常常运输尚未完全成熟的果实，运到目的地后，再向存放果实的库房的空气里混入少量乙烯，这样就可以把果实催熟。

**活动探究**

水果的催熟

家里如果有青香蕉、绿橘子等尚未完全成熟的水果，要想把它们尽快催熟，可以把青香蕉等未熟水果和成熟的水果放在同一个塑料袋里，扎紧袋口。这样，过几天青香蕉就可以变黄、成熟。因为水果在成熟的过程中自身能放出乙烯气体，成熟水果放出的乙烯可以催熟生水果。

**视野拓展**

#### 塑料袋的意外诞生

1899 年，德国科学家汉斯·冯·佩克曼在试管底部发现了一种蜡状物质。他丝毫没有意识到这种材料的重要意义，事实上这就是今天在世界上使用最广泛、也最受争议的材料——聚乙烯的早期形态。

目前我们所认知的聚乙烯形态，应该是由英国帝国化学工业公司的埃里克·法维克特和雷金纳德·基普森在 1933 年发现的。他们也是在一个偶然的实验中，在反应管中发现了固态蜡状物质，并揭示了其重要意义。两年后，帝国化学工业公司开发了聚乙烯工业规模生产的方法，后来很快就用在全世界首条电话电缆上。第二次世界大战期间，聚乙烯更是作为雷达的关键材料，起到了重要的作用。直到 20 世纪 50 年代英国超市的出现，人们才开始大规模使用聚乙烯。

超市对聚乙烯塑料制品的大量使用一直受到公众的批评。这些聚乙烯制品的原料是由石油通过“裂解”反应获得的，这个反应有“硬”、“软”两种基本产物，前者主要用于制作塑料管和塑料容器等，后者用做诸如香肠的收缩包装薄膜和电缆绝缘皮等。在英国，每年由这两类原料生产的产品有 160 万吨之多，进而产生了堆积如山的填埋垃圾。2008 年 3 月 27 日是塑料袋原材料——聚乙烯诞生 75 周年的纪念日。但是，鉴于目前塑料袋的泛滥使用，估计不会有人为这个特殊的日子庆祝。

**视 野 拓 展**

### 白色污染

一次性餐盒、塑料袋及塑料制品的使用给我们的生活带来很多的便利，但同时也对我们的生活环境带来极大的危害。在很多大城市，人们都开始用其他容器来代替塑料袋，例如，自备餐盒、提上篮子去采购或用纸包装袋等。

很多国家也正在开发生产可降解塑料，使其在使用后能够在自然中降解。因为一个塑料袋在土壤里的降解时间长达150年以上，所以用可降解的环保盒，代替被称为白色污染的一次性发泡餐具已经成为一种新的时尚。甚至有的国家已开始淘汰塑料，而用特种纸包装来代替。白色污染对环境的危害非常严重：

（1）塑料制品除少数被回收利用外，大部分被焚烧，在焚烧的过程当中产生大量的有害气体，不仅对大气造成污染，而且直接危及人类健康。

（2）残留在土壤中的废弃地膜，使土壤板结，不仅给耕地及播种造成了极大的困难，而且破坏了土壤的结构，给农作物的生长带来不利的影响。

（3）被废弃于环境中的废旧塑料包装物，容易被动物误食，导致动物得病或死亡。

## 二、烯烃

分子中含有碳碳双键的一类链烃叫做烯烃。由于烯烃分子中双键的存在，使得烯烃分子中含有的氢原子数，比相同碳原子数的烷烃分子中所含氢原子数少2个，而且两种不同烯烃在组成上，也是相差一个或若干个 $CH_2$ 原子团。所以，烯烃的通式是 $C_nH_{2n}$（$n \geqslant 2$）。乙烯是最简单的烯烃。表5-3列出了几种烯烃的物理性质。

**表5-3　几种烯烃的物理性质**

| 名称 | 结构简式 | 常温时状态 | 熔点/℃ | 沸点/℃ | 相对密度 |
|---|---|---|---|---|---|
| 乙烯 | $CH_2=CH_2$ | 气 | −169 | −103.7 | 0.566 |
| 丙烯 | $CH_3CH=CH_2$ | 气 | −185.2 | −47.4 | 0.5193 |
| 1-丁烯 | $CH_3CH_2CH=CH_2$ | 气 | −185.3 | −6.3 | 0.5951 |
| 1-戊稀 | $CH_3(CH_2)_2CH=CH_2$ | 液 | −138 | 30 | 0.6405 |
| 1-己稀 | $CH_3(CH_2)_3CH=CH_2$ | 液 | −139.8 | 63.3 | 0.6731 |
| 1-庚稀 | $CH_3(CH_2)_4CH=CH_2$ | 液 | −119 | 93.6 | 0.6970 |

注：乙烯的相对密度是−102℃条件下测得的数据。

丁烯前面的“1”表示双键位于第一个碳原子和第二个碳原子之间。

从表中可以看出，烯烃的物理性质一般也随碳原子数目的增加而发生递变，明显地呈现出由量变引起质变的变化规律。

由于烯烃的分子中均含有碳碳双键，所以烯烃的化学性质跟乙烯相类似，如容易发生加成反应、氧化反应等。

## 练习实践

**一、填空题**

1．乙烯是一种________色、________气味的气体，________溶于水。实验室制取乙烯时用________法收集。

2．烯烃是分子里含有________键的不饱和烃的总称。烯烃的通式为________，丙烯、1-丁烯的结构简式分别是________和________。

3．烯烃能使高锰酸钾酸性溶液和溴水褪色，其中，与高锰酸钾发生的反应是________反应；与溴水发生的反应是________反应。在一定的条件下，乙烯还能发生________反应，生成聚乙烯。

**二、选择题**

1．实验室中通常加热乙醇和浓硫酸的混合液来制取乙烯，在此反应里浓硫酸（　　）。

A．既是反应物又是脱水剂　　B．既是反应物又是催化剂

C．既是催化剂又是脱水剂　　D．仅是催化剂

2．下列物质中，不能使溴水和高锰酸钾酸性溶液褪色的是（　　）。

A．$C_2H_4$　　B．$C_3H_6$　　C．$C_5H_{12}$　　D．$C_4H_8$

3．下列反应中，能够说明烯烃分子具有不饱和结构的是（　　）。

A．燃烧　　B．取代反应　　C．加成反应　　D．加聚反应

# 第三节　乙炔和炔烃

## 一、乙炔

### （一）乙炔的结构

从乙炔的分子式 $C_2H_2$ 可以看出，乙炔的分子比乙烯的分子少两个氢原子。在乙炔分子里，两个碳原子之间有 3 个共用电子对，通常称为三键，如图 5-8 所示。乙炔的结构式是 H—C≡C—H，或简写成 HC≡CH。显然，乙炔属于不饱和烃。

(a)球棍模型

(b)比例模型

图 5-8　乙炔分子结构模型

### （二）乙炔的性质和用途

乙炔俗称电石气。纯的乙炔是没有颜色、没有气味的气体。由电石产生的乙炔因常混有 $PH_3$、$H_2S$ 等杂质而有特殊难闻的臭味。在标准状况下，乙炔的密度是 1.16g/L，比空气的密度略小，微溶于水，易溶于有机溶剂。

### （三）乙炔的化学性质

讨论：比较乙炔、乙烯和乙烷的分子结构，推断乙炔可能具有的化学性质。

乙炔在分子结构上类似于乙烯，分子里含有碳碳三键，碳碳三键中有两个键较易断裂。

乙炔在化学性质上是否也类似乙烯，如易被高锰酸钾氧化、易发生加成反应呢？

1．氧化反应

乙炔燃烧时，火焰明亮并伴有浓烈的黑烟。这是因为乙炔中碳的质量分数比乙烯还高，碳没有完全燃烧的缘故。

乙炔燃烧的化学方程式如下。

$$2C_2H_2 + 5O_2 \xrightarrow{\text{点燃}} 4CO_2 + 2H_2O$$

乙炔燃烧时放出大量的热，如在氧气中燃烧，产生的氧炔焰的温度可达3000℃以上。因此，可用氧炔焰来焊接或切割金属。乙炔和空气（或氧气）的混合物遇火时可能发生爆炸，在生产和使用乙炔时一定要注意安全。

**【实验6】**把纯净的乙炔通入盛有 $KMnO_4$ 酸性溶液的试管中，观察溶液颜色的变化。

片刻后，溶液的紫色逐渐褪去。这说明乙炔也易被 $KMnO_4$ 所氧化。

2．加成反应

**【实验7】**把纯净的乙炔通入盛有溴的四氯化碳溶液的试管中，观察颜色的变化，如图5-9所示。

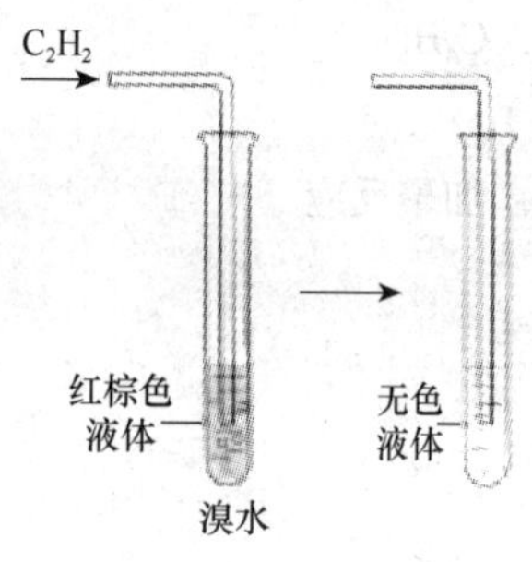


图5-9　乙炔通入溴溶液

可以观察到，乙炔通入试管后，溶液的颜色逐渐褪去。这说明乙炔也能与之发生加成反应。

与乙烯类似，在一定的条件下，乙炔也能与氢气、氯化氢等发生加成反应。

在150～160℃和用氯化汞做催化剂的条件下，乙炔与氯化氢发生加成反应，生成氯乙烯。

$$HC{\equiv}CH + HCl \xrightarrow[\triangle]{\text{催化剂}} \underset{\text{氯乙烯}}{CH_2{=}CHCl}$$

在适当的条件下，氯乙烯可以通过加聚反应生成聚氯乙烯：

$$nCH_2{=}\underset{\displaystyle Cl}{\underset{|}{CH}} \longrightarrow \underset{\text{聚氯乙烯}}{\left[ CH_2 - \underset{\displaystyle Cl}{\underset{|}{CH}} \right]_n}$$

聚氯乙烯是一种合成树脂，用于制备塑料和合成纤维。聚氯乙烯具有良好的力学强度和绝缘性，还有耐化学腐蚀、耐水、耐油等优点。聚氯乙烯可制成硬质塑料和软质塑料。硬质塑料可代替金属或木材制作各种管材、型材、建筑材料及绝缘材料、耐腐蚀材料等；软质塑料可制作薄膜、泡沫制品、电线和电缆的包皮、软管和日常生活用品等。

聚氯乙烯在使用的过程中，如果不注意环境的影响，很容易发生老化现象。例如，受日光曝晒，受空气、水以及腐蚀性气体的作用，受辐射、热等因素的影响，时间久了就会变硬、发脆、开裂、长霉等，并释放出对人体有害的氯。所以，不宜用聚氯乙烯制品直接盛装食物。

**生活向导**

### 塑料日用品的保洁消毒方法

塑料日用品美观大方、颜色艳丽、价格低廉，受到广大消费者的欢迎。然而在使用过程中，人们往往会产生误解，以为塑料不会发霉腐烂。事实上，在潮湿环境中，塑料品内化学添加剂通过与水及其他溶剂长时间接触，会大量渗出，造成微生物滋生现象。在温暖的条件下，塑料日用品也会因微生物与细菌的侵蚀，使表面出现斑点，造成发脆与收缩，导致损坏。消除污染的方法是在制造过程中添加有机锡化合物和硫醇类化合物等抑菌剂，但它并不能使真菌彻底绝迹。因此，塑料制品也需经常消毒。下面介绍一些清洗消毒的方法。

（1）对塑料桌、椅等家具，要定期用洗涤剂清洗，之后擦干。

（2）对听筒、话筒、奶瓶、茶杯等塑料用品，要经常使用 75% 的酒精溶液或 5% 的高锰酸钾溶液或者对人体无毒无害的消毒气雾剂擦洗。

（3）对沙发和床垫等用聚氨酯类塑料制作的日用品，要经常洗套子，擦洗外表面。

（4）使用塑料制品专用清洁剂。使用时，先用布团蘸取此液，然后揩洗；或者将塑料制品（包括有机玻璃）放入清洁剂中浸泡 1 ～ 2 分钟，再取出用抹布揩干净。

## 二、炔烃

分子里含有碳碳三键的一类链烃叫做炔烃。炔烃分子里氢原子的数目比含相同碳原子数目的烯烃分子还要少 2 个，不同炔烃之间也是相差一个或若干个 $CH_2$ 原子团，所以炔烃的通式是 $C_nH_{2n-2}$（$n \geq 2$）。乙炔是最简单的炔烃。表 5-4 列出了几种炔烃的物理性质。

**表 5-4　几种炔烃的物理性质**

| 名称 | 结构简式 | 常温时状态 | 熔点 /℃ | 沸点 /℃ | 相对密度 |
|---|---|---|---|---|---|
| 乙炔 | $CH=CH$ | 气 | −80.8（加压） | −84 | 0.6208 |
| 丙炔 | $CH_3C=CH$ | 气 | −101.5 | −23.2 | 0.7062 |
| 1- 丁炔 | $CH_3CH_2C=CH$ | 气 | −125.7 | 8.1 | 0.6784 |
| 1- 戊炔 | $CH_3CH_2CH_2C=CH$ | 液 | −90 | 40.2 | 0.6901 |

注：乙炔的相对密度是 −82℃条件下测得的数据。
丙烯的相对密度是 −50℃条件下测得的数据。
1- 丁炔的相对密度是 0℃条件下测得的数据。

与烷烃和烯烃相似，炔烃的物理性质也是随着碳原子数目的增加而递变。

由于炔烃中都含有相同的碳碳三键，炔烃的化学性质与乙炔相似，如都易被高锰酸钾氧化、易起加成反应等。

## 练习实践

### 一、填空题

现有6种链烃：$C_8H_{16}$、$C_9H_{16}$、$C_{15}H_{32}$、$C_{17}H_{34}$、$C_7H_{14}$和$C_8H_{14}$，其中属于烷烃的是________，属于烯烃的是________，属于炔烃的是________。

### 二、选择题

1．下列有关乙炔性质的叙述中，既不同于乙烯又不同于乙烷的是（　　）。

A．能燃烧生成二氧化碳和水　　B．能发生加成反应

C．能与高锰酸钾发生氧化反应　　D．能与氯化氢反应生成氯乙烯

2．相同质量的下列各烃，完全燃烧后生成$CO_2$最多的是（　　）。

A．甲烷　　B．乙烷　　C．乙烯　　D．乙炔

### 三、填表

小结甲烷、乙烯、乙炔的结构和性质，填写下表。

| 化合物名称 | | 甲烷 | 乙烯 | 乙炔 |
|---|---|---|---|---|
| 结构简式 | | | | |
| 所属烃类的结构特点 | | | | |
| 与溴反应 | 反应类型 | | | |
| | 反应终产物 | | | |
| 主要用途 | | | | |

# 第四节　苯

苯是一种重要的化工原料，它广泛用于生产合成纤维、合成橡胶、塑料、农药、医药、染料和香料等。苯也常用做有机溶剂。苯是没有颜色、有特殊气味的液体，有毒，不溶于水，密度比水小，熔点为5.5℃，沸点为80.1℃。

## 一、苯的结构

苯的分子式是$C_6H_6$。从苯分子中的碳、氢原子比来看，苯是一种远没有达到饱和的烃。因为在苯分子中需要增加8个氢原子才能符合饱和链烃的通式$C_nH_{2n+2}$。经过科学家的长期研究，人们对苯的结构获得一定的认识，认为苯分子的结构式可以表示如下，也可简写为⌬。苯分子的比例模型如图5-10所示。

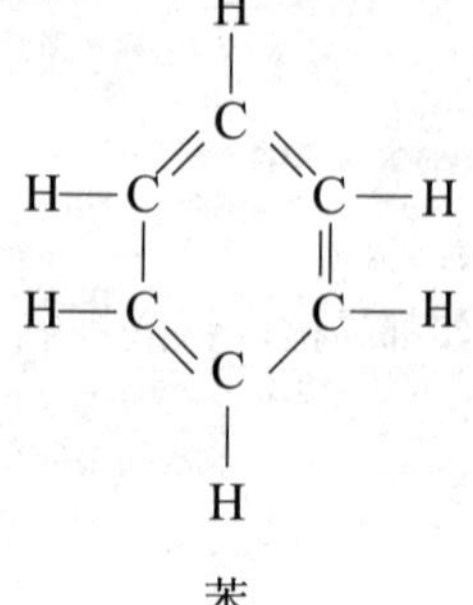

苯

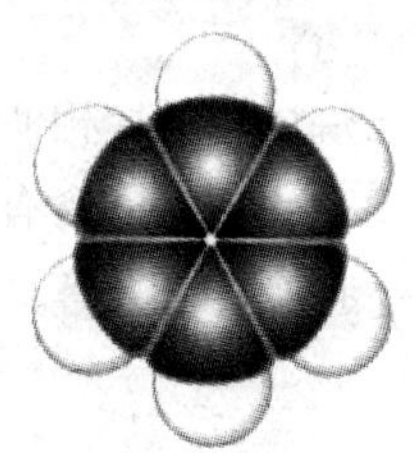

图5-10　苯分子的比例模型

从这样的结构式（称做凯库勒式）来推测，苯的化学性质应显示出极不饱和的性质。但实验表明苯不能使 $KMnO_4$ 酸性溶液和溴水褪色。这说明苯与 $KMnO_4$ 酸性溶液和溴水都不发生反应。由此可知，苯在化学性质上与烯烃有很大的差别。这是为什么呢？

对苯分子结构的进一步研究表明，苯分子里不存在一般的碳碳双键，苯分子里 6 个碳原子之间的键完全相同，这是一种介于单键和双键之间的独特的键。苯分子里的 6 个碳原子和 6 个氢原子都在同一平面上，构成正六边形。为了表示苯分子的结构特点，常用结构式⌬来表示苯分子。

在有机化合物中，有很多分子里含有一个或多个苯环的碳氢化合物，这样的化合物属于芳香烃，简称芳烃。苯是最简单、最基本的一种芳烃。

## 二、苯的化学性质

苯不能被高锰酸钾氧化，一般情况下也不能与溴发生加成反应，说明苯的化学性质比烯烃、炔烃稳定。但是在一定条件下，苯也能发生某些化学反应。

像大多数有机化合物一样，苯也可以在空气中燃烧，生成二氧化碳和水。

$$2C_6H_6 + 15O_2 \xrightarrow{\text{点燃}} 12CO_2 + 6H_2O$$

苯燃烧时发生明亮的带有浓烟的火焰，这是由于苯分子中碳的质量分数很大的缘故。

### （一）取代反应

苯较易发生取代反应。

#### 1．苯的溴化反应

在有催化剂存在时，苯与溴发生反应，苯环上的氢原子被溴原子取代，生成溴苯，溴苯是无色液体，密度大于水。苯与溴反应的化学方程式如下。

$$C_6H_6 + Br_2 \xrightarrow{\text{催化剂}} C_6H_5\text{—}Br + HBr$$

溴苯

在催化剂的作用下，苯也可以与其他卤素发生取代反应。

#### 2．苯的硝化反应

苯与浓硝酸和浓硫酸的混合物共热至 55 ～ 60℃发生反应，苯环上的氢原子被硝基（$—NO_2$）取代，生成硝基苯，它是一种带有苦杏仁味的、无色的油状液体，密度比水大。硝基苯有毒，是制造染料和炸药的重要原料。

$$C_6H_6 + HO\text{—}NO_2 \xrightarrow{\text{催化剂}} C_6H_5\text{—}NO_2 + H_2O$$

硝基苯

苯分子里的氢原子被 $—NO_2$ 所取代的反应，叫做硝化反应。硝酸分子中的 $—NO_2$ 原子团叫做硝基。

（二）苯的加成反应

虽然苯不具有典型的碳碳双键所应有的加成反应的性质，但在特定的条件下，苯仍然能发生加成反应。例如，在有镍催化剂的存在和 180 ～ 250℃的条件下，苯可以与氢气发生加成反应，生成环己烷（$C_6H_{12}$）。

$$C_6H_6 + 3H_2 \xrightarrow[\triangle]{\text{催化剂}} C_6H_{12}$$

环己烷

**视 野 拓 展**

**苯的发现和苯分子结构学说**

苯是在 1825 年由英国科学家法拉第（Michael Faraday，1791 ～ 1867）首先发现的。19 世纪初，英国和其他欧洲国家一样，城市的照明已普遍使用煤气。从生产煤气的原料中制备出煤气之后，剩下一种油状的液体却长期无人问津。法拉第是第一位对这种油状液体感兴趣的科学家。他用蒸馏的方法将这种油状液体进行分离，得到另一种液体，实际上就是苯。当时法拉第将这种液体称为“氢的重碳化合物”。

1834 年，德国科学家 E.E. 米希尔里希（E.E.Mitscherlich，1794 ～ 1863）通过蒸馏苯甲酸和石灰的混合物，得到了与法拉第所制液体相同的一种液体，并命名为苯。法国化学家 C.F. 日核尔（C.F.Gerhardt，1815 ～ 1856）等人又确定了苯的相对分子质量为 78，分子式为 $C_6H_6$。

德国化学家凯库勒是一位极富想象力的学者，他曾提出了碳四价和碳原子之间可以连接成链这一重要学说。对苯的结构，他在分析了大量的实验事实之后提出了多种开链式结构，而又因其与实验结果不符被一一否定之后，1865 年，他终于悟出闭合链的形式是解决苯分子结构的关键，他以苯的 I 式（图 5-11）表示这一结构。1866 年他又提出苯分子是一个由 6 个碳原子以单、双键相互交替结合而成的环状链 II 式，后简化为 III 式，也就是我们现在所说的凯库勒式。

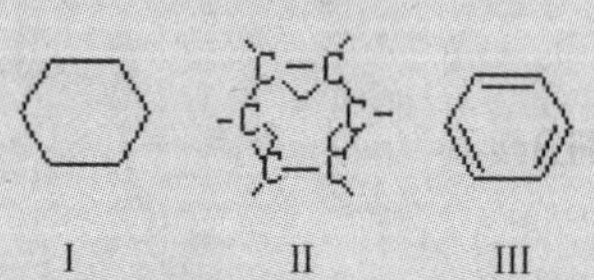

图 5-11　凯库勒提出的笨分子的几种结构式

关于凯库勒悟出苯分子的环状结构的经过，一直是化学史上的一个趣闻。据他自己说这来自于一个梦。那是他在比利时的根特大学任教时，一天夜晚，他在书房中打起了瞌睡，眼前又出现了旋转的碳原子。碳原子的长链像蛇一样盘绕卷曲，最后忽见蛇抓住了自己的尾巴，并旋转不停。他像触电般地猛醒起来，继续整理苯环结构的假说。

凯库勒能够从梦中得到启发，成功地提出重要的结构学说，是由于他善于独立思考，平时总是冥思苦想有关原子、分子以及结构等问题，才会梦其所思；更重要的是，他懂得化合价的真正意义，善于捕捉直觉形象，加之以事实为依据，以严肃的科学态度进行多方面的分析和探讨，这一切都为他取得成功奠定了基础。

## 三、苯的同系物

甲苯 $C_7H_8$、二甲苯 $C_8H_{10}$ 等化合物的分子里都含有一个苯环结构。它们都是苯的同系物。苯的同系物的通式是 $C_nH_{2n-6}$（$n \geqslant 6$），它们都是芳香烃。

苯分子里的1个氢原子被甲基取代后生成甲苯$C_6H_5$—$CH_3$；2个氢原子被2个甲基取代后，生成二甲苯。由于取代位置不同，二甲苯有下列三种同分异构体：

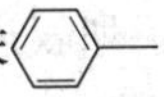

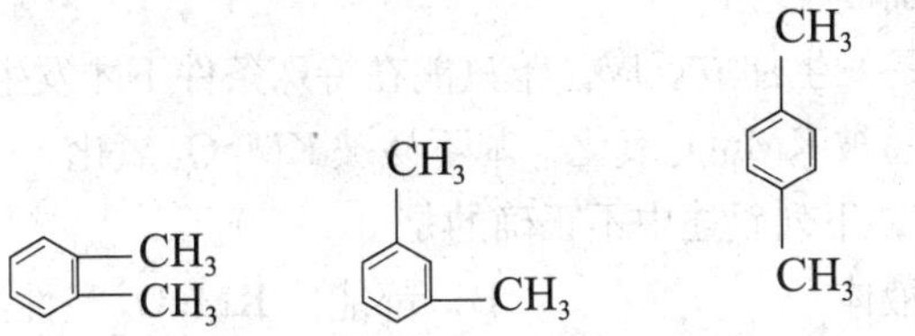

邻-二甲苯　　间-二甲苯　　对-二甲苯

沸点：144.4℃　　沸点：139.1℃　　沸点：138.4℃

苯的同系物在性质上与苯有许多相似之处，如燃烧时都有带浓烟的火焰，都能发生取代反应等。

由于苯环和侧链的相互影响，苯的同系物也有一些化学性质与苯不同。

**【实验8】**把苯、甲苯、二甲苯各2mL分别注入3支试管，各加入3滴$KMnO_4$酸性溶液，用力振荡，观察溶液的颜色变化。

实验表明，苯不能使$KMnO_4$酸性溶液的紫色褪去，而甲苯和二甲苯却能使溶液的紫色褪去。这说明，苯的同系物（甲苯和二甲苯）能被$KMnO_4$氧化。在上述反应中，被氧化的是苯环上的侧链，也就是甲基。

甲苯与硝酸和浓硫酸的混合酸可以发生反应，苯环上的氢原子被硝基（$—NO_2$）取代，生成三硝基甲苯。

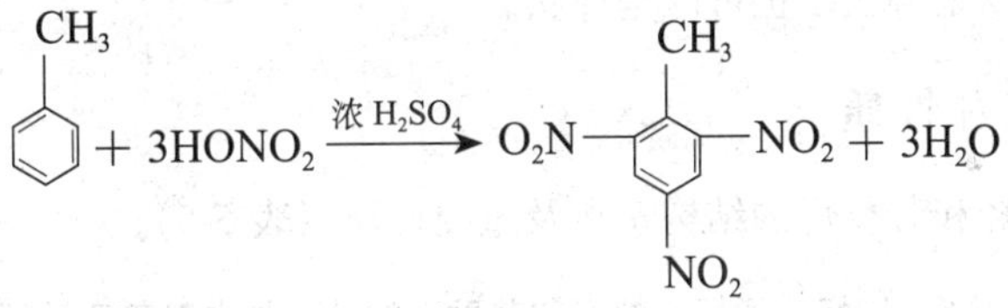

$$C_6H_5CH_3 + 3HONO_2 \xrightarrow{\text{浓}H_2SO_4} CH_3C_6H_2(NO_2)_3 + 3H_2O$$

2,4,6-三硝基甲苯简称三硝基甲苯，又叫TNT，是一种淡黄色的晶体，不溶于水。它是一种烈性炸药，广泛用于国防、开矿、筑路、兴修水利等。

## 练习实践

### 一、填空题

1．苯是一种________色、________味、________溶于水的________体。

2．苯的结构式是________，苯分子中的碳碳键是一种介于________的特殊的化学键。

3．芳香烃是指________________________。

### 二、选择题

1．下列物质中，在一定条件下既能起加成反应，也能起取代反应，但不能使$KMnO_4$酸性溶液褪色的是（　　）。

A．乙烷　　B．苯　　C．乙烯　　D．乙炔

2．苯与乙烯、乙炔相比较，下列叙述正确的是（　　）。

A．都容易发生取代反应

B．都容易发生加成反应

C．乙烯和乙炔易发生加成反应，苯只能在特殊条件下才发生加成反应

D．乙炔和乙烯易被 $KMnO_4$ 氧化，苯不易被 $KMnO_4$ 氧化

3．甲苯与苯相比较，下列叙述中不正确的是（　　）。

A．常温下都是液体　　B．都能使 $KMnO_4$ 酸性溶液褪色

C．都能在空气中燃烧　　D．都能发生取代反应

## 三、问答题

1．比较已烷、已烯与苯的性质，并说明怎样通过实验来区别它们。

2．某烃的分子式是 $C_7H_8$，它能使 $KMnO_4$ 酸性溶液褪色，能跟 $H_2$ 起加成反应。写出这种烃的结构式。

# 归纳小结

## 一、有机化合物

含碳的化合物叫做有机化合物。研究有机化合物的化学叫做有机化学。

有机物分子结构中化学键的主要类型为共价键。碳原子之间可以形成 C—C、C═C 和 C≡C，碳的骨架可以是链状，也可以是环状。

## 二、烃的结构特点和性质

烷烃、烯烃、炔烃和芳香烃的结构特点及重要性质（表 5-5）。

表 5-5　烷烃、烯烃、炔烃和芳香烃的结构特点及重要性质

| 项目＼类别 | 饱和链烃（烷烃） | 不饱和链烃 | | 芳香烃 |
|---|---|---|---|---|
| | | 烯烃 | 炔烃 | |
| 结构特点及通式 | C—C<br>$C_nH_{2n+2}$ | C═C<br>$C_nH_{2n}$ | C≡C<br>$C_nH_{2n-2}$ | 介于单、双键之间的特殊键 |
| 代表物 | 甲烷 | 乙烯 | 乙炔 | 苯 |
| 化学特性 | 1. 取代反应<br>2. 氧化反应 | 1. 加成反应<br>2. 氧化反应<br>3. 聚合反应 | 1. 加成反应<br>2. 氧化反应<br>3. 聚合反应 | 易发生取代反应，不易发生加成和氧化反应 |
| 鉴别方法 | 与酸性 $KMnO_4$ 溶液不反应 | 使酸性 $KMnO_4$ 溶液褪色 | 使酸性 $KMnO_4$ 溶液褪色 | 与酸性 $KMnO_4$ 溶液不反应 |
| | 不使溴水褪色 | 可使溴水褪色 | 可使溴水褪色 | 不使溴水褪色 |

## 三、烃的同分异构现象

化合物具有相同的分子式，但具有不同结构的现象，叫做同分异构现象。具有相同分子式而结构式不同的化合物互称为同分异构体。

# 第六章 烃的衍生物

如前所述，烃分子里的氢原子被其他原子或原子团所取代，就能生成一系列新的有机化合物。这些有机化合物从结构上都可以看作是由烃衍变而来的，所以叫做烃的衍生物。烹饪操作中经常接触到许多烃的衍生物，如酒、醋、酯等。

在烃的衍生物中，取代氢原子的其他原子或原子团影响着烃的衍生物的性质，使其具有了不同于相应的烃的特殊性质。例如，乙烷是不溶于水的无色气体，沸点较低；但乙醇却是可与水无限混溶的液体，沸点相对较高。在化学性质方面，它们也有其明显的特性。这种决定有机化合物特殊性质的原子或原子团叫做官能团。羟基（—OH）、羧基（—COOH）、硝基（$—NO_2$）等都是官能团。此前学习的烯烃和炔烃，它们分别含有的碳碳双键和碳碳三键也是官能团。

## 第一节 乙醇——醇类

乙醇俗称酒精，在初中化学里已经学过乙醇的一些性质，这里我们将进一步学习乙醇的化学性质。乙醇可以看作是乙烷分子里的一个氢原子被羟基（—OH）取代后的产物，乙醇的结构式如下，简写为 $CH_3CH_2OH$ 或 $C_2H_5OH$。乙醇分子的比例模型如图 6-1 所示。

图 6-1 乙醇分子的比例模型

### 一、乙醇的性质

乙醇是无色、透明而具有特殊香味的液体，密度比水小，20℃时的密度是 0.1893g/cm$^3$，沸点是 78℃。乙醇易挥发，能够溶解多种无机物和有机物，能跟水以任意比互溶，是一种重要的溶剂。

1．乙醇与钠的反应

**【实验 1】** 大试管里注入 2mL 左右无水乙醇，再放入 2 小块新切开用滤纸擦干的金属钠，迅速用一配有导管的单孔塞塞住试管口，用一小试管倒扣在导管上，收集反应中放出的气体并验纯。检查气体纯度后，在导管口点燃，观察气体燃烧现象；然后把一凉的干燥小烧杯罩在火焰上方，片刻后可看到烧杯壁上出现水滴，迅速倒转烧杯，向烧杯内注入少量澄清的石灰水，振荡，观察石灰水的变化，如图 6-2 所示。

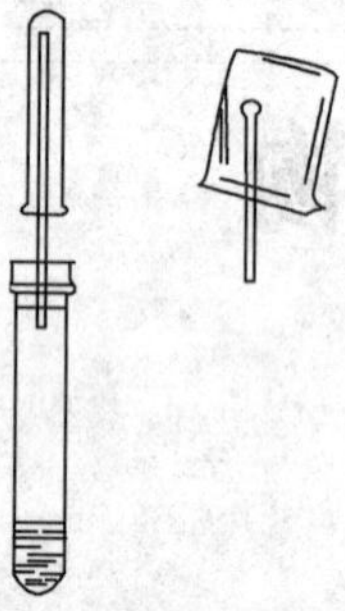

图 6-2　乙醇与钠的反应

从实验中可以看到，反应放出的气体可在空气中安静地燃烧，火焰呈淡蓝色；烧杯壁上有水滴生成，而且加入烧杯中的澄清的石灰水不变浑浊，说明反应生成的气体是氢气。在这个反应里，金属钠置换出了羟基中的氢，生成了乙醇钠，反应的化学方程式如下。

$$2CH_3CH_2OH + 2Na \longrightarrow 2CH_3CH_2ONa + H_2\uparrow$$

这个反应类似于水与钠的反应，因此乙醇可以看作是水分子里的氢原子被乙基取代的产物。乙醇与钠的反应比水与钠的反应要缓和得多，这说明乙醇羟基中的氢原子不如水分子中的氢原子活泼。

2．乙醇的氧化反应

乙醇除了燃烧时能生成二氧化碳和水之外，在加热和有催化剂（Cu 或 Ag）存在的条件下也能与氧气发生氧化反应，生成乙醛。

$$2C_2H_5OH + O_2 \longrightarrow 2CH_3CHO + 2H_2O$$

工业上根据这个原理，由乙醇制取乙醛。

3．乙醇的消去反应

我们已经知道，乙醇在有浓硫酸做催化剂的条件下，加热到 170℃ 即生成乙烯。其反应的化学方程式如下。

$$H-\underset{\boxed{H}}{\overset{H}{\underset{|}{\overset{|}{C}}}}-\underset{\boxed{OH}}{\overset{H}{\underset{|}{\overset{|}{C}}}}-H \xrightarrow[170℃]{浓 H_2SO_4} CH_2=CH_2\uparrow + H_2O$$

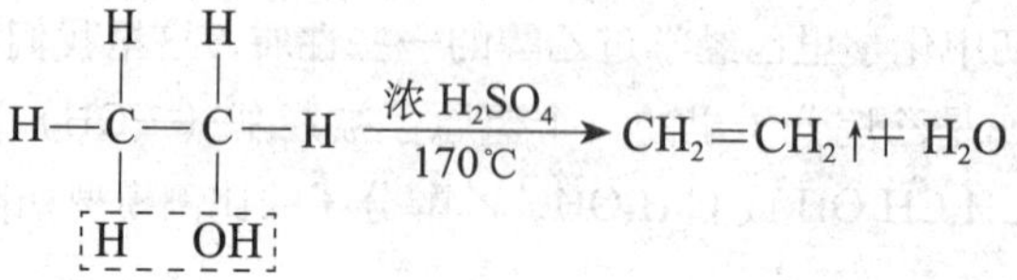

在这个反应里，每一个乙醇分子脱去一个水分子，显然这个反应属于消去反应。

以上事实说明，羟基比较活泼，它决定着乙醇的主要化学性质。

如果把乙醇和浓硫酸共热的温度控制在 140℃，乙醇将以另一种方式脱水，即每两个乙醇分子间脱去一分子水，反应生成的是乙醚。

$$C_2H_5-OH + HO-C_2H_5 \xrightarrow[140℃]{浓 H_2SO_4} \underset{乙醚}{C_2H_5-O-C_2H_5} + H_2O$$

相同的反应物在不同的反应条件下可能生成不同的产物，可见在化学反应中控制反应条件是很重要的。

## 二、乙醇的工业制法

乙醇的工业制法，主要有乙烯直接水化法和发酵法两种。

1．乙烯直接水化法

乙烯直接水化法，就是在加热、加压和有催化剂存在的条件下，使乙烯蒸汽与水直接反应，生成乙醇。

$$CH_2=CH_2 + H-OH \xrightarrow[\text{加热、加压}]{\text{催化剂}} CH_3CH_2OH$$

此法中的原料——乙烯可大量取自石油裂解气，成本低、产量大，这样能节约大量粮食，因此发展很快。

2．发酵法

发酵法制乙醇是在酿酒的基础上发展起来的，在相当长的历史时期内曾是生产乙醇的唯一工业方法。发酵法的原料可以是含淀粉的农产品，如谷类、薯类或野生植物果实等，也可用制糖厂的废糖蜜，或者用含纤维素的木屑、植物茎秆等。这些物质经一定的预处理后，经水解（用废糖蜜做原料不经这一步）、发酵，即可制得乙醇。发酵液中乙醇的质量分数约为6%～10%并含有其他一些有机杂质，经精馏可得95%的工业乙醇。

## 三、乙醇的用途

乙醇是应用最广泛的一种醇。因其性质比较活泼，是有机合成的重要原料，如用乙醇制乙醚、乙醛、乙酸等；因它具有广泛的溶解性，是重要的有机溶剂，用于溶解树脂、制作涂料等；因其在空气中燃烧充分，可避免污染，而且燃烧热值较大。可用作内燃机和实验室的燃料；因75%的酒精能立即使蛋白质变性（凝固），在医药上常用作消毒剂和防腐剂；乙醇还广泛用作饮料和食品添加剂，但必须注意：不能超量饮用，以免引起酒精中毒，青少年尤其不宜饮用含酒精的饮料；工业酒精中多含有毒性的甲醇，不能饮用。

**生活向导**

### 乙醇对人体的影响

乙醇对循环系统的作用因量而有所不同。中等量的乙醇可扩张皮肤血管，使饮者皮肤发红而有温暖感，但不可以饮酒来御寒，因为人在受寒时皮肤血管收缩，而酒会抑制血管运动中枢，使皮肤血管扩张而导致大量热能损失，可见饮酒御寒反而会增加冻伤、冻死的危险。中等量的乙醇对心脏功能无明显影响，慢性酒精中毒造成心血管障碍并非由乙醇所致，而是以酒为能量来源的人不注意饮食结构，营养不良而导致。乙醇在人体内的转化如图6-3所示。

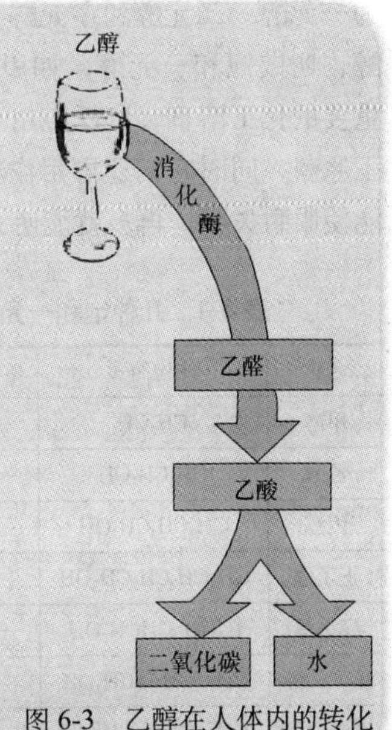

图6-3　乙醇在人体内的转化

乙醇对中枢神经系统基本上与麻醉药相似，但因安全度不够，因而不能作为麻醉药来使用。饮酒后所表现出来的兴奋其实是大脑的抑制功能被减弱的缘故，因此饮者会失去不同程度的自制，同时辨别力、记忆力、集中力及理解力会减弱甚至消失，视力（中枢性）也会出现障碍。由此可见，乙醇是一种对人体各种器官都有损害的原生质毒物，人饮酒过后约有20%的乙醇在胃中被吸收，其

**生活向导**

余 80% 由十二指肠、空肠吸收，空胃时吸收更多，而且乙醇浓度较低的酒类更易于吸收，高浓度的酒吸收反而缓慢。被吸收的乙醇均匀而迅速地渗透到人体各内脏组织中。

乙醇对消化系统的作用视乙醇含量而定，饮乙醇含量在 10% 左右的酒对胃液、胃酸的分泌都有增加。因此，饮低度酒可以促进胃的消化吸收机能，但对胃溃汤病患者则是有害的。饮乙醇含量达 40% 以上的酒类，对胃黏膜有强烈的刺激，使人容易患上慢性胃炎。乙醇在消化过程中产生的乙醛会刺激人体的呕吐中枢，使人呕吐。

酒精在人体内的代谢速率是有一定限度的，当一个人在短时间内饮大量的酒时，其中所含的酒精不能及时代谢，就开始在各器官特别是肝脏和大脑内蓄积。这种蓄积会损害人的许多器官，特别是肝脏。对酒精的承受能力因人而异，一般来说，一个健康成人每天饮酒中的酒精含量不应超过 50g，这是人体在 24h 中能够排出的量。青少年处在身体发育时期，饮酒更易造成对身体器官的损害，因此许多国家都明令严禁青少年饮酒。

**视野拓展**

**判断酒后驾车的方法**

司机酒后驾车容易肇事，因此交通法规禁止酒后驾车。怎样判断驾车人是否为酒后驾车呢？一种科学、简便的检测方法是使驾车人呼出的气体接触载有经过硫酸酸化处理的强氧化剂三氧化铬 ($CrO_3$) 的硅胶，如果呼出的气体中含有乙醇蒸汽，乙醇会被三氧化铬氧化成乙醛，同时三氧化铬被还原为硫酸铬。

三氧化铬与硫酸铬的颜色不同，通过颜色的变化即可知司机是否喝了酒。

## 四、醇类

醇是分子中含有跟链烃基结合着的羟基化合物。根据醇分子里羟基的数目，醇可以分为一元醇、二元醇和多元醇，分子里只含有一个羟基的，叫做一元醇。由烷烃所衍生的一元醇，叫做饱和一元醇，如甲醇、乙醇等，它们的通式是 $C_nH_{2n+1}OH$，简写为 R-OH。乙醇是重要的化工溶剂，广泛应用于医药、涂料、化妆品、油脂等工业；甲醇、乙醇都是重要的化工原料，同时它们还可用作车用燃料，是一类新的可再生能源。甲醇有毒，饮用约 10mL 就能使眼睛失明，再多就能使人致死。

**表 6-1　几种饱和一元醇的物理性质**

| 名称 | 结构简式 | 熔点 /℃ | 沸点 /℃ | 相对密度 |
|---|---|---|---|---|
| 甲醇 | $CH_3OH$ | −93.9 | 65 | 0.7914 |
| 乙醇 | $CH_3CH_2OH$ | −114.1 | 78.5 | 0.7893 |
| 丙醇 | $CH_3CH_2CH_2OH$ | −126.5 | 97.4 | 0.8035 |
| 正丁醇 | $CH_3CH_2CH_2CH_2OH$ | −89.5 | 117.2 | 0.8098 |
| 异丁醇 | $(CH_3)_2CHCH_2OH$ | −108 | 108 | 0.8018 |
| 正十二醇 | $CH_3(CH_2)_{10}CH_2OH$ | 26 | 255.9 | 0.8309 |
| 正十六醇 | $CH_3(CH_2)_{14}CH_2OH$ | 50 | 344 | 0.8176 |

表 6-1 中列出了几种饱和一元醇的某些物理性质。低级的饱和一元醇为无色中性液体，具有特殊的气味和辛辣味道。甲醇、乙醇、丙醇可与水以任意比混溶；含 4 ~ 11 个 C 的醇为油状液体，可以部分地溶于水；含 12 个以上 C 的醇为无色、无味的蜡状固体，不溶于水。

分子里含有两个或两个以上羟基的醇，分别叫做二元醇和多元醇，如乙二醇和丙三醇。

$$\begin{array}{l} CH_2-OH \\ | \\ CH_2-OH \end{array} \qquad \begin{array}{l} CH_2-OH \\ | \\ CH-OH \\ | \\ CH_2-OH \end{array}$$

乙二醇　　丙三醇

乙二醇和丙三醇都是无色、黏稠、有甜味的液体，乙二醇易溶于水和乙醇；丙三醇吸湿性强，能跟水、酒精以任意比混溶，它们都是重要的化工原料。此外，丙三醇俗称甘油，有护肤保湿作用。

**生活向导**

### 当心假酒中甲醇的“毒手”

在日常生活中，无论是家人团圆、好友相聚，还是红白喜事，人们总离不开酒。据资料统计，我国酒销量每年可达千万吨之多。饮用酒是用粮食、水果发酵以及食用酒精兑制而成的。在各类酒中都含有不同量的酒精，它的化学成分是乙醇。由于追逐利益，不法商人常常利用一种很难凭视觉和嗅觉区别的工业酒精——甲醇（$CH_3OH$）掺入饮用酒。

甲醇无色、易挥发、易燃，且能与水任何比例混合成无色透明的酒香液体，它可用煤、石油、天燃气等合成，是制造农药、医药和其他许多化工产品的原料。甲醇具有极强的毒性，当高浓度的甲醇进入人体后，可经乙醇脱氢代谢生成甲酸和甲醛。甲酸可导致严重的酸中毒，甲醛则对眼视网膜细胞具有极强的毒性作用，可导致视神经发生退行性病变，造成视神经萎缩甚至失明。成人致死量为 60 ~ 250mL，儿童致死量为 8 ~ 10mL，潜伏期为 12 ~ 18h。中毒按摄入甲醇量多少和个人体质而分为轻度、中度和重度中毒。轻度中毒呈酒醉酒状，有头痛、头晕、兴奋、恶心呕吐症状。中度中毒则出现神志不清、步态不稳、眼痛、怕光、视力减退，并有酸中毒症状。重度中毒有剧烈的头痛、意识模糊、失明抽搐、昏迷、呼吸麻痹，并因呼吸衰竭而死亡。

**活动探究**

### 自制甜酒酿

称取糯米 1kg，淘洗干净，用清水浸泡 24h，沥干后蒸熟，冷却到 40℃。将 10g 酒曲（含有糖化酶、酒化酶等催化剂）研成粉末，加入少量冷开水调成浑浊液，分数次加入糯米饭中，搅拌均匀，装入经过开水灭菌的容器中，轻轻压实，再在中间掏一个圆形小洞直至容器底部（以免发酵时中间温度过高，影响反应），然后将容器盖好，放在 30 ~ 40℃ 的环境中。经过 48h 后，发酵基本完成，即可食用。酒酿香甜可口，且有浓郁酒香。

## 练习实践

### 一、填空题

1．乙醇的结构简式是________。饱和一元醇的通式是________。

2．在甲醇、乙醇、丙三醇这几种物质中，属新的可再生能源的是________，是饮用酒主要成分的是________，俗称甘油的是________，有毒的是________。

## 二、选择题

1．下列有机化学反应中，属于消去反应的是（　　）。

A．苯与浓硫酸、浓硝酸混合，温度保持在 50 ～ 60℃

B．溴丙烷与氢氧化钠溶液混合，静置

C．乙醇与浓硫酸共热，温度保持在 170℃

D．1- 氯丁烷与乙醇、氢氧化钾共热

2．下列化合物中，既能发生消去反应，又能发生水解反应的是（　　）。

A．氯仿　　B．氯甲烷　　C．乙醇　　D．氯乙烷

# 第二节　苯　　酚

羟基与芳香烃侧链上的碳原子相连的化合物是芳香醇，羟基与苯环上的碳原子直接相连的化合物则是酚。苯分子里只有一个氢原子被羟基取代的生成物是最简单的酚，叫做苯酚。苯酚的分子式是 $C_6H_6O$，结构式如下，简写为 OH（苯环）或 $C_6H_5OH$。苯酚分子的比例模型如图 6-4 所示。

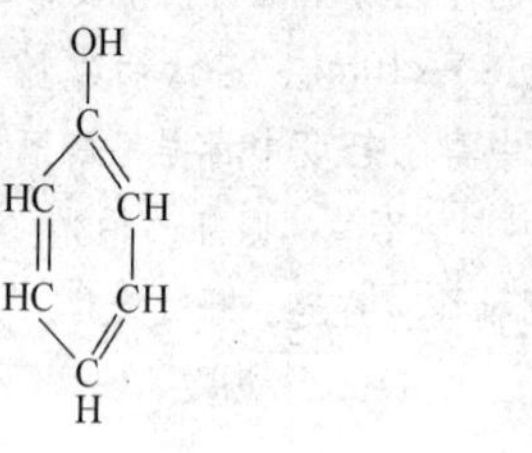


图 6-4　苯酚分子的比例模型

苯酚是一种重要的化工原料，主要用于制造酚醛树脂（俗称电木）等，还广泛用于制造合成纤维、医药、合成香料、染料、农药等。苯酚有毒，它的浓溶液对皮肤有强烈的腐蚀性，使用时要小心，如不慎沾到皮肤上，应立即用酒精洗涤。但是苯酚的稀溶液可直接用作防腐剂和消毒剂，如日常所用的药皂中掺入了少量苯酚。

## 一、苯酚的物理性质

纯净的苯酚是无色的晶体，露置在空气里会因小部分发生氧化而呈粉红色。苯酚具有特殊的气味，熔点为 43℃，在水中的溶解度不大，当温度高于 70℃时，则能与水以任意比互溶。苯酚易溶于乙醇等有机溶剂。

## 二、苯酚的化学性质

苯酚分子里羟基与苯环直接相连，二者会相互影响。

1．苯酚的酸性

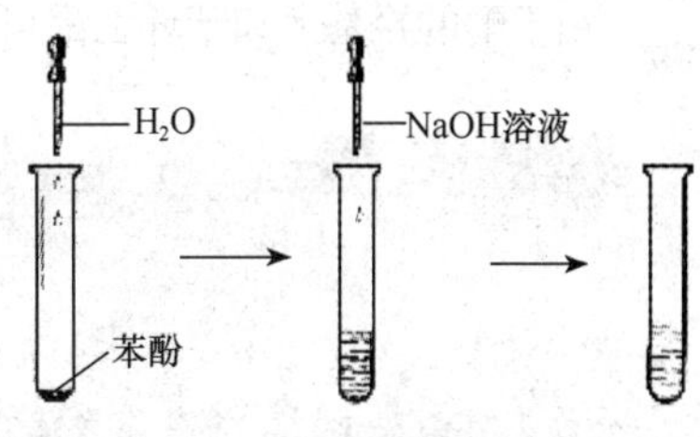

图 6-5　苯酚的酸性试验

**【实验 2】** 如图 6-5 所示，向一个盛有少量苯酚晶体的试管中加入 2mL 蒸馏水，振荡试管，有什么现象发生？再逐滴滴入 5%的 NaOH 溶液并振荡试管，观察试管中溶液的变化。

苯酚与水混合，液体呈浑浊，这说明常温下苯酚在水中的溶解度不大，少量苯酚晶体在 2mL 蒸馏水中不能完全溶解，因此溶液呈现浑浊；但当加入 NaOH 溶液后，试管中液体由浑浊变为澄清透明。这是由于苯酚与 NaOH 发生了反应，生成了易溶于水的苯酚钠，因此溶液变澄清。苯酚与 NaOH 反应的化学方程式如下。

$$C_6H_5—OH + NaOH \longrightarrow C_6H_5—ONa + H_2O$$

在这个反应中，苯酚显示了酸性，因此苯酚俗称石炭酸。那么，与无机弱酸碳酸相比，苯酚的酸性又如何呢？

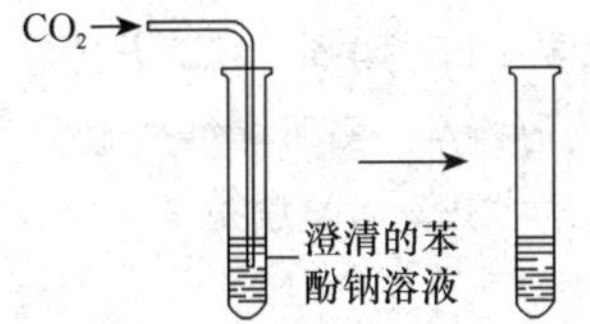

图 6-6　向苯酚钠溶液通入 $CO_2$

**【实验 3】** 向实验 1 所得澄清溶液中通入二氧化碳气体，观察溶液的变化，如图 6-6 所示。

可以看到，二氧化碳使得澄清溶液又变浑浊，这是因为易溶于水的苯酚钠在碳酸的作用下重新生成了苯酚，说明苯酚的酸性比碳酸弱。

$$C_6H_5—ONa + CO_2 + H_2O \rightleftharpoons C_6H_5—OH + NaHCO_3$$

2．苯酚的取代反应

与芳烃中的苯环类似，苯酚也可以与卤素、硝酸、硫酸等在苯环上发生取代反应。

**【实验 4】** 向盛有少量苯酚稀溶液的试管里滴入过量的浓溴水，观察现象。

可以看到，向苯酚溶液里加溴水，立即有白色沉淀产生。这种白色沉淀是三溴苯酚。

$$C_6H_5OH + 3Br_2 \longrightarrow C_6H_2Br_3OH\downarrow + 3HBr$$

（产物为 2,4,6-三溴苯酚：OH 的两个邻位及对位各连一个 Br）

苯酚与溴在苯环上的取代反应，既不需要加热，也不需用催化剂。这说明受羟基的影响，苯酚中苯环上的 H 原子变得更活泼了。

苯酚与溴的反应很灵敏，常用于苯酚的定性检验和定量测定。

3．苯酚的显色反应

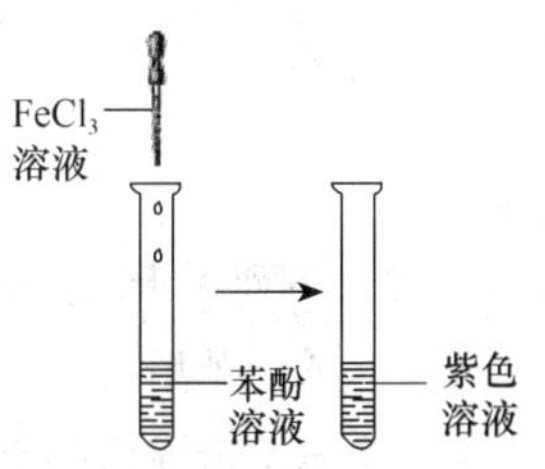

图 6-7　苯酚的显色反应

**【实验 5】** 向盛有苯酚溶液的试管中滴入几滴 $FeCl_3$ 溶液，振荡，观察现象，如图 6-7 所示。

苯酚能跟 $FeCl_3$ 反应，使溶液呈紫色。这一反应也可用来检验苯酚的存在。

由于酚的羟基上和苯环上都可以发生许多化学反应，因此酚类化合物是很重要的化工原料。

**生活向导**

**酚类的杀菌作用与药皂**

多数酚在室温下是固体，有些是液体。大多数酚有难闻的气味，但有些也有香味。酚类化合物都有杀菌作用，杀菌能力随羟基数目的增加而增大。

药皂中就含有少量的酚类，根据颜色不同，它的功效也不一样。

红色药皂的刺激性最强，并有特殊气味。因其添加物是酚类化合物，因此这类药皂多数是红色的，俗称“来苏皂”。因其对皮肤刺激性比较强，皮肤过敏及有伤口的人不宜使用，没有损伤的皮肤最好也不要长期使用。除洗手消毒外，还可用它来擦拭家具、灯具等。

加入硫磺的药皂呈黄色，有硫磺气味，不仅能控油还具有抑制皮脂分泌，杀灭细菌、霉菌、寄生虫等特殊功能，对皮肤病有辅助治疗作用。若是患有粉刺、痤疮、脂溢性皮炎的患者，可尝试使用硫磺皂。中干性皮肤则不要使用，以免使皮肤变得更干燥。不管什么样的肤质，使用硫磺皂后，别忘记涂些润肤霜，以补充皮肤表面流失的保湿因子。

用中草药浸取液调配的药皂，往往呈深绿色或深棕色。其功效主要是清热解毒，清凉祛痱止痒，如添加了薄荷、金银花的药皂很适合湿疹患者；而添加了蜂胶的药皂，则可缓解痱子、粉刺，促进轻度伤口愈合等；加入芦荟提取物的药皂则有消炎作用。这类药皂对皮肤病多有辅助疗效，且性质温和。

硼酸类药皂通常是白色的，其刺激性相对较小，也是这四种药皂中消毒能力最弱的，仅能抑制部分细菌，皮肤敏感者可以使用。硼酸属一种外用消毒剂，药性温和，通常香皂是碱性的，而硼酸类药皂往往是中性或弱酸性的，对皮肤的伤害比较小。想看看你买的香皂是否是中性的，用 pH 试纸测测就知道了。

## 练习实践

### 一、填空题

1．纯净的苯酚是 ________ 体，常温下苯酚在水中的溶解度 ________，通常呈现出 ________，若加热至 70℃以上，液体变得 __________，冷却后又 _________。

2．盛放过苯酚的试管可以用 ___________ 进行清洗。

### 二、选择题

1．下列物质中，不属于醇类的是（　　）。

A．$C_3H_7OH$　　B．$C_6H_5CH_2OH$　　C．$C_2H_5OH$　　D．$H_2C(OH)—CH(OH)—CH_2(OH)$

2．下列关于苯酚性质的叙述中，不正确的是（　　）。

A．苯酚在水中的溶解度随温度的升高而增大

B．苯酚易溶于乙醇等有机溶剂

C．苯酚水溶液呈弱酸性，能与碱反应

D．苯酚没有毒，其稀溶液可用做防腐剂和消毒剂

3．下列物质中，可用来鉴别苯酚、苯、氢氧化钠溶液和硝酸银溶液的一种试剂是（　）。

A．溴的四氯化碳溶液　　B．新制 $Cu(OH)_2$　　C．$FeCl_3$ 溶液　　D．金属钠

## 第三节　乙醛——醛类

在学习乙醇的化学性质时，曾经提到过乙醛，它是乙醇氧化后的产物。乙醛的分子式是 $C_2H_4O$，结构式如下，简写为 $CH_3CHO$。乙醛分子的比例模型如图 6-8 所示。乙醛主要用于制取乙酸、丁醇、乙酸乙酯等，是有机合成的重要原料。

图 6-8　乙醛分子的比例模型

### 一、乙醛的性质

乙醛是无色、具有刺激性气味的液体，密度比水小，沸点是 20.8℃，易挥发，易燃烧，能跟水、乙醇、氯仿等互溶。从结构上乙醛可以看成是甲基和醛基（$-\overset{O}{\overset{\|}{C}}-H$）相连而构成的化合物。乙醛的化学性质主要由醛基决定。醛基比较活泼，乙醛的加成反应和氧化反应等都发生在醛基上。

1．乙醛的加成反应

乙醛分子中的碳氧双键能够发生加成反应。例如，使乙醛蒸汽和氢气的混合气体通过热的镍催化剂，乙醛与氢气即发生加成反应。

$$CH_3\overset{O}{\overset{\|}{C}}-H + H_2 \xrightarrow[\triangle]{\text{催化剂}} CH_3CH_2OH$$

在有机化学反应中，通常把有机物分子中加入氢原子或失去氧原子的反应叫做还原反应。乙醛与氢气的加成反应就属于还原反应。

2．乙醛的氧化反应

在有机化学反应中，通常把有机物分子中加入氧原子或失去氢原子的反应叫做氧化反应。乙醛易被氧化，如在一定温度和催化剂存在的条件下，乙醛能被空气中的氧气氧化成乙酸。在工业上，可以利用这个反应制取乙酸。

$$2CH_3-\overset{O}{\overset{\|}{C}}-H + O_2 \xrightarrow[\triangle]{\text{催化剂}} 2CH_3COOH$$

乙醛不仅能被 $O_2$ 氧化，还能被弱氧化剂所氧化。

【实验6】如图6-9所示，在洁净的试管里加入1mL 2%的$AgNO_3$溶液，然后一边摇动试管，一边逐滴滴入2%的稀氨水，至最初产生的沉淀恰好溶解为止（这时得到的溶液通常叫做银氨溶液）。再滴入3滴乙醛，振荡后把试管放在热水浴中温热，观察现象。

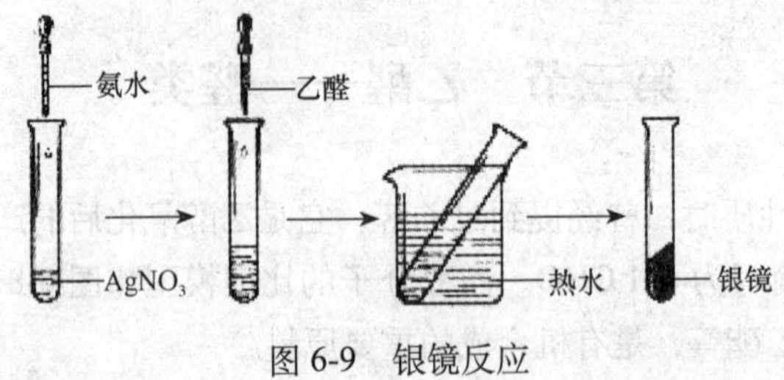

图6-9 银镜反应

不久可以看到，试管内壁上附着一层光亮如镜的金属银。

$$CH_3CHO + 2Ag(NH_3)_2OH \longrightarrow \underset{\text{乙酸氨}}{CH_3COONH_4} + 2Ag\downarrow + 3NH_3 + H_2O$$

还原生成的银附着在试管壁上，形成银镜，所以这个反应叫做银镜反应。

银镜反应常用来检验醛基的存在。工业上可利用这一反应原理，把银均匀地镀在玻璃上制镜或保温瓶胆（生产上常用含有醛基的葡萄糖作为还原剂）。

此外，另一种弱氧化剂即新制的$Cu(OH)_2$也能使乙醛氧化。

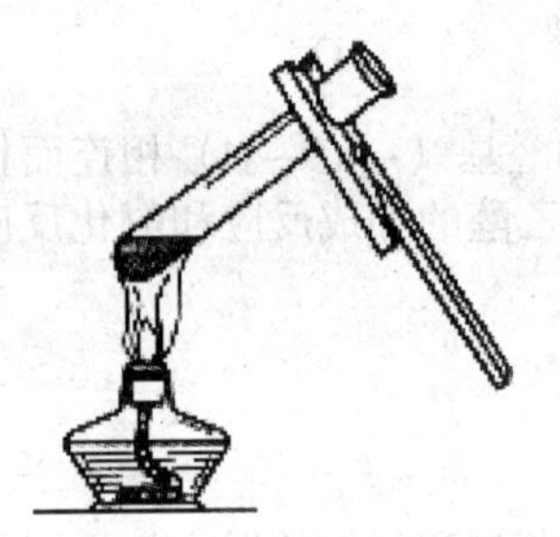
图6-10 $Cu(OH)_2$与乙醛的氧化反应

【实验7】在试管里加入10mL 10%的NaOH溶液，滴入2%的$CuSO_4$溶液4～6滴，振荡后加入乙醛溶液0.5mL（图6-10），加热至沸腾，观察现象。

可以看到，溶液中有红色沉淀产生。该红色沉淀是$Cu_2O$，它是由反应中生成的$Cu(OH)_2$被乙醛还原产生的。

$$Cu^{2+} + 2OH^- = Cu(OH)_2\downarrow$$

$$CH_3CHO + 2Cu(OH)_2 \xrightarrow{\triangle} CH_3COOH + Cu_2O\downarrow + 2H_2O$$

这个反应也可以用来检验醛基的存在。

## 二、醛类

像乙醛这样，还有一些在分子结构和化学性质上都跟乙醛相似的物质，如甲醛（HCHO）、丙醛（$CH_3CH_2CHO$）、丁醛（$CH_3CH_2CH_2CHO$）等，它们统称为醛类，通式为$R-\overset{\overset{\large O}{\|}}{C}-H$，简写为R-CHO。

由于醛的分子里都含有醛基，它们的化学性质很相似。例如，它们都能被还原成醇，被氧化成羧酸，都能起银镜反应等。

由于醛基很活泼，可以发生很多反应，因此醛在有机合成中占有重要的地位。在工农业生产上和实验室中醛被广泛用做原料和试剂；有些醛本身就可用做药物和香料。例如，分子结构最简单的甲醛，用途就非常广泛。

甲醛也叫蚁醛，是一种无色、有刺激性气味的气体，易溶于水，质量分数为35%～40%的甲醛水溶液叫做福尔马林。甲醛是重要的有机合成原料，在工业上主要用于制酚醛树脂等许多种有机化合物；在农业上，甲醛可用做农药，用于制缓效肥料等；甲醛的水溶液具有杀菌、防腐性能，稀释的福尔马林溶液（甲醛的质量分数为0.1%～0.5%）常用于浸种，给种子消毒；浸制生物标本也常常使用福尔马林。此外，甲醛还可用做制氯霉素、香料、染料的原料。

**生活向导**

### 家庭装修中的甲醛危害

甲醛的危害一般来源于家庭装修中人造板、家具、塑料壁纸和涂料等大量使用的黏合剂，如果家装家具遇热、变潮，甲醛就会从这些材料中挥发出来。

新房装修引起的甲醛污染常来自刨花板、密度板、胶合板等人造板材以及胶黏剂和墙纸，释放期长达3～15年，其密集散发期在1～3年内，可经呼吸道吸收。甲醛对人体的危害具有长期性、潜伏性、隐蔽性的特点。关于甲醛在空气中的含量，国家标准为I类民用建筑小于0.08mg/m$^3$,II类民用建筑小于0.12mg/ m$^3$。如果检测结果超标在0.5～2倍之间的轻度污染，可以通过开窗通风、化学中和、吸附等比较简单的方法进行科学治理；如果超标在2～4倍之间的中度污染，就应采用综合手段进行空气治理。如果超标达到4倍以上危害就更大了。世界卫生组织在2004年发布的第153号公报认定，甲醛致癌，被国家列为高毒化学品，会强烈刺激眼睛、皮肤、呼吸道黏膜等，最终会造成免疫功能异常、肝损伤及神经中枢系统受到影响，会导致胎儿畸形、白血病、慢性呼吸道疾病、女性月经紊乱、急性精神抑郁症、鼻咽癌、喉头癌等疾病。

### 去除甲醛的方法

通风法：通过室内空气的流通，可以降低室内空气中有害物质的含量，从而减少此类物质对人体的危害。冬天，人们常常紧闭门窗，室内外空气不能流通，不仅室内空气中甲醛的含量会增加，氡气也会不断积累，甚至达到很高的浓度。

活性炭吸附法：活性炭是国际公认的吸毒能手，活性炭口罩、防毒面具都使用活性炭。利用活性炭的物理作用除臭、去毒，不需化学添加剂，对人体无影响。每屋放2～3袋，72h可基本除尽室内异味。中低度污染可选此法，也可选用此法与其他化学法综合使用，综合治理效果更佳。

植物消除法：吊兰、芦荟、虎尾兰能大量吸收室内甲醛等污染物质，消除并防止室内空气污染；茉莉、丁香、金银花、牵牛花等花卉分泌出来的杀菌素能够杀死空气中的某些细菌，抑制结核、痢疾病原体和伤寒病菌的生长，使室内空气清洁卫生。

## 练习实践

### 一、填空题

1. 醛分子中的＿＿＿＿＿＿键，能与$H_2$发生＿＿＿＿＿＿反应，该反应又属于

________反应，反应的产物是________。工业上利用乙醛的________反应制取乙酸。

2．在硫酸铜溶液中加入适量氢氧化钠溶液后，再滴入适量福尔马林，加热。可观察到的现象依次是________；反应的化学方程式是________。此反应可用于检验________基的存在。

## 二、选择题

1．下列各组混合物中，可以用分液漏斗分离的是（　　）。

A．溴乙烷和水　　B．苯酚和乙醇　　C．酒精和水　　D．乙醛和苯

2．下列试剂中，可用来清洗做过银镜反应实验的试管的是（　　）。

A．盐酸　　B．硝酸　　C．烧碱溶液　　D．蒸馏水

## 三、实验题

用化学方法鉴别苯、甲苯、己烯、苯酚和乙醛溶液。

# 第四节　羧酸和酯类

图 6-11　乙酸分子的比例模型

羧酸中的乙酸又名醋酸，它是食醋的主要成分，是我们在日常生活中经常接触到的一种常见有机酸。乙酸的分子式是 $C_2H_4O_2$，结构式是 $CH_3—\overset{\overset{\Large O}{\|}}{C}—OH$，简写为 $CH_3COOH$。乙酸分子比例模型如图 6-11 所示。

乙酸从结构上可以看成是甲基和羧基相连而构成的化合物。乙酸的化学性质主要由羧基决定。

## 一、乙酸的性质

乙酸是无色具有强烈刺激性气味的液体，熔点为 16.6℃，沸点为 117.9℃，易溶于水和乙醇，无水乙酸又称冰醋酸。

### 1．乙酸的酸性

我们已经知道，乙酸具有酸的通性，能使紫色的石蕊试液变红，但它的酸性强弱又是怎样的呢?

**【实验 8】** 向一盛有少量 $Na_2CO_3$ 粉末的试管里加入约 3mL 乙酸溶液，观察有什么现象发生，如图 6-12 所示。

可以看到试管里有气泡产生，这是二氧化碳气体，这说明乙酸的酸性强于碳酸。尽管如此，但它在水溶液里还是只能发生部分电离，仍是一种弱酸。

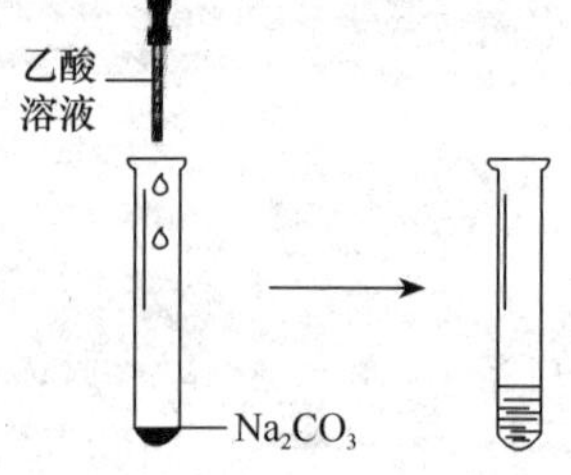

图 6-12　乙酸的酸性实验

### 2．乙酸的酯化反应

在有浓硫酸存在并加热的条件下，乙酸能与乙醇发生反应，

生成乙酸乙酯 ($CH_3COOC_2H_5$)。

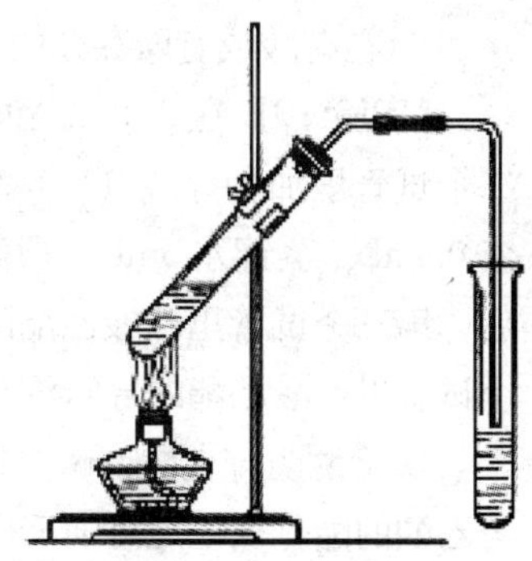
图 6-13　乙酸的酯化反应

**【实验 9】** 在试管中加入 3mL 乙醇，然后边摇动试管边慢慢加入 2mL 浓硫酸和 2mL 冰醋酸。按图 6-13 所示，连接好装置。用酒精灯小心均匀地加热试管 3 ~ 5min，产生的蒸汽经导管通到饱和碳酸钠溶液的液面上。在液面上可以看到有透明的油状液体产生，并可闻到香味。

这种有香味的无色透明油状液体就是乙酸乙酯。反应的化学方程式如下。

$$CH_3-\overset{\overset{\displaystyle O}{\|}}{C}-OH + H-O-C_2H_5 \xrightleftharpoons[\triangle]{\text{浓 }H_2SO_4} CH_3-\overset{\overset{\displaystyle O}{\|}}{C}-OC_2H_5 + H_2O$$

乙酸乙酯是酯类化合物的一种。酸和醇起作用，生成酯和水的反应叫做酯化反应。

$$CH_3-\overset{\overset{\displaystyle O}{\|}}{C}-\boxed{OH + H}-O-C_2H_5 \xrightleftharpoons[\triangle]{\text{浓 }H_2SO_4} CH_3-\overset{\overset{\displaystyle O}{\|}}{C}-OC_2H_5 + H_2O$$

这就是说，酯化反应的一般过程是羧酸分子里的羟基与醇分子里的氢原子结合成水，其余部分互相结合成酯。

## 二、羧酸

像乙酸这样，其分子由烃基与羧基相连构成的有机化合物还有很多，统称为羧酸。根据与羧基相连的烃基的不同，羧酸可以分为脂肪酸（如乙酸）和芳香酸（如苯甲酸 $C_6H_5$-COOH）等；根据羧酸分子中羧基的数目，羧酸又可以分为一元羧酸、二元羧酸（如乙二酸 HOOC—COOH）和多元羧酸等。

一元羧酸的通式为 R-COOH。在一元羧酸里，酸分子的烃基含有较多碳原子的叫做高级脂肪酸（如硬脂酸 $C_{17}H_{35}COOH$、油酸 $C_{17}H_{33}COOH$）。由于羧酸分子中都含有相同的官能团——羧基，它们的化学性质很相似，如有酸性、能发生酯化反应等。

甲酸（HCOOH）是分子组成最简单的羧酸，俗称蚁酸，它是无色、有刺激性气味的液体，有腐蚀性，能与水混溶。甲酸具有与乙酸类似的酸性，它也是弱酸。但实验证明，甲酸的酸性比碳酸强。

羧酸在自然界广泛存在，是重要的工业原料。

## 三、酯类

酯的一般通式是 RCOOR′，其中 R 和 R′ 可以相同，也可以不同。酯类广泛存在于自然界中。

酯类都难溶于水，易溶于乙醇和乙醚等有机溶剂，密度一般比水小。低级酯是具有芳香气味的液体。

酯是根据形成它的酸和醇（酚）来命名的，如乙酸乙酯 $CH_3COOC_2H_5$、乙酸苯酯 $CH_3COOC_6H_5$、苯甲酸甲酯 $C_6H_5COOCH_3$ 等。

在有酸或有碱存在的条件下，酯能发生水解反应生成相应的酸或醇。

**【实验 10】**在 3 个试管里各加入 6 滴乙酸乙酯。向第一个试管里加蒸馏水 5.5mL，向第二个试管里加稀硫酸（1 ∶ 5）0.5mL、蒸馏水 5mL，向第三个试管里加入 30%的 NaOH 溶液 0.5mL、蒸馏水 5mL。振荡均匀后，把三个试管都放入 70 ～ 80℃的水浴里加热。几分钟后，第三个试管里乙酸乙酯的气味消失了，第二个试管里还有一点儿乙酸乙酯的气味，第一个试管里乙酸乙酯的气味没有多大变化。

实验说明，在酸或碱存在的条件下，乙酸乙酯水解生成了乙酸和乙醇。乙酸乙酯的水解与乙酸的酯化反应是可逆反应。

$$CH_3COOC_2H_5 + H_2O \xrightleftharpoons{\text{无机酸或碱}} CH_3COOH + C_2H_5OH$$

低分子量酯是无色、易挥发的芳香液体，高级饱和脂肪酸单酯常为无色无味的固体，高级脂肪酸与高级脂肪醇形成的酯为蜡状固体。酯的熔点和沸点要比相应的羧酸低。酯一般不溶于水，能溶于各种有机溶剂。低相对分子质量的酯是许多有机化合物的溶剂，也是清漆的溶剂。

**生活向导**

**巧除水垢**

家中烧开水的壶和盛放开水的暖瓶或凉瓶，使用时间长了易结水垢，利用乙酸的酸性可有效除去水垢且不会对容器造成污染。方法是取少量醋（最好使用醋精）加入需要除垢的容器中，缓慢转动容器使水垢与醋充分接触，浸泡一段时间，再用水清洗即可。如果水垢较厚，可反复多次转动浸泡，或者多换几次醋并适当增加浸泡时间。

**视野拓展**

**日常化学品中的化学污染**

随着生活水平的提高，人们越来越多地使用化妆品，女性对化妆品更是情有独钟。可是，很多化妆品中含有污染物，其中的色素、香料、表面活性剂、防腐剂、漂白剂、避光剂等都可导致接触性皮炎。香水、防晒剂、染发剂中含的对苯二胺，口红中含的二溴和四溴荧光素可引起皮肤红肿、搔痒，发生变应性接触性皮炎。胭脂、眉笔的笔芯亦含有变应原，可引起眼睑接触性皮炎。而使用含雌激素的化妆品则能引起儿童性早熟症状。

洗发香波中的苯酚有毒性，若苯酚通过大面积皮肤吸收进入人体，对内脏、肾功能和神经系统有广泛的破坏作用，严重者 1h 内可死亡。洗发水含苯胺类化合物，溅入眼内，两天内眼球表面就出现广泛性损伤，并能渗入晶体引起白内障。含氢醌的皮肤漂白剂，含巯基醋酸的冷烫剂，含硫化物的脱毛剂以及指甲化妆品常可引起刺激性接触性皮炎。祛斑霜的含汞量高达 2%，长期使用后导致发汞、尿汞含量增高，引起慢性汞中毒。

毒性很高的苯胺有少量用于生产家用化学品、涂料、光漆、染料、抗氧化剂、除草剂、杀虫剂、杀菌剂、家用杀虫剂。例如，萘（卫生球的主要成分）若误服、皮肤沾染或吸入高浓度蒸汽，均可损害肝、肾。

广泛用做溶剂、灭火剂、干洗剂的 $CCl_4$，用做去油剂、干洗剂的 $CH_3CCl_3$，用做致冷剂、发泡剂的 $CHF_2Cl$ 等是主要的氯代烃污染剂。

**视野拓展**

在塑料中用做增塑剂的多氯联苯，是毒性很大的有机氯化物，可诱导肝癌、腺癌的发展，并能通过母体转移给胎儿致癌。

因此，使用化妆品、日用化学品时一定要慎重，对不安全的产品尽可能少用或不用。

## 练习实践

### 一、选择题

1．下列说法中正确的是（　　）。

A．链烃基与羧基直接相连的化合物叫做羧酸

B．饱和链状一元羧酸的组成符合 $C_nH_{2n}O_2$

C．羧酸在常温下都能发生酯化反应

D．羧酸的官能团是—COOH

2．下列有关酯的叙述中，不正确的是（　　）。

A．酸与醇在强酸的存在下加热，可得到酯

B．乙酸和甲醇发生酯化反应生成甲酸乙酯

C．酯化反应的逆反应是水解反应

D．果类和花草中存在着有芳香气味的低级酯

### 二、解释以下概念，并举例说明

1．取代反应；

2．加成反应；

3．聚合反应；

4．消去反应；

5．酯化反应。

### 三、计算题

某有机物 A 与氢气的相对密度是 30，分子中含碳 40%，含氢 6.6%，其余为氧。此有机物既可与金属钠反应，又可与氢氧化钠和碳酸钠反应。

（1）计算该有机物的分子式。

（2）根据该有机物的性质，写出其结构简式。

## 归纳小结

烃分子中的氢原子被其他原子或原子团代替生成的一系列新物质叫烃的衍生物。

### 一、衍生物类别

R-H ⟶ R-A（A 可为—X、—OH、—CHO、—COOH、—COOR′、$—NO_2$、$—NH_2$ 等）

## 二、重要的烃的衍生物

（1）卤代烃：R-X（饱和一元卤代烃通式为 $C_nH_{2n+1}X$，代表物为 $CH_3CH_2Br$）。

（2）醇：R-OH（饱和一元醇通式为 $C_nH_{2n+2}O$，代表物为 $CH_3CH_2OH$）。

（3）酚：代表物 — OH。

（4）醛：R-CHO（代表物为 $CH_3CHO$、HCHO）。

（5）羧酸：RCOOH（代表物为 $CH_3COOH$）。

（6）酯：R-COOR′（代表物为 $CH_3COOC_2H_5$）。

## 三、烃的衍生物的比较

烃的衍生物比较见表 6-2。

**表 6-2　烃的衍生物的比较**

| 类别 | 通式 | 官能团 | 代表性物质 | 分子结构特点 | 主要化学性质 |
|---|---|---|---|---|---|
| 卤代烃 | R-X | —X | 溴乙烷<br>$C_2H_5Br$ | C—X 键有极性，易断裂 | 1. 取代反应：与 NaOH 溶液发生取代反应，生成醇<br>2. 消去反应：与强碱的醇溶液共热，脱去卤化氢，生成烯烃 |
| 醇 | R-OH | —OH | 乙醇<br>$C_2H_5OH$ | 有 C—O 键和 O—H 键，有极性；—OH 与链烃基直接相连 | 1. 与金属钠反应，生成醇钠和氢气<br>2. 氧化反应：在空气中燃烧，生成二氧化碳和水；被氧化剂氧化为乙醛<br>3. 脱水反应：170℃时，发生分子内脱水，生成乙烯<br>4. 酯化反应：与酸反应生成酯 |
| 酚 | | —OH | 苯酚<br>—OH | —OH 直接与苯环相连 | 1. 弱酸性：与 NaOH 溶液反应，生成苯酚钠和水<br>2. 取代反应：与浓溴水反应，生成三溴苯酚白色沉淀<br>3. 显色反应：与铁盐（$FeCl_3$）反应，生成紫色物质 |
| 醛 | RCHO | —CHO | 甲醛、乙醛 | C═O 双键有极性，具有不饱和性 | 1. 加成反应：用 Ni 作催化剂，与氢加成，生成乙醇<br>2. 氧化反应：能被弱氧化剂氧化成羧酸（如银镜反应、还原氢氧化铜） |
| 羧酸 | RCOOH | —COOH | 乙酸 | 受 C═O 影响，O—H 键能够电离，产生 $H^+$ | 1. 具有酸的通性<br>2. 酯化反应，与醇反应生成酯 |
| 酯 | RCOOR′（R 和 R′ 可以相同，也可以不同） | —COO— | 乙酸乙酯 | 分子中 RCO— 和 OR′ 之间的键易断裂 | 水解反应：生成相应的羧酸和醇 |

### 1. 重要性质

分析基本化学方程式断键情况，理解反应简单机理和官能团性质。

2．转化关系

加成 (+$H_2O$)
加成 (+$H_2O$)
消去 (−$H_2O$)
炔烃
+$H_2$
烯烃
+$H_2$
烷烃
卤代
卤代烃
水解
HX
醇
氧化
还原+$H_2$
醛
氧化
羧酸
酯化
水解
酯
加成 (+HX，$X_2$)
酯化
消去 (−HX)
水解
加成 (+HX,$X_2$)

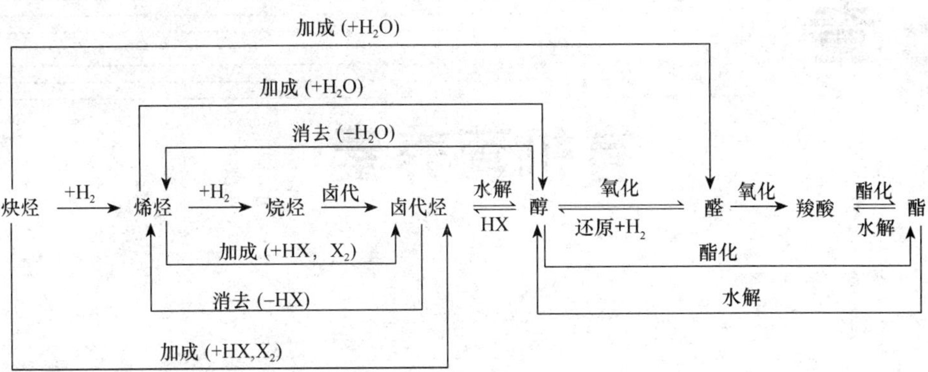

# 第七章 有机营养素

食品是人体获得所需热能和营养素的最主要来源。营养素是指食物中可为人体提供能量、机体构成成分和组织修复以及生理调节功能的化学成分。因此，凡是能维持人体健康并提供生长、发育和劳动所需能量的各种物质均称为营养素。人体必需的营养素有蛋白质、脂肪、糖（碳水化合物）、无机盐（矿物质）、维生素、水等6类。其中，蛋白质、脂肪、糖（碳水化合物）与维生素均为有机化合物，简称有机营养素。

## 第一节　糖　　类

糖类是由C、H、O 3种元素组成的有机化合物。它是绿色植物光合作用的产物，也是动植物所需能量的重要来源。根据我国居民的食物构成，一般居民每天摄取的能量中大约有75%来自糖类。糖类曾被称为碳水化合物，是因为其组成符合通式 $C_n(H_2O)_m$（$n$ 与 $m$ 可以相同，也可以不同）。随着化学科学的发展，研究人员发现碳水化合物这个名称没有正确反映糖类化合物的组成和结构特征。糖类中的氢原子和氧原子的个数比并不都是2 ∶ 1，也并不是以水分子的形式存在，如鼠李糖 $C_6H_{12}O_5$；而有些符合 $C_n(H_2O)_m$ 通式的物质也不是碳水化合物，如甲醛 $CH_2O$、乙酸 $C_2H_4O_2$ 等。所以碳水化合物虽然仍在使用，但已失去原意。

糖类根据其能否水解以及水解产物的多少，可以分为单糖、双糖和多糖等。

### 一、单糖

单糖是不能再水解的糖类。单糖主要有葡萄糖和果糖。

#### （一）葡萄糖

葡萄糖是自然界中分布最广泛的单糖。葡萄糖存在于有甜味的水果里。蜂蜜里也含有葡萄糖。淀粉等在人体中能转化成葡萄糖而被吸收，正常人的血液里约含质量分数为0.1%的葡萄糖，称为血糖。

葡萄糖的分子式是 $C_6H_{12}O_6$，为白色晶体，味甜，能溶于水。

**【实验1】**在一支洁净的试管配制2 mL银氨溶液，加入1mL 10%的葡萄糖溶液，然后水浴加热3 ～ 5 min，观察现象。

**【实验 2】** 在试管加入 2mL10% NaOH 的溶液，滴加 5% 的 $CuSO_4$ 溶液 5 滴，再加入 2 mL 10%的葡萄糖溶液，加热，观察现象。

从实验 1 可以看到有银镜生成，从实验 2 可以看到有红色沉淀生成，为 $Cu_2O$。

讨论：根据上述实验现象分析，葡萄糖分子中具有什么官能团？葡萄糖具有什么性质？

实验证明，葡萄糖与醛类一样具有还原性，能发生银镜反应，也能被 $Cu(OH)_2$ 氧化，它的结构简式为：$CH_2OH$-CHOH-CHOH-CHOH-CHOH-CHO，是一种多羟基醛。

葡萄糖是一种重要的营养物质，它在人体组织中能进行氧化反应，释放热量，提供人体生命活动所需要的能量。1mol 葡萄糖完全氧化，能释放大约 2804kJ 的热量。

$$C_6H_{12}O_6 + 6O_2 \longrightarrow 6CO_2 + 6H_2O + Q$$

**生 活 向 导**

**糖尿病的化学鉴别**

糖尿病患者的尿中含有葡萄糖，而且病情越重，含糖量越高。因此，可以根据尿中葡萄糖的含量来判断患者的病情。医疗上曾根据上述实验 2 的原理测定患者尿中葡萄糖的含量，现在为了快捷和方便，已改用仪器检测，在家中则可用特制的试纸进行检测。

### （二）果糖

果糖是白色晶体或粉末，熔点为 103 ～ 105℃，易溶于水、乙醇和乙醚。果糖是多羟基酮，具有醇、酮的化学性质。它以游离状态大量存在于水果的浆汁和蜂蜜中，还能与葡萄糖结合生成蔗糖。此外，与石灰水可生成果糖钙沉淀，但通入二氧化碳又可复出果糖。用作食物、营养剂和防腐剂。

果糖是最甜的单糖，它比蔗糖甜一倍，广泛用于食品工业，如制作糖果、糕点、饮料等。果葡糖浆的甜度与蔗糖相当，但是以淀粉为原料生产出来的，不但成本低，还具有天然蜂蜜的香味，在食品工业中比果糖有更广泛的用途。

## 二、双糖

双糖因能水解为两分子单糖而被称为双糖或二糖。双糖中最重要的是蔗糖和麦芽糖，分子式均为 $C_{12}H_{22}O_{11}$。

### （一）蔗糖

蔗糖的分子式是 $C_{12}H_{22}O_{11}$。蔗糖为无色晶体，溶于水，是重要的甜味食物。蔗糖存在于很多植物内，甘蔗（蔗糖质量分数为 11%～ 17%）和甜菜（蔗糖质量分数为 14%～ 26%）的含量最高。日常生活中所食用的白糖、冰糖、红糖的主要成分都是蔗糖。

**【实验 3】** 在两支洁净的试管中各加入 20%的蔗糖溶液 1mL，并在其中一支试管中加入 3 滴 20% 的 $H_2SO_4$ 溶液。使用水浴法将两支试管加热 5min。然后向已加入 $H_2SO_4$ 溶液的试管中滴加 NaOH 溶液，至溶液呈碱性。最后再向两支试管中各加入 2mL 新制银氨溶液，水浴加热 3 ～ 5 min，观察现象。

用新制 $Cu(OH)_2$ 代替银氨溶液进行上述实验，观察现象。

可以看出，蔗糖不发生银镜反应，也不能还原$Cu(OH)_2$，这说明它的分子结构中不含有醛基，因此没有还原性。在硫酸的催化作用下，蔗糖发生水解反应，生成葡萄糖和果糖。

$$\underset{\text{蔗糖}}{C_{12}H_{22}O_{11}} + H_2O \xrightarrow{\text{催化剂}} \underset{\text{葡萄糖}}{C_6H_{12}O_6} + \underset{\text{果糖}}{C_6H_{12}O_6}$$

因此，蔗糖水解后能发生银镜反应，也能还原$Cu(OH)_2$。

（二）麦芽糖

麦芽糖的分子式是$C_{12}H_{22}O_{11}$。麦芽糖为白色晶体（常见的麦芽糖是糖膏），易溶于水，味甜。麦芽糖分子中含有醛基，因此有还原性。在硫酸等催化剂的作用下，麦芽糖发生水解反应，1mol麦芽糖可水解生成2mol葡萄糖。

$$\underset{\text{麦芽糖}}{C_{12}H_{22}O_{11}} + H_2O \xrightarrow{\text{催化剂}} \underset{\text{葡萄糖}}{2C_6H_{12}O_6}$$

麦芽糖可用作甜味食物。通常食用的饴糖（如高粱饴），其主要成分就是麦芽糖。

**视野拓展**

**糖果传奇——天然到人造的蜕变**

蜂蜜可能是人类吃到的最原始的“糖果”了，勤劳的蜜蜂则称得上是最早的生物制糖专家。在公元前1000多年的古埃及，人们则使用蜂蜜、无花果、椰枣等制造简单糖果。

中国和印度最早种植甘蔗，从而成为世界上最早开始制造砂糖的国家。最初，印度的制糖技术较先进，唐太宗还专门派人到印度学习熬糖的方法。宋、明以后，我国的糖果花样也越来越多，出现了芝麻糖、锤子糖、杨梅糖等诸多品种，可谓当时世界上品质最好的糖果。

糖果在西方得到大力发展是在近代。18世纪中期，德国人从甜菜中成功地提取了砂糖，使得制糖技术也顺应工业化的浪潮，在欧洲大批量生产，糖果也由此在西方空前繁荣。

今天，科技的发展让糖果的制造之路更加宽广。除了传统的糖，还有很多物质可以产生甜味，例如在口香糖中常见的木糖醇，而可口可乐的产品中几乎100%都使用了一种叫高果糖浆的甜味剂。科学家还从植物中提取出两种甜味蛋白，它们的甜度是蔗糖的10万倍，而且产生的甜味可以在口中保持几小时。糖果的神奇魔力足以使它成为我们味觉神经的主宰。

## 三、多糖

1mol多糖水解后可产生多摩尔单糖。多糖中最重要的是淀粉和纤维素，分子通式均为$(C_6H_{10}O_5)_n$，但其分子中所包含的单糖单元（$C_6H_{10}O_5$）的数目不同，即$n$值不同。不仅如此，它们的结构也不同。

（一）淀粉

淀粉主要存在于植物的种子或块根里，其中谷类含淀粉较多。例如，大米约含淀粉

80%，小麦约 70%，马铃薯约 20%。淀粉中含有几百到几千个单糖单元，也就是说，淀粉的相对分子质量很大，从几万到几十万，属于天然有机高分子化合物。

淀粉是白色、无气味、无味道的粉末状物质，不溶于冷水，在热水里淀粉颗粒会膨胀破裂，有一部分淀粉溶解，另一部分悬浮，形成胶状淀粉糊，这一过程称为糊化作用。糊化是淀粉食品加热烹制时的基本变化，即实际生活中常说的食物由生变熟。

通常淀粉不显还原性，但它在催化剂（如酸）和加热条件下可以逐步水解，生成一系列比淀粉分子小的化合物，最后生成还原性单糖——葡萄糖。

$$\underset{\text{淀粉}}{(C_6H_{10}O_5)_n} + nH_2O \xrightarrow{\text{催化剂}} \underset{\text{葡萄糖}}{nC_6H_{12}O_6}$$

**【实验 4】**在试管 1 和试管 2 中各放入 0. 5g 淀粉，在试管 1 中加入 4 mL 20%的 $H_2SO_4$ 溶液，在试管 2 中加入 4 mL 水，都加热 3 ~ 4 min。用碱液中和试管 1 中的 $H_2SO_4$ 溶液，把一部分液体倒入试管 3。在试管 2 和试管 3 中都加入碘溶液，观察是否呈现蓝色。在试管 1 中加入银氨溶液，稍加热后，观察试管内壁上有无银镜出现。

从上述实验可以看到，淀粉用酸催化可以发生水解，生成能发生银镜反应的葡萄糖。而未加酸的试管呈现蓝色，说明淀粉没有发生水解。

我们知道，淀粉是没有甜味的，但为什么在吃米饭或馒头时，多加咀嚼就会感到有甜味？因为淀粉在人体内也会进行水解。人在咀嚼米饭或馒头时，淀粉受唾液淀粉酶（一种蛋白质）的催化作用，开始水解，生成了一部分葡萄糖。淀粉在小肠里，在胰脏分泌出的淀粉酶的作用下，继续进行水解。生成的葡萄糖经过肠壁吸收进入血液，供人体组织的营养需要。

淀粉是食物的一种重要成分，是人体的重要能源。它也是一种工业原料，可以用来制造葡萄糖和酒精等。淀粉在淀粉酶的作用下，先转化为麦芽糖，再转化为葡萄糖。葡萄糖受到酒曲里各种酶的作用，转化为乙醇。其反应可以简略表示如下：

$$C_6H_{12}O_6 \xrightarrow{\text{催化剂}} 2C_2H_5OH + 2CO_2$$

### （二）纤维素

纤维素是构成植物细胞壁的基础物质，因此所有植物均含有纤维素。各种植物的纤维素含量多少不一，棉花是含纤维素很丰富的植物，其质量分数可达 95%，亚麻中含纤维素达 80%，木材的纤维素约占木材质量的 1/2。

纤维素是一种复杂的多糖，它的分子中大约含有几千个单糖单元，相对分子质量约为几十万至百万，因此它也是天然有机高分子化合物。纤维素跟淀粉结构不同，性质也有差异。

纤维素是白色、无气味、无味道具有纤维状结构的物质，不溶于水，也不溶于一般有机溶剂。与淀粉一样，纤维素也不显还原性，可以发生水解，但比淀粉困难，一般需要在浓酸或稀酸并加压的条件下才能进行。纤维素水解的最终产物也是葡萄糖。

纤维素分子是由众多单糖单元构成的，每一个单糖单元有 3 个醇羟基，因此纤维素具有醇的一些性质，如生成硝酸酯、乙酸酯等。

生活向导

### 纤维素的多种作用

纤维素的用途十分广泛。棉麻纤维大量用于纺织工业。其他一些富含纤维素的物质，如木材、稻草、麦秸、蔗渣等，可以用来造纸。除此之外，纤维素可以用来制造硝酸纤维素、乙酸纤维素和黏胶纤维等。

硝酸纤维素又称纤维素硝酸酯。工业上将酯化比较完全、含氮量高的硝酸纤维素称为火棉，把含氮量低的硝酸纤维素称为胶棉。火棉可用来制造无烟火药，作为枪弹的发射药。胶棉可用来制造赛璐璐（一种塑料）和油漆。乙酸纤维素又称纤维素乙酸酯，不易燃，可用于制造电影胶片的片基，也可作纺织工业原料。黏胶纤维是植物茎秆、棉绒等富含纤维素的物质，经过氢氧化钠和二硫化碳等处理后，得到的一种纤维状物质。黏胶纤维中的长纤维俗称人造丝，短纤维俗称人造棉，都可供纺织使用。

食物中的纤维素大多存在于蔬菜瓜果中，它们在人体消化过程中起“肠道清道夫”的作用。

## 练习实践

### 一、填空题

1．葡萄糖既能发生银镜反应，也能跟新制 $Cu(OH)_2$ 反应生成红色沉淀。这说明葡萄糖具有______的性质，分子里含______官能团。

2．在葡萄糖、蔗糖和麦芽糖中，不能发生银镜反应的是______；在硫酸的催化作用下，能发生水解反应的是______和______。

### 二、选择题

1．下列关于葡萄糖的说法中，错误的是（　　）。

A．葡萄糖的分子式是 $C_6H_{12}O_6$

B．葡萄糖是碳水化合物，因为它的分子是由 6 个 C 原子和 6 个 $H_2O$ 分子组成的

C．葡萄糖是一种多羟基醛，因而具有醛和多元醇的性质

D．葡萄糖是单糖

2．下列关于葡萄糖与蔗糖相比较的说法中，错误的是（　　）。

A．它们的分子式不同，蔗糖的分子式是 $C_{12}H_{22}O_{11}$

B．它们的分子结构不同，蔗糖分子不含醛基

C．它们不是同分异构体，但属于同系物

D．蔗糖能水解，葡萄糖不能

3．下列物质中，属于天然高分子化合物的是（　　）。

A．果糖　　B．蔗糖

C．淀粉　　D．麦芽糖

4．下列各组物质中互为同分异构体的是（　　）。

A．葡萄糖和蔗糖　　B．蔗糖和麦芽糖

C．淀粉和纤维素　　D．黏胶纤维和火棉

5．下列物质中属于还原性糖的是（　　）；能水解且最终产物为两种物质的是（　　）。

A．$C_6H_{12}O_6$（葡萄糖）　　B．$C_{12}H_{22}O_{11}$（蔗糖）

C．$(C_6H_{10}O_5)_n$（淀粉）　　D．$(C_6H_{10}O_5)_n$（纤维素）

6．下列关于淀粉和纤维素的叙述中，不正确的是（　　）。

A．它们的通式都是 $(C_6H_{10}O_5)_n$，是同分异构体

B．它们都是混合物

C．它们都可以水解，其最终产物都是葡萄糖

D．它们都是天然高分子化合物

## 三、问答题

1．吃米饭或馒头时，为什么多加咀嚼就会感到有甜味？

2．淀粉和纤维素分别有什么用途？

3．在以淀粉为原料生产葡萄糖的水解过程中，用什么方法来检验淀粉的水解是否完全？

4．没有成熟的苹果果肉遇碘显蓝色，成熟的苹果汁能还原银氨溶液，怎样解释这些现象？

## 四、综合题

运用本节所学内容，填写下表。

| 类别 | 名称 | 甜度 | 性质 | 人体作用 |
|---|---|---|---|---|
| 单糖 | | | | |
| 二糖 | | | | |
| 多糖 | | | | |

# 第二节　脂　　类

脂类是油、脂肪和类脂的总称。食物中的油脂主要是油和脂肪，一般将常温下是液态的称为油，常温下是固态的称为脂肪。脂肪所含的化学元素主要是 C、H、O。

脂肪是由甘油和脂肪酸组成的甘油三酯，其中甘油的分子结构比较简单，而脂肪酸的种类和结构却不尽相同。因此脂肪的性质和特点主要取决于脂肪酸，不同食物中脂肪所含有的脂肪酸种类和含量不同。自然界有 40 多种脂肪酸，因此可形成多种脂肪酸甘油三酯。脂肪酸分三大类：饱和脂肪酸、单不饱和脂肪酸、多不饱和脂肪酸。

脂肪能溶于多数有机溶剂，但不溶于水。

## 一、脂类的分类

脂类可分为两大类，即油脂和类脂。

### （一）油脂

油脂即甘油三酯或脂酰甘油，是油和脂肪的统称。一般常温下是液态的油脂的称为油，

常温下是固态的称为脂肪。它是由1分子甘油与3分子脂肪酸通过酯键相结合而成。

$$\begin{array}{l} R_1-COO-CH_2 \\ \qquad\qquad\quad | \\ R_2-COO-CH \\ \qquad\qquad\quad | \\ R_3-COO-CH_2 \end{array}$$

其中，$R_1$、$R_2$、$R_3$若相同则称为单甘油酯，$R_1$、$R_2$、$R_3$不同则称为混甘油酯。

油脂分布十分广泛，各种植物的种子、动物的组织和器官中都存在一定数量的油脂，特别是油料作物种子和动物皮下脂肪组织，油脂含量丰富。人体脂肪约占体重的10% ~ 20%，人体内脂肪酸的种类很多，具有多种形式。储存能量和供给能量是脂肪最重要的生理功能，当机体需要时，脂肪组织中储存的脂肪可分解供给机体能量。此外，脂肪组织还有保持体温、保护内脏器官的作用。

根据来源可将脂肪分为动物性脂肪和植物性脂肪。动物性脂肪又分为两大类，一类为水产动物脂肪，如鱼类、虾、海豹等，其中的脂肪酸大部分是不饱和脂肪酸，所以这一类脂肪的熔点低，且易消化；另一类是陆生动物脂肪，大部分含饱和脂肪酸和较少量的不饱和脂肪酸。乳类中脂肪除含有一般的饱和与不饱和脂肪酸外，经常还有大量短链脂肪酸，显然这些脂肪酸是适于婴儿发育需要的。植物性脂肪主要含不饱和脂肪酸，而且不饱和脂肪酸（亚油酸）含量很高，占脂肪总量的40% ~ 50%。但椰子油中的脂肪酸主要是饱和的。

### （二）类脂

类脂包括磷脂、糖脂和胆固醇及其酯三类。这三类类脂是生物膜的主要组成成分，构成疏水性的"屏障"，分隔细胞水溶性成分和细胞器，维持细胞正常的结构与功能。此外，胆固醇还是脂肪酸盐和维生素$D_3$以及类固醇激素合成的原料，对于调节机体脂类物质的吸收，尤其是脂溶性维生素（A、D、E、K）的吸收以及钙磷代谢等均起着重要作用。

## 二、脂类的性质

### （一）物理性质

(1) 水溶性。脂肪酸分子是由极性烃基和非极性烃基组成的。因此，它具有亲水性和疏水性两种不同的性质，即有的脂肪酸能溶于水，有的不能溶于水。

脂肪一般不溶于水，易溶于有机溶剂如乙醚、石油醚、三氯甲烷、二硫化碳、四氯化碳、苯等。由低级脂肪酸构成的脂肪能在水中溶解。脂肪的比重小于1，故浮于水面上，虽不溶于水，但经胆酸盐的作用变成微粒后，就可以和水混合形成乳状液，称为乳化作用。

(2) 熔点。饱和脂肪酸的熔点依其分子量而变动，分子量越大，其熔点越高。不饱和脂肪酸的双键越多，熔点越低。

### （二）化学性质

脂肪的熔点各不相同，所有的植物脂肪在室温下是液体，但几种热带植物油例外。例如棕榈果、椰子和可可豆的脂肪在室温下是固体。动物脂肪在室温下是固体，且熔点较高。

(1) 皂化：脂肪内脂肪酸和甘油结合的酯键容易被氢氧化钾或氢氧化钠水解，生成甘油和水溶性的肥皂。这种水解称为皂化作用。

(2) 加氢：脂肪分子中如果含有不饱和脂肪酸，其所含的双键可因加氢而变为饱和脂肪酸。含双键数目越多，则吸收的氢量也越多。

植物脂肪所含的不饱和脂肪酸比动物脂肪多，在常温下是液体。植物脂肪加氢后变为比较饱和的固体，其性质也和动物脂肪相似，人造黄油就是一种加氢的植物油。

(3) 氧化和酸败：脂肪分子中的不饱和脂肪酸可受空气中的氧或各种细菌、霉菌所产生的脂肪酶和过氧化物酶氧化，形成一种过氧化物，最终生成短链酸、醛和酮类化合物，这些物质能使脂肪散发刺激性的臭味，这种现象称为脂肪的酸败。

酸败过程能使脂肪的营养遭到破坏，脂肪的大部分或全部已变成有毒的过氧化物。长期食用变质的脂肪，机体会出现中毒现象，轻则会引起恶心、呕吐、腹痛、腹泻，重则使机体内一些酶系统受到损害，或引起癌变。因此，酸败过的脂肪或含油食品不宜食用。

视野拓展

### “地沟油”的科学利用

我国现在因“地沟油”（废弃食用油）问题引起人们种种不安。前不久，公安部门进行了历时半年的专项打击，破获了一起特大利用“地沟油”制售食用油案件。有媒体报道，我国每年有 200 ~ 300 万吨“地沟油”回流百姓餐桌。

日本人因有吃油炸食品的习惯，每年从餐饮业、食品加工企业及家庭厨房中产生大量的废弃食用油。据日本全国油脂事业协同组合联合会统计，仅 2008 年，日本共消费 237 万吨食用油，产生约 45 万吨废弃食用油，其中 30 ~ 35 万吨来自餐饮业、食品加工企业，约 10 万吨源于一般家庭。日本人没有随意把废食用油倾倒至下水道的习惯。他们让几乎所有废弃食用油都能做到既环保又资源化的回收处理，为此值得我们借鉴与学习。日本的废弃食用油再生循环如图 7-1 所示。

图 7-1　日本废弃食用油的再生循环示意图

生活向导

**厨房油烟对人体的危害**

工业废气、机动车尾气和餐饮业油烟，被视为造成大气污染的三大“杀手”。

餐饮业在食品加工过程中产生的大量高浓度油烟，排放后长时间游离在城市上空，直接威胁着周围居民的健康。专家认为，高温状态下的油烟凝聚物具有强烈的致癌、致突变作用。我国的饮食文化讲究煎、炒、烹、炸，而这些烹调方式均会产生大量油烟。油烟随空气侵入人体呼吸道，进而引起疾病，医学上称为油烟综合症。得了这种综合症的人常出现食欲减退、心烦、精神不振、嗜睡、疲乏无力等症状。虽然食量减少，体重却在不知不觉增长，这也是一些厨师体胖腰粗的原因之一。

厨房污染来源主要有两方面：一是煤、煤气、液化气等常用炊火中释放出的一氧化碳、二氧化碳、二氧化硫、氮氧化物等有害气体；二是烹饪菜肴时产生的油烟，其中含有一种称为苯并芘的致癌物，长期吸入这种有害物质可诱发肺脏组织癌变。此外，露天烧烤正成为影响城市居民环境质量和生活质量的另一重要污染源。

防范措施有：①炒菜时，不必让油加热至冒烟才将菜下锅，油温越高，油烟越多，对人体的危害就越大；②使用精制食用油可以减少污染；③少做油炸、油煎的食物；④烹调时要同时使用排气扇或抽油烟机。

## 练习实践

### 一、选择题

1．东北虎主要分布于我国长白山、小兴安岭等地，华南虎主要分布于我国长江流域以南的地区。根据所学知识判断，东北虎为了与其生存环境相适应，与华南虎相比，(　　)的含量所占比例明显较高。

A. 脂肪　　B. 糖原　　C. 蛋白质　　D. 核酸

2．下列有关脂肪的叙述中，其化学组成上区别于糖类的主要特点是（　　）。

A. 主要由 C、H、O 三种元素组成　　B. 分子中 C、H 原子所占比例特别高

C. 分子中 O 的数量比 C、H 多　　D. 脂肪有减少热量散失的作用

3．下列脂肪酸中属于人体必需的脂肪酸是（　　）。

A. 软脂酸　　B. 硬脂酸　　C. 油酸　　D. 亚油酸

### 二、综合题

分小组合作探讨油脂对人体的利与弊。

## 第三节　蛋　白　质

蛋白质广泛存在于生物体内，是组成细胞的基础物质。动物的肌肉、皮肤、血液、乳汁以及毛发、蹄、角等都是由蛋白质构成的。蛋白质是构成人体的物质基础，约占人体除水分外剩余质量的一半。许多植物（如大豆、花生、小麦、稻谷）的种子里也含有丰富的蛋白

质。一切重要的生命现象和生理机能都与蛋白质密切相关，如在生物新陈代谢中起催化作用的酶、起调节作用的激素、运输氧气的血红蛋白，以及引起疾病的细菌、病毒、抵抗疾病的抗体等都是蛋白质。所以说，蛋白质是生命的基础，没有蛋白质就没有生命。

## 一、蛋白质的组成

蛋白质是一类非常复杂的化合物，由C、H、O、N、S等元素组成。蛋白质的相对分子质量很大，从几万到几千万。例如，烟草斑纹病毒的核蛋白的相对分子质量就超过两千万。因此，蛋白质属于天然有机高分子化合物。蛋白质的元素组成如表7-1所示。

**表7-1　蛋白质的组成**

| 组成元素 | C | H | O | N | S | P、Fe、Mg、I等 |
|---|---|---|---|---|---|---|
| 质量分数 | 53% | 7% | 23% | 16% | 1% | 微量 |

蛋白质在酸、碱或酶的作用下能发生水解，水解的最终产物是氨基酸。由于氨基和羧基都在α-C上，故称为α-氨基酸。氨基酸是蛋白质的基石。

$$H_3N^+—\underset{\underset{H}{|}}{\overset{\overset{R}{|}}{C^n}}—COO^-$$

以下是几种氨基酸的结构简式：

甘氨酸 $\underset{\underset{NH_2}{|}}{CH_2}—COOH$

丙氨酸 $CH_3—\underset{\underset{NH_2}{|}}{CH}—COOH$

谷氨酸 $HOOC—(CH_2)_2—\underset{\underset{NH_2}{|}}{CH}—COOH$

由于氨基酸的种类很多，组成蛋白质的氨基酸的数量和排列又各不相同，所以蛋白质的结构很复杂。研究蛋白质的结构和组成，进一步探索生命现象，是生命科学研究中的重要课题。1965年，我国科学家在世界上第一次用人工方法合成了具有生命活力的蛋白质——结晶牛胰岛素，对蛋白质的研究做出了重要贡献。

蛋白质中的氨基酸成分与动物的营养有很大关系。某些氨基酸在人体（或其他脊椎动物）中不能合成或合成速度远不适应机体的需要，必须由食物蛋白供给，这些氨基酸称为必需氨基酸。有些氨基酸，如精氨酸与组氨酸在动物体内虽能合成，但合成量很少，不能满足正常机体生长和需要，故也属于必需氨基酸。当食物中缺乏以上氨基酸时，就会影响动物的生长和发育。对成人来说，这类氨基酸有8种，包括赖氨酸、甲硫氨酸（俗称蛋氨酸）、亮氨酸、异亮氨酸、苏氨酸、缬氨酸、色氨酸和苯丙氨酸。对婴儿来说，精氨酸、组氨酸也是必需氨基酸。非必需氨基酸是指人（或其他脊椎动物）能由简单的前体合成，不需要从食物中获得的氨基酸。例如甘氨酸、丙氨酸等。

## 二、蛋白质的性质

有的蛋白质能溶于水，如鸡蛋清，有的难溶于水，如丝、毛等。蛋白质除了能水解为氨基酸外，还具有如下的性质。

### （一）两性

蛋白质是由 α-氨基酸通过肽键构成的高分子化合物，蛋白质分子中存在氨基和羧基，氨基酸在结晶形态或在水溶液中，能离解成两性离子。其中，氨基是以质子化（$—NH^{3+}$）形式存在，羧基是以离解状态（$—COO^-$）存在。因此与氨基酸相似，蛋白质是两性物质。

### （二）水解

蛋白质在酸、碱或酶的作用下可发生水解反应，可分解为多肽，最后得到多种 α-氨基酸。

### （三）盐析

**【实验 5】**在盛有鸡蛋清溶液的试管中，缓慢地加入饱和 $(NH_4)_2SO_4$ 或 $Na_2SO_4$ 溶液，观察沉淀的析出。然后把少量带有沉淀的液体加入盛有蒸馏水的试管中，观察沉淀是否溶解，如图 7-2 所示。

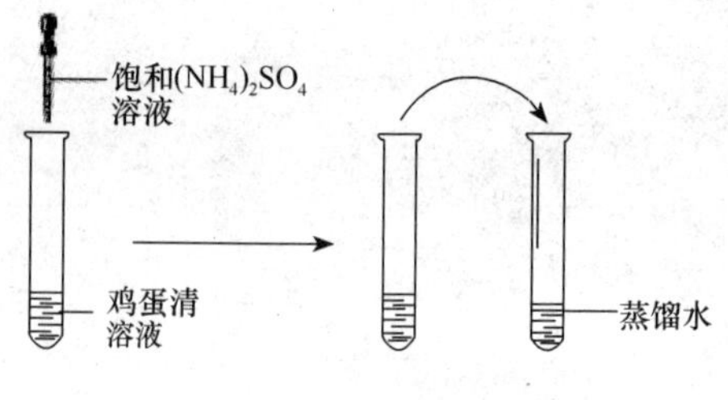

图 7-2　蛋白质的盐析

向鸡蛋清溶液中加入某些浓的无机盐（如 $(NH_4)_2SO_4$、$Na_2SO_4$ 等）溶液后，可以使蛋白质凝聚从溶液中析出，这种作用称为盐析。析出的蛋白质仍可以溶解在水中，且不影响原来蛋白质的性质。因此，盐析是一个可逆的过程。利用这个性质，可以采用多次盐析的方法分离、提纯蛋白质。

### （四）变性

**【实验 6】**在两个试管中各加入 3mL 鸡蛋清溶液，给一个试管加热，同时向另一个试管中加入少量乙酸铅溶液，观察发生的现象。把凝结的蛋白和生成的沉淀分别放入两个盛有清水的试管中，观察是否溶解（见图 7-3）。

实验说明，蛋白质受热达到一定温度时就会凝结，这种凝结是不可逆的，这种变化称为变性。除加热以外，在紫外线、X 射线，强酸、强碱，铅、铜、汞等重金属的盐类，以及一些有机化合物（如甲醛、酒精、苯甲酸）等作用下，均能使蛋白质变性，蛋白质变性后，不仅丧失了原有的可溶性，同时也失去了生理活性。

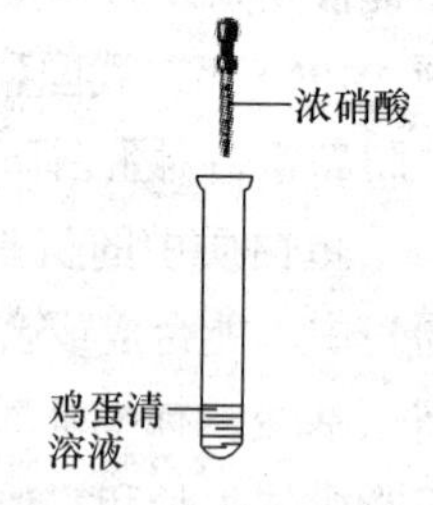

图 7-3　蛋白质的变性

讨论：

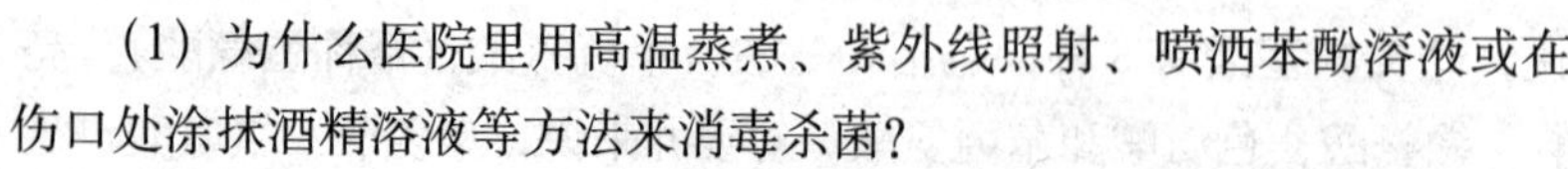

（1）为什么医院里用高温蒸煮、紫外线照射、喷洒苯酚溶液或在伤口处涂抹酒精溶液等方法来消毒杀菌？

（2）为什么生物实验室用甲醛溶液（福尔马林）保存动物标本？

（3）为什么在农业上用波尔多液（由硫酸铜、生石灰和水制成）来消灭病虫害？

生活向导

## 豆浆怎样变成豆腐脑

豆浆、豆腐脑，菜肴中的砂锅豆腐、麻婆豆腐，豆制品中的豆腐丝、豆腐干……豆制品花样繁多，在日常生活中广受欢迎。

大豆起源于中国，古称“菽”。培育大豆在我国已有四五千年的历史了。小小的豆类含有丰富的蛋白质。每100g黄豆含蛋白质约36g，在各种食物中遥遥领先。但是，炒黄豆和油炸黄豆不容易消化，能够被身体吸收的养分连一半都不到。煮黄豆的吸收率也只有65.5%。豆浆和豆腐比较好消化，其中85%～95%的蛋白质能被身体吸收。

豆腐是怎样做成的呢？把黄豆浸在水里，泡胀变软后，在磨盘里磨成豆浆，再滤去豆渣，煮开。这时，黄豆里的蛋白质颗粒被簇拥着不停运动，形成了胶体溶液。要使其变成豆腐，必须点卤。点卤用盐卤或石膏，盐卤的主要含量是氯化镁，石膏的主要含量是硫酸钙，他们能使分散的蛋白质颗粒很快聚集到一块儿，形成白花花的豆腐脑。再挤出水分，豆腐脑就变成了豆腐。在做豆浆时，其实就是在重复豆腐的制作过程。若想喝甜豆浆，向豆浆中加一勺糖，豆浆没有什么变化。若想喝咸豆浆，向豆浆中加点酱油或盐，即可看到碗里出现了白花花的豆腐脑。酱油里有盐，盐和盐卤性质相近，也能破坏豆浆的胶体状态，使蛋白质凝聚。

豆浆、豆腐脑、豆腐、豆腐干都含有豆类蛋白质，区别是水分的多少。牛奶和豆浆相似，也是胶体溶液。在新鲜的牛奶里，酪素（蛋白质包裹着奶油），在水里分散开来，不停地运动着。所以，牛奶总是均匀的乳白色液体。让牛奶发酵，做成酸牛奶，酪素就聚集起来，凝结成块，就像豆腐脑。

## 怎样解救重金属盐类中毒

当人误食重金属盐类时，可以喝大量牛奶、蛋清或豆浆解毒。原因是上述食品中含有较多的蛋白质，可以与重金属盐类形成不溶于水的化合物，这样可以减轻重金属盐类对胃肠黏膜的危害，起到缓解毒性的作用。

### （五）颜色反应

**【实验7】** 在盛有2 mL鸡蛋清溶液的试管中，滴入几滴浓硝酸，微热，观察现象。

从上述实验中可以看到，鸡蛋清溶液遇浓硝酸颜色变黄。蛋白质可以与许多试剂发生特殊的颜色反应。某些蛋白质跟浓硝酸作用会产生黄色。

此外，蛋白质被灼烧时，会产生具有烧焦羽毛的气味。可以用此法检验蛋白质。

视野拓展

## 三聚氰胺为何是“奶粉事件”的元凶

三聚氰胺的分子式为 $C_3H_6N_6$ 。白色单斜晶体，是一种有机含氮杂环化合物，学名1,3,5-三嗪－2,4,6-三氨基，简称三胺、密胺或氰尿酰胺，是一种重要的化工原料，主要用途是与醛缩合，生成三聚氰胺-甲醛树脂，用来生产塑料。它还可以用来制作胶水和阻燃剂，在部分亚洲国家，也被用来

三聚氰胺

**视野拓展**

制造化肥。此外，三聚氰胺也用作合成药物的中间体。

食品工业中常常需要检查蛋白质含量，但是直接测量蛋白质含量的技术比较复杂，业界常常使用一种称为凯氏定氮法的方法，通过食品中氮原子的含量来间接推算蛋白质的含量。食品中氮原子含量越高，蛋白质的含量就越高。

三聚氰胺的最大的特点是含氮量很高（66%），加之其生产工艺简单、成本很低，给掺假、造假者极大地利益驱动，有人估算在植物蛋白粉和饲料中使蛋白质增加1%，用三聚氰胺的花费只有真实蛋白原料的1/5。三聚氰胺是白色结晶粉末，没有气味和味道，掺杂后不易被发现。长期或反复大量摄入三聚氰胺可能对肾与膀胱产生影响，导致产生结石。

三聚氰胺最早被国内造假者用在家畜饲料生产中，仪器检测得出氮原子很多，推算得到蛋白质含量也很高，生产者就省下昂贵的蛋白质原料开支了。三聚氰胺虽然有毒，但是牛、羊体积都比较大，肾功能强，能顺利代谢毒素，没有太大影响。

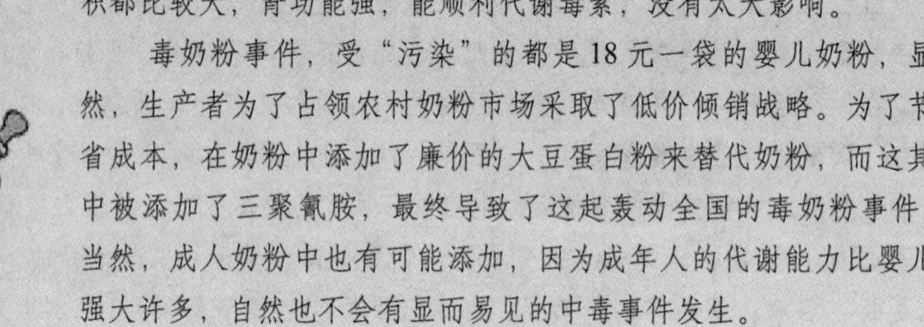

毒奶粉事件，受“污染”的都是18元一袋的婴儿奶粉，显然，生产者为了占领农村奶粉市场采取了低价倾销战略。为了节省成本，在奶粉中添加了廉价的大豆蛋白粉来替代奶粉，而这其中被添加了三聚氰胺，最终导致了这起轰动全国的毒奶粉事件。当然，成人奶粉中也有可能添加，因为成年人的代谢能力比婴儿强大许多，自然也不会有显而易见的中毒事件发生。

## 三、蛋白质的用途

蛋白质是人类必需的营养物质，成年人每天要摄取60 ~ 80g蛋白质，才能满足生理需要，保证身体健康。

人类从食物中摄取的蛋白质，在胃液中的胃蛋白酶和胰液中的胰蛋白酶作用下，经过水解生成氨基酸。氨基酸被人体吸收后，重新结合成人体所需的各种蛋白质。人体内各种组织的蛋白质也在不断地分解，最后主要生成尿素，排出体外。

蛋白质不仅是重要的营养物质，在工业上也有广泛的用途。动物的毛及蚕丝的成分都是蛋白质，它们是重要的纺织原料。动物的皮经过药剂鞣制后，其中所含的蛋白质就变成不溶于水、不易腐烂的物质，可以加工成柔软坚韧的皮革。

动物胶是用动物的骨骼、皮和蹄等经过熬煮提取的蛋白质，可用作胶黏剂。无色透明的动物胶称为白明胶，可用来制造胶卷和感光纸。阿胶就是用驴皮熬制的，是一种药材。

**视野拓展**

**鸡蛋——最环保的蛋白质食品**

据瑞典《每日新闻》4月11日报道，瑞典研究人员发现在富含蛋白质的食品中，鸡蛋是生产过程能耗最少、最环保的蛋白质食品。

瑞典食品与生物技术研究所的研究人员对鸡蛋、猪肉和牛肉等富含蛋白质的食品进行了从饲料生产到喂养完成整个食物链的全方位跟踪研究。结果发现，生产1kg鸡蛋排放的温室气体为

**视野拓展**

1600g，能源消耗为 8.2MJ；生产 1kg 猪肉排放的温室气体为 4300g，能源消耗为 22.6 MJ；生产 1kg 牛肉排放的温室气体为 13400g，能源消耗高达 37.2 MJ。一只重量不足 1.5kg 的蛋鸡在其 1 年半的短暂生命中能够产下大约 350 枚鸡蛋，重量是 20kg 左右，喂养时间短、产量高使鸡蛋成为能耗最少和最环保的蛋白质食品。然而，肉牛的生长周期却要长得多。虽然鸡蛋的蛋白质含量为 12.6%，牛肉的蛋白质含量为 21%，但在全球气候变化严重和环境日益恶化的今天，鸡蛋是人们补充蛋白质的首选食品，因为与其他富含蛋白质的食品相比，鸡蛋的生产能耗最少，也最环保。

## 练习实践

### 一、选择题

1．下列物质中不含蛋白质的是（　　）。

A．虾　　B．豆腐　　C．血液　　D．矿泉水

2．下列对蛋白质的认识不正确的是（　　）。

A．蛋白质是构成人体细胞的基础物质

B．人的头发主要成分是蛋白质

C．蛋白质能被人的小肠直接吸收

D．如果人体摄入的蛋白质不足，会引起发育迟缓、体重减轻、贫血等

3．区别以下各组物质的方法错误的是（　　）。

A．刻划法区别有机玻璃和普通无色玻璃　　B．燃烧法区别棉线和羊毛线

C．用酚酞试液区别稀盐酸和氯化钠溶液　　D．用肥皂水区别软水和硬水

4．区别毛织品和棉布的方法是（　　）。

A．用盐酸浸泡　　B．用水浸泡　　C．用火灼烧　　D．闻气味

5．蛋白质遇到（　　）不会发生化学变化（变性）。

A．甲醛　　B．重金属盐　　C．生理盐水　　D．浓硝酸

6．我国科学家于 1965 年 9 月在世界上第一次人工合成了具有生命活力的蛋白质——结晶牛胰岛素，它的原料应该是（　　）。

A．葡萄糖　　B．氨基酸　　C．维生素　　D．油脂

### 二、简答题

1．什么是蛋白质的胶凝作用？它的化学本质是什么？

2．试述蛋白质变性及其影响因素，举例说明食品加工过程中怎样利用蛋白质的变性。

## 第四节　维　生　素

维生素是参与生物生长发育和代谢所必需的一类微量有机物质。它们是生物体所需要的微量营养成分，但一般又无法自己生产，需要通过饮食等手段获得。维生素不会像糖类、蛋

白质及脂肪那样产生能量，组成细胞，但是它对生物体的新陈代谢起调节作用。缺乏维生素会导致严重的健康问题。目前的研究表明，人类至少需要13种维生素。

## 一、维生素的分类

通用的维生素分类一般是依据维生素的溶解性进行的。根据维生素的水溶性与脂溶性的差别，可以将维生素划分为两大类，即水溶性维生素和脂溶性维生素。其中，水溶性维生素包括维生素 $B_1$、维生素 $B_2$、烟酸、维生素 $B_6$、泛酸、维生素 H、叶酸、维生素 $B_{12}$、维生素 C 等；脂溶性维生素包括有维生素 A、维生素 D、维生素 E、维生素 K 等。

## 二、维生素的性质

由于化学结构的重大差别，所以很难概括所有维生素的通性。这里，针对部分维生素的共性，主要介绍一些与维生素稳定性和保护有关的物理和化学性质。

### （一）溶解性

维生素的溶解性分为两类，即水溶解性和脂溶解性。

一般来说，具有水溶解性的维生素，即水溶性维生素，容易通过扩散和渗透作用从食品中浸析出来。因此，在冲洗和加工食品时，应注意到维生素的损失过程。相对来讲，通过水溶解损失的脂溶性维生素很少。脂溶性维生素容易溶解于油脂中，因此，在食品烹调加工过程中，加入食用油脂将有利于机体对脂溶性维生素的吸收。

### （二）不稳定性

一部分维生素具有受热发生化学变化的特性。由于热不稳定性的影响，这一部分维生素在较高的温度下，如热烹调操作、加热保存食品等，将被破坏。一般氧气和酸碱度可以加快这种损失速度。具有这种特性的维生素主要有维生素 A、维生素 K、维生素 $B_1$、维生素 $B_2$、泛酸、叶酸、维生素 C。在食品的储存温度比较高时，热不稳定性也会造成维生素较大的损失，所以在日常的饮食生活中，人们应该尽量摄入新鲜蔬菜瓜果。

各种常见维生素的性质与来源如表7-2所示。

**表7-2 常见维生素一览表**

| 分类 | 名 称 | 简 介 | 来 源 |
|---|---|---|---|
| 水溶性维生素 | 硫胺素（维生素 $B_1$） | 生物体内通常以硫胺焦磷酸盐（TPP）的形式存在 | 酵母、谷物、肝脏、大豆、肉类 |
| | 核黄素（维生素 $B_2$） | 也被称为维生素 G | 酵母、肝脏、蔬菜、蛋类 |
| | 烟酸（维生素 $B_5$） | 也被称为维生素 P、维生素 PP、包括尼克酸（烟酸）和尼克酰胺（烟酰胺）两种物质，均属于吡啶衍生物 | 菸硷酸、尼古丁酸、酵母、谷物、肝脏、米糠 |
| | 吡哆醇类（维生素 $B_6$） | 包括吡哆醇、吡哆醛及吡哆胺 | 酵母、谷物、肝脏、蛋类、乳制品 |
| | 氰钴胺素（维生素 $B_{12}$） | 也被称为氰钴胺或辅酶 $B_{12}$ | 肝脏、鱼肉、肉类、蛋类 |
| | 抗坏血酸（维生素 C） | 水溶性 | 新鲜蔬菜、水果 |

续表

| 分类 | 名　称 | 简　介 | 来　源 |
|---|---|---|---|
| 脂溶性维生素 | 抗干眼病维生素（维生素A） | 并不是单一的化合物，而是一系列视黄醇的衍生物 | 鱼肝油、绿色蔬菜 |
| | 钙化醇（维生素D） | 又称骨化醇、抗佝偻病维生素，主要包含维生素$D_2$（麦角钙化醇）和维生素$D_3$（胆钙化醇）。人体唯一可以少量合成维生素 | 鱼肝油、蛋黄、乳制品、酵母 |
| | 生育酚（维生素E） | 主要有α、β、γ、δ4种，又称抗衰老维生素 | 鸡蛋、肝脏、鱼类、植物油 |
| | 萘醌类（维生素K） | 是一系列萘醌的衍生物的统称，主要包含天然的来自植物的维生素$K_1$、来自动物的维生素$K_2$以及人工合成的维生素$K_3$和维生素$K_4$。又称凝血维生素 | 菠菜、苜蓿、白菜、肝脏 |

主要维生素的缺乏症有如下几种。

维生素A：夜盲症，角膜干燥症，皮肤干燥，脱屑。

维生素$B_1$：神经炎，脚气病，食欲不振，消化不良，生长迟缓。

维生素$B_2$：口腔溃疡，皮炎，口角炎，舌炎，唇裂症，角膜炎等。

维生素$B_{12}$：巨幼红细胞性贫血。

维生素C：坏血病，抵抗力下降。

维生素D：佝偻病，骨质疏松症。

维生素E：不育，流产，肌肉性萎缩等。

**生活向导**

### 烹调加工方法对蔬菜中维生素C的影响

不合理的烹调方法，可能会损失蔬菜中全部的维生素，虽然吃了菜，却得不到营养素，仍可能患营养缺乏病。所以，要想保持蔬菜的维生素，就要注意合理烹调。

（1）炖菜：维生素C的损失率为8.1％～33.5％，平均为23.6％，炖菜时间的长短不同，其损失情况也不同，10min损失率为0.4％～45.2％，30min损失率显著升高，可达66.9％。

（2）煮菜：维生素C的损失率为15.3%～19%，煮熟后未损失的维生素C有50%左右在菜汤中，如果只吃菜不喝汤，则损失率在60%以上。煮菜后挤出菜汁，其维生素C损失最大，可达83.3%。

（3）炒菜：青菜切成段，用油炒5～10min，维生素C的损失率为36%；小白菜用油炒11～13min，损失率为31%；菠菜切成段，用油炒9～10min，损失率为16%；番茄去皮切成块，用油炒3～4min，损失率仅6%；辣椒切成丝，用油炒1.5min，损失率为22%；卷心菜切成丝，用油炒11～14min，损失率为32%。以上情况说明炒菜的时间越长，蔬菜中维生素C的损失也越多，只有番茄例外，番茄是酸性食物，且含抗坏血酸氧化酶较少，能使维生素C较稳定且不易被破坏。一般炒菜只要大火快炒，维生素C的损失率可以控制在10%～30%。

（4）有时菜烧好后不及时吃，存放20～60min，与下锅前相比，维生素C损失率达75%。

（5）菜烧好后不及时吃，又怕变坏，使先冷藏起来，到要吃时再回锅加热。这样维生素C也会损失，损失率可达熟菜的17%。

建议做烩菜或汤时，加淀粉勾芡，其优点有2个，①使菜或汤稠糊；②淀粉中含有谷胱甘肽，谷胱甘肽结构中的硫氢基（—SH）具有还原性，在烹调过程中，硫氢基会很快被氧化，使维生素C不被氧化或减少被氧化的量，从而保护了维生素C。肉类也含有硫氢基，与蔬菜一同烹调时，对蔬菜中的维生素同样起保护作用。

## 练习实践

### 一、选择题

1．下列说法正确的是（　　）。

A．维生素是由生命体产生的，分子结构复杂，人工不可能合成

B．喜欢吃的食品多吃，不喜欢吃的食品不吃，不会影响身体健康

C．食用凉拌蔬菜，有利于获得较多的维生素 C

D．维生素不是营养品，故缺少维生素不会引起营养不良

2．青菜中一般不含有（　　）。

A．水　　B．纤维素　　C．维生素　　D．蛋白质

### 二、填空题

1．维生素 C（$C_6H_8O_6$）能促进人体生长发育，增强人体对疾病的抵抗力。求：(1) 维生素 C 的相对分子质量为__________；(2) 维生素 C 中碳、氢、氧三种元素质量比为__________。

2．β-胡萝卜素（$C_{40}H_{56}$）是一种天然的植物色素，它广泛存在于黄绿色蔬菜和水果中，一定条件下在人体内能够转化为维生素 A（$C_{20}H_{30}O$）。

(1) 从物质组成的角度，2 个维生素 A 分子可以看作比 1 个 β-胡萝卜素分子多__________个水分子；维生素 A 中碳、氢、氧元素的质量比为__________。

(2) 黄色胡萝卜中富含 β-胡萝卜素，当胡萝卜佐以食用油烹调后，人体对 β-胡萝卜素的吸收效率达 95%；而生吃胡萝卜吸收 β-胡萝卜素的效率仅为 25%。这说明 β-胡萝卜素具有易溶于__________的性质。

## 归纳小结

### 一、各种糖类的比较

各种糖类的比较如表 7-3 所示。

**表 7-3　各种糖类的比较**

| 类别 | | 结构特征 | 主要性质 | 主要用途 |
|---|---|---|---|---|
| 单糖 | 葡萄糖（$C_6H_{12}O_6$） | 多羟基醛 | 白色晶体，溶于水，有甜味；既有氧化性，又有还原性，还可发生酯化反应，并经发酵生成乙醇 | 营养物质 |
| | 果糖（$C_6H_{12}O_6$） | 多羟基酮 | 白色晶体或粉末，熔点为 103 ~ 105℃（分解），果糖是最甜的单糖，是多羟基酮。它具有醇、酮的化学性质 | 制作食品 |
| 双糖 | 蔗糖（$C_{12}H_{22}O_{11}$） | 无醛基 | 无色晶体，易溶于水，有甜味；无还原性，能水解生成葡萄糖和果糖 | 制作食品 |
| | 麦芽糖（$C_{12}H_{22}O_{11}$） | 有醛基，蔗糖的同分异构体 | 白色晶体，溶于水，有甜味；能发生银镜反应，能水解生成葡萄糖 | 制作食品 |

续表

| 类别 | | 结构特征 | 主要性质 | 主要用途 |
|---|---|---|---|---|
| 多糖 | 淀粉 $(C_6H_{10}O_5)_n$ | 由葡萄糖单元构成的天然高分子化合物 | 白色粉末，不溶于冷水，部分溶于热水；无还原性，能水解，最终生成葡萄糖，遇碘变蓝色 | 制作葡萄糖、乙醇等 |
| | 纤维素 $(C_6H_{10}O_5)_n$ | | 无色、无味固体，不溶于水及有机溶剂；无还原性，能水解生成葡萄糖，并能发生酯化反应 | 造纸、炸药、人造纤维 |

## 二、脂类

(1) 脂类是油、脂肪、类脂的总称。

(2) 脂肪是甘油和三分子脂肪酸合成的甘油三酯。

① 中性脂肪：即甘油三酯。

② 类脂包括磷脂：卵磷脂、脑磷脂、肌醇磷脂。

## 三、蛋白质

### 1．组成

蛋白质是由C、H、O、N、S等元素组成的，是由多种氨基酸通过分子间缩合脱水形成的结构复杂的天然高分子化合物。

氨基酸分子中既含氨基（$—NH_2$）又含羧基（—COOH），既能与酸反应生成盐，又能与碱反应生成盐，是两性化合物。

### 2．性质

①水解生成多种氨基酸；②盐析；③变性；④颜色反应：某些蛋白质遇浓硝酸变黄；⑤灼烧有烧焦的羽毛味；⑥水溶液是胶体。

### 3．用途

①营养物质；②工业原料；③酶的成分。

## 四、维生素

(1) 水溶性维生素：B族、维生素$B_1$、维生素$B_2$、维生素$B_3$、维生素PP、维生素$B_6$、维生素$B_{12}$、维生素C。

(2) 脂溶性维生素：维生素A、维生素D、维生素E、维生素K。

# 专业模块

# 第八章

# 菜点风味化学

食品的风味是食品功能属性的主要组成部分，是构成食品美感的最重要因素。它是由气味和滋味组成的、带给人嗅觉和味觉等方面的一个错综复杂的综合感受，它对食品的感官功能属性、食品的可接受性以及人们的生活质量方面具有举足轻重的作用。风味化学的研究在最近20多年中发展很快，本章主要从风味概念、分子结构、风味前体物以及烹饪加工的风味变化等几个方面介绍菜点风味化学及其研究的部分内容。

## 第一节　风味的概念

各种食物都有其独特的风味，并且不能用一种食物的风味来完全替代另一种食物的风味。风味是指食品入口前后对人体的视觉、味觉、嗅觉和触觉等器官的刺激引起的综合印象，是指口味与气味的综合。

### 一、食物的风味概念

风味是一种感觉现象，“风”指的是挥发性物质，一般引起嗅觉反应；“味”指的是水溶性或油溶性物质，在口腔中引起味觉的反应。因此狭义上讲，食品风味就是食品中的风味物质刺激人的嗅觉和味觉器官产生的短时的、综合的生理感觉，如图8-1所示。它是指食物入口后，给予口腔的触感、温感、味感及嗅感这4种感觉的综合，是人对某一种食物的综合印象。其中触感和温感属于物理范畴，而味感和嗅感属于化学范畴，具体分类如表8-1所示。平时谈到某种食物的风味时，主要指的是属于化学范畴的食物的味感和嗅感。嗅觉俗称气味，是各种挥发成分对鼻腔神经细胞产生的刺激作用，通常有香、腥、臭等分别。味觉俗称滋味，是食物在口腔内对味觉器官产生的刺激作用，味的分类相对简单，有酸、甜、苦、咸是四种基本味，另外还有涩、辛辣、热和清凉等。

**表8-1　食品的感官反应分类**

| 感官反应 | 分类 |
| --- | --- |
| 味觉：甜、苦、酸、咸、辣、鲜、涩等 | 化学感觉 |
| 嗅觉：香、臭、腥等 | |
| 触觉：软、硬、黏、热、凉、长、短 | 物理感觉 |
| 温感：冷、热、温、烫 | |
| 运动感觉：滑、干 | |
| 视觉：色、形状、 | 心理感觉 |
| 听觉：声音 | |

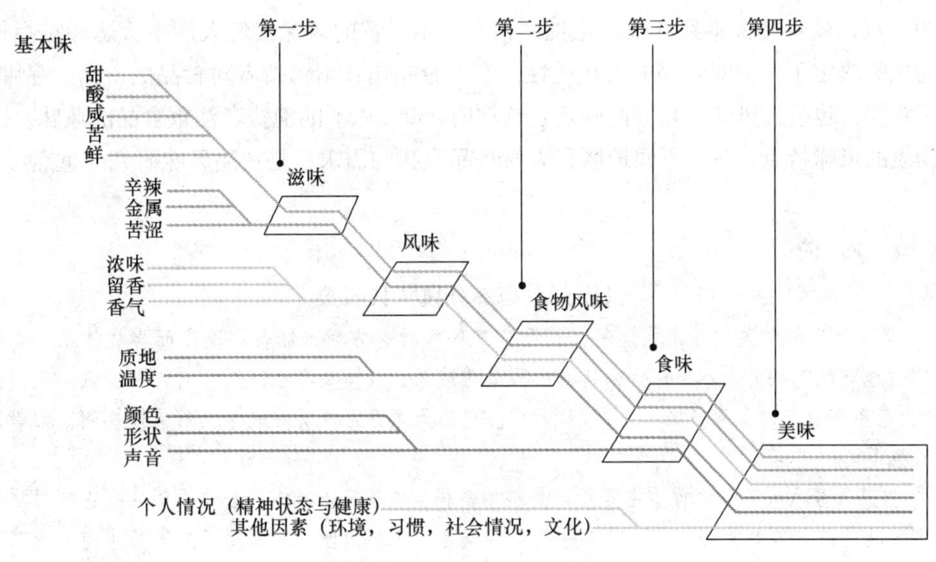


图 8-1　食物风味示意图

## 二、风味物质的特点

风味物质是指能够改善口感，赋予食品特征风味的化合物，它们具有以下特点。

（1）食品风味物质由多种不同类别的化合物组成，通常根据味感与嗅感特点分类，如酸味物质、香味物质。但是同类风味物质不一定有相同的结构特点，如酸味物质具有相同的结构特点，但香味物质的结构差异很大。

（2）除少数几种味感物质作用浓度较高以外，大多风味物质作用浓度都很低。很多嗅感物质的作用浓度在 $10^{-6}$、$10^{-9}$、$10^{-12}$ 数量级。虽然浓度很小，但对人的食欲产生极大作用。

（3）很多能产生嗅觉的物质易挥发、易热解、易与其他物质发生作用，因而在食品加工中，即便是工艺过程很微小的差别，都将导致食品风味很大的变化。食品贮藏期的长短对食品风味也有显著的影响。

（4）食品的风味是由多种风味物质组合而成，如目前已分离鉴定茶叶中的香气成分达 500 多种；咖啡中的风味物质有 600 多种；白酒中的风味物质也有 300 多种。一般食品中风味物质越多，食品的风味越好。

评价一份食物的风味优劣，还包含了各种心理作用的结果。这些心理因素带有强烈的个人的、地区的、民族的特殊倾向，它们往往会对食物的风味评价产生一定的影响，从而得出不同的风味感觉。

个人倾向：偏甜、偏咸、偏酸、偏烂、偏脆等。

地区倾向：淮扬菜偏清淡、川菜偏麻辣、山西地区爱吃醋、山东地区喜欢吃葱和蒜等。

民族倾向：回族人不吃猪肉、藏族人不吃狗肉等。

## 三、研究食品风味的重要性

人对某种食品风味的可接受性是一种生理适应性的表现，长期适应了的风味，不管是苦、甜、辣人们都能接受，如很多人喜欢苦瓜的苦味和啤酒的苦味。食品的风味与人的习惯口味相一致，就可使人感到舒服和愉悦；相反，不习惯的风味会使人产生厌恶和抗拒情绪。食品的风味决定了人们对食品的可接受性。有调查指出：请消费者对食品的价格、品牌、便利性、营养、包装、风味等几方面确定首选项时，80% 以上的消费者注重食品的风味。因此，研究物质的风味特点，掌握不同地区和人对食品风味的需求，是食品风味研究的重点。

**生活向导**

### 汉族菜系与部分风味代表菜

菜系，也称帮菜，是指在选料、切配、烹饪等技艺方面，经长期演变而自成体系，具有鲜明的地方风味特色，并为社会公认的中国菜肴流派。我国菜肴在烹饪中有许多流派。我国的“八大菜系”有“川鲁粤淮扬，闽浙湘本帮”。前四大菜系形成历史较早，后来浙、闽、湘等地方菜也逐渐形成。

川菜位居八大菜系之首，主要特点是味型多样，在国际上享有“食在中国，味在四川”的美誉。其中最负盛名的菜肴或风味小吃有干烧桂鱼、鱼香肉丝、宫保鸡丁、粉蒸牛肉、麻婆豆腐、毛肚火锅、夫妻肺片、灯影牛肉、担担面、赖汤圆、龙抄手等。

而鲁菜也被不少人认为八大菜系之首，是宫廷最大菜系，以孔府风味为龙头。其中代表菜有翡翠虾环、烤牌子、黄河鲤鱼、一品豆腐等。

粤菜以广东风味为代表，主要体现在调料的卤汁独到，即“五滋六味”。粤菜注重质味，口味清淡，清中求鲜、淡中求美，有“食在广州”的美誉，代表品种有广州文昌鸡、龙虎斗、白灼虾、烤乳猪、香芋扣肉等。

淮扬菜是宫廷第二大菜系，现在国宴仍以江苏菜系为主。淮扬风味以清淡为主，主张体现原料材质本身的鲜甜美味，再配上精美造型与巧妙做工。重视调汤，讲究原汁原味；精于造型，瓜果雕刻栩栩如生。著名菜肴有清炖蟹粉狮子头、大煮干丝、三套鸭、水晶肴肉等。

## 练习实践

### 一、判断题

1．风味是指食品的气味和滋味。 (　　)

2．用羊肉汤煮鱼片比用清水味道更鲜，这是由味的增强现象引起的。 (　　)

3．由于酸味是溶液中的氢离子作用于舌黏膜而引起的一种刺激，因此，凡是在溶液中能解离出的氢离子的酸性化合物都有酸味。 (　　)

### 二、选择题

1．最能刺激味觉的温度是 (　　)。

A．0℃　　B. 60℃　　C. 30℃　　D. 10℃

2．下列物质味的敏感性最强的是（　　）。

A. 蔗糖　　B. 食盐　　C. 盐酸　　D. 奎宁

3．下列食品中，利用分解原理调味的是（　　）。

A. 酸菜　　B. 酸辣汤　　C. 火腿　　D. 果酱

## 三、简答题

1．食物风味概念及其包含的内容有哪些?

2．影响食物风味的因素有哪些?

3．试说明 pH 的变化与味精鲜味变化的关系。

# 第二节　菜 肴 的 色

烹饪中对成品的色泽有较高的要求，色、香、形等，是用餐者首先产生的感觉。烹饪中的色泽搭配和烹饪后色泽的变化是否符合要求是决定成品品质的重要因素。为了使食品的色泽搭配好，达到鲜艳或质朴素雅、和谐悦目的效果，就需要对赋予食品颜色的物质即色素有基本了解。

食品的色泽是构成食品感官质量的一个重要因素。食品的色泽能诱导人的食欲，红色的草莓、橙色的柑橘，紫色的葡萄、金黄的鸭梨，使人赏心悦目，刺激食欲。因此，保持或赋予食品良好的色泽是食品科学技术中的重要问题。

食品中的天然色素一般都对光、热、酸、碱等条件敏感，在加工、储存过程中常因以上条件褪色或变色，食品工业中广泛使用一些人工合成的色素为食品着色，因而，开发无害食用色素是非常重要的。

## 一、常见色素分类

食物中的天然色素按来源的不同可分为：植物色素（如叶绿素、胡萝卜素、花青素等)、动物色素（如血红素、类胡萝卜素等）和微生物色素（如红曲色素)。

若按溶解性可分为：脂溶性色素（如叶绿素和类胡萝卜素）及水溶性色素（如花青素)。

从化学结构类型可分为吡咯色素、多烯色素、酚类色素、吡啶色素、醌酮色素及其他类别的色素。

### （一）吡咯色素

吡咯类色素是以四个吡咯构成的大环（卟吩）为基础结构的天然色素，如动物中的血红素和植物中的叶绿素。

#### 1．血红素

血红素是铁和卟啉构成的化合物，可溶于水，分子式是 $C_{34}H_{32}FeN_4O_4$，结构式如下。

血液中的血红蛋白和肌肉中的肌红蛋白都是由亚铁血红素及球状蛋白质组成的。 肌红蛋白为暗红色，它易被氧化变为灰色或绿色。在腌肉中，若加入硝酸盐和亚硝酸盐，易生成

NO，与肌红蛋白反应而成为鲜红色的一氧化氮肌红蛋白，肉食加工中利用这一原理赋予肉制品鲜艳的红色，但亚硝酸盐和二级胺易于结合，生成致癌的亚硝胺，故国家对亚硝酸盐的加入量有严格控制，一般不多于 70mg/kg。

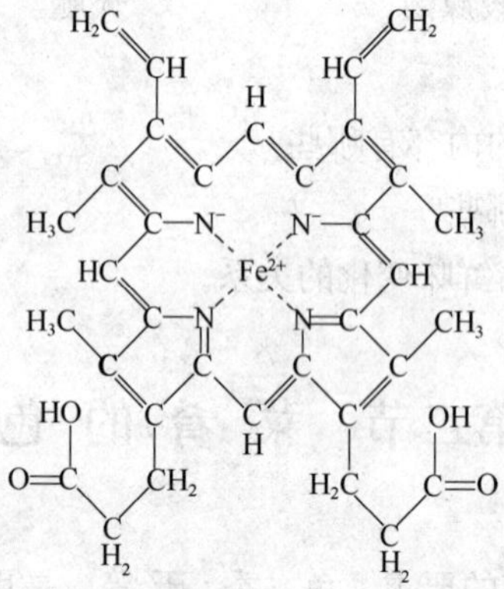

血红素

2．叶绿素

叶绿素是一切绿色植物绿色的来源，也是由四吡咯组成的卟吩化合物。与血红素的不同点在于：①侧基不同；②卟啉中的金属元素是 Mg。有 a（$C_{55}H_{72}O_5N_4Mg$）、b（$C_{55}H_{70}O_5N_4Mg$）两种叶绿素。

叶绿素 a 和脱镁叶绿素 a 均可溶于乙醇、乙醚、苯和丙酮等溶剂，不溶于水，而纯净叶绿素 a 和脱镁叶绿素 a 仅微溶于石油醚。叶绿素 b 和脱镁叶绿素 b 也易溶于乙醇、乙醚、丙酮和苯等溶剂，纯品几乎不溶于石油醚，也不溶于水。因此，极性溶剂如丙酮、甲醇、乙醇、乙酸乙酯、吡啶和二甲基甲酰胺能完全提取叶绿素。

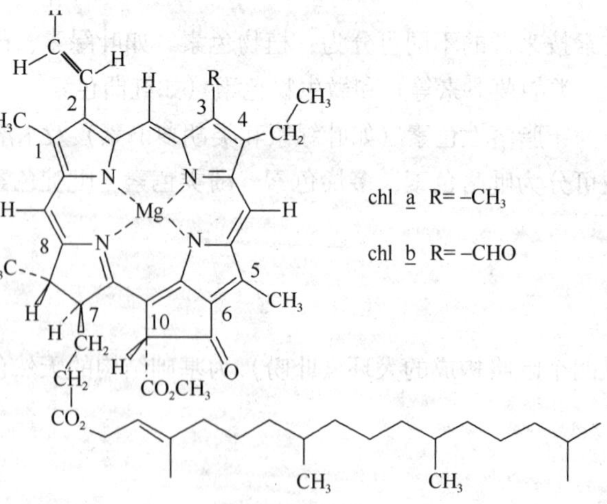

chl a R= $-CH_3$

chl b R= $-CHO$

叶绿素

对于蔬菜在热加工时如何保持绿色曾有大量研究，但没有一种方法真正获得成功。例如，若采用碱性钙盐或氢氧化镁使叶绿素分子中的镁离子不被氢原子置换的处理方法，虽然在加工产品后可以保持绿色，但经过贮藏后仍然变成褐色。在商业上，目前采用一种复杂的方法，采用含锌或铜盐的热烫液处理蔬菜加工罐头，可得到比传统方法色泽更绿的产品。若将叶绿素分子中的 Mg 以 Cu 取代，则可得到对光和热均比较稳定、色泽鲜亮的铜叶绿素，它在食品工业中常被用作色素添加剂。

### （二）多烯色素

多烯色素是以由异戊二烯为单元组成的共轭双键长链为基础的一类色素，其中最早发现的是胡萝卜素，因此这种色素又统称为类胡萝卜素。已知的类胡萝卜素已达 300 种，颜色分为黄、橙、红甚至紫色，按其结构与溶解性，可分为两类。

#### 1. 胡萝卜素

胡萝卜素属于共轭多烯，溶于石油醚，但仅微溶于甲醇、乙醇。

类胡萝卜素结构上的特点是有大量共轭双键，大多数天然类胡萝卜素都可以看作是番茄红素的衍生物。

番茄红素的一端或两端环构化，便形成了它的同分异构物 $\alpha$- 胡萝卜素、$\beta$- 胡萝卜素及 $\gamma$- 胡萝卜素。它们是类胡萝卜素中最常见的色素，存在于番茄、西瓜、杏、桃、辣椒、南瓜及柑橘等果蔬中。$\beta$- 胡萝卜素是维生素 A 的前体。$\beta$- 胡萝卜素的分子中心位置发生断裂可生成两分子维生素 A。

#### 2. 叶黄素

叶黄素是共轭多烯的含氧衍生物，溶于甲醇、乙醇及石油醚。食品中常见的叶黄素类色素，举例如下。

叶黄素：3，3′ - 二羟基 -$\alpha$- 胡萝卜素，广泛存在于绿叶中，结构式如下。

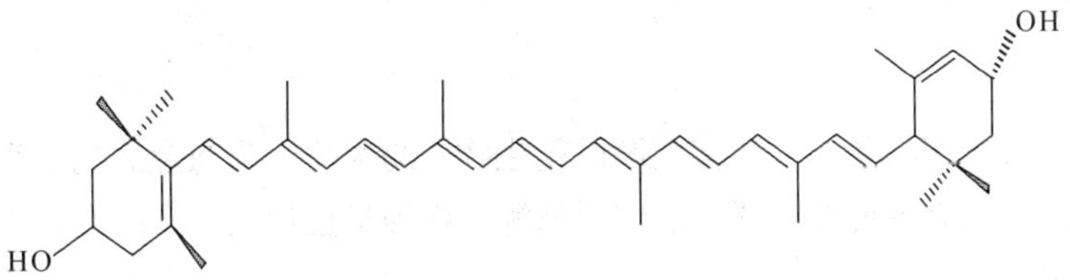

叶黄素($C_{40}H_{56}O_2$)

玉米黄素：3，3′ - 二羟基 -$\beta$- 胡萝卜素，存在于玉米、辣椒等中。

隐黄素：3- 羟基 -$\beta$- 胡萝卜素。

番茄黄素：3- 羟基番茄红素。

藏花素：存在于栀子属及藏花属植物花蕊中的红色色素。

类胡萝卜素耐 pH 变化，较耐热，在 Zn、Cu、Al、Fe、Sn 等金属条件下也不易被破坏，只有强氧化剂才使它褪色，大多数水果和蔬菜中的类胡萝卜素在一般加工和贮藏条件下是相对稳定的。冷冻几乎不改变类胡萝卜素的含量，热烫通常可以增加类胡萝卜素的含量，因为植物组织中的水溶性成分在热烫过程中减少或被除去，所以提高了色素的提取率。针对红薯采用的碱液去皮方法几乎不会引起类胡萝卜素的异构化。

类胡萝卜素是广泛用于油脂食品的色素，如人造黄油等，用环糊精可将类胡萝卜素溶于水，用于饮料、乳品糖浆等的着色，类胡萝卜素是食物中的正常成分，摄入过多对机体无损害，故用作添加剂不限制用量。

（三）酚类色素

酚类色素是植物中水溶性色素的主要成分，分为花青素、花黄素和鞣质，鞣质既可视为呈味（涩）物质，也可视为呈色物质，都是多元酚的衍生物。

1．花青素

花青素类的基本结构是α-苯基苯并吡喃。由于其取代基种类及取代基的位置不同，就形成了形形色色的花青素。水果和花卉的缤纷色彩就是由于它们的存在而形成的。

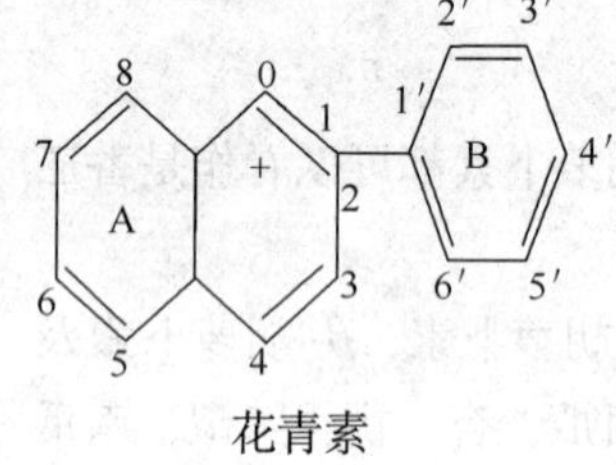

花青素

花青素在自然状态下以糖苷形式存在，它在氧及氧化剂存在下极不稳定，花青素的颜色会随 pH 而改变，此外还受 $K^+$、$Na^+$ 和其他金属离子的影响，因此含花青素的水果必须装在玻璃瓶中，铝对花青素的影响不如铁显著，因此水果、蔬菜加工中不能用铁器皿而应使用铝或不锈钢器皿。花青素对光和温度也极敏感，含花青素的食品在光照或稍高温度下会很快变成褐色。此外，$SO_2$ 也会使花青素褪色。

2．花黄素

花黄素颜色一般并不显著，常为浅黄色至无色，偶为鲜明橙黄色，它对食品感官性质的作用远不如其潜在的影响大。它的重要性在于其在加工条件下会因 pH 的改变和金属离子的存在而产生难看的颜色，影响食品的外观质量。

3．鞣质

植物鞣质又称单宁，是高分子多元酚的衍生物，易氧化，易与金属离子反应生成黑褐色物质，有涩味，是植物可食部分涩味的主要来源。作为呈色物质，鞣质在植物组织受损及加工过程中起作用。

（四）其他天然色素

除了上述几大类外，存在于食品中或添加于食品中的天然色素还有甜菜色素、红曲色素、胭脂虫色素、紫胶虫色素、紫草色素及姜黄色素等多种，其特性及一般情况如下。

(1) 甜菜色素为吡啶衍生物，它在大多数食物 pH 范围内（3.5 ~ 7）是稳定的，光照和氧气能促使其降解，已知大约有 70 多种甜菜色素，有红色色素及黄色色素之分。

(2) 紫草色素是一种萘醌衍生物，它在中性条件下为紫色，碱性条件下为蓝色，酸性条件下为紫红色。

(3) 胭脂虫色素属蒽醌类，是由胭脂虫体内提取的。它的耐热性、耐光性都很好，最适用于饮料类着色。这种色素可溶于水、乙醇、丙二醇，在油脂中不溶解，其颜色随 pH 改变而不同，在 pH < 4 时为黄色，4 < pH < 6 时为橙色，pH=6 时为红色，pH=8 时为紫色。

(4) 紫胶虫色素属蒽醌类，是从紫胶虫的分泌物紫胶中提取的，目前已知紫胶中含有 5 种蒽醌类色素，紫胶红色素蒽醌结构中的苯酚环上羟基对位取代不同，分别称为紫胶红色素 A、B、C、D、E，性质与胭脂红色素类似。

(5) 红曲色素是由红曲菌产生的色素，我国自古以来将其用于食品着色。目前已证实红曲色素为混合物，属于氧茚并化合物。红曲色素均不溶于水，但可溶于乙醇水溶液、乙醇和乙醚等溶剂，具有较强的耐光、耐热等优点，并且对一些化学物质如亚硫酸盐、抗坏血酸有较好的耐受性。但强氧化剂次氯酸钠易使其褪色。

(6) 姜黄色素是从多年生草本植物姜黄根基中提取的黄色色素，不溶于水，溶于醇或醚，遇碱变红，有特有的气味，耐还原性、染着性均强，但耐光性、耐热性及耐铁等金属离子性较差，用作咖喱粉等调料的着色。

(7) 焦糖色素是糖类化合物，例如蔗糖、糖浆等加热脱水生成的红褐色或黑褐色混合物，是我国传统使用的色素之一。我国已经明确规定加胺盐制成的焦糖色素因毒性问题不允许使用，非胺盐法生产的焦糖色素可用于罐头、糖果和饮料等。

(五) 合成色素

合成色素在食品工业中被广泛地使用。人工合成色素用于食品着色有很多优点，例如色彩鲜艳、着色力强、性质较稳定、结合牢固等，但由于一些色素有不同程度的毒性，所以世界各国对人工合成食用色素的品种、质量及用量等都有严格限制，截至 1998 年底，我国批准允许使用的合成色素有 21 种，其中使用较多的为下列品种。

(1) 苋菜红又名蓝光酸性红，化学名称为 1-(4′- 磺酸基 -1- 萘偶氮 ) -2- 萘酚 -3, 7- 二磺酸三钠盐。苋菜红属偶氮磺酸型水溶性红色色素，为红色颗粒或粉末状，无臭味，可溶于甘油及丙二醇，微溶于乙醇，不溶于脂类。0.01% 苋菜红水溶液呈红紫色。对光、热和盐类较稳定，且耐酸性很好，但在碱性条件下容易变为暗红色。近几年对苋菜红进行的毒性慢性试验发现，它对被测动物致癌致畸，因而其安全性问题产生了争议。我国卫生法规定苋菜红在食品中的最大允许用量为 50mg/kg（食品），主要限用于糖果、汽水和果子露等种类。

(2) 胭脂红的学名为 1-（4′- 磺酸基 -1- 萘偶氮）-2- 萘酚 -6, 8- 二磺酸三钠盐，是苋菜红的异构体。胭脂红为红色水溶性色素，难溶于乙醇，不溶于油脂，为红色至暗红色颗粒或粉末状物质，无臭味，对光和酸较稳定，但对高温和还原剂的耐受性很差，能被细菌分解，遇碱变成褐色，无致肿瘤作用。我国食品添加剂使用卫生标准规定胭脂红最大允许用量为 50mg/kg（食品）。主要用于饮料、配制酒、糖果等。

(3) 柠檬黄又名酒石黄肼，化学名称为 3- 羧基 -5- 羧基 -2-（对 - 磺苯基）-4-（对 - 磺苯基偶氮）- 邻氮茂的三钠盐。柠檬黄为水溶性色素，溶于甘油、丙二醇、稍溶于乙醇，不溶于油脂，对热、酸、光及盐均稳定，耐氧性差，遇碱变红色，还原时褪色。人体每日允许摄入量（ADI）小于 7.5mg/kg（体重），最大允许使用量为 100mg/kg（食品）。

(4) 靛蓝又名靛胭脂、酸性靛蓝或磺化靛蓝，其化学名称为 5, 5′ - 靛蓝素二磺酸二钠盐，是世界上使用最广泛的食用色素之一。靛蓝的水溶液为紫蓝色，水中溶解度较低，溶于甘油、丙二醇，稍溶于乙醇，不溶于油脂，对热、光、酸、碱、氧化作用均较敏感，耐盐性也较差，易被细菌分解，还原后褪色，但染着力好，常与其他色素配合使用以调色。口服色素在消化道中吸收很少。我国规定最大允许使用量为100mg/kg（食品）。

(5) 日落黄的化学名称为1-（4′-磺基-1′-苯偶氮）-2-苯酚-7-磺酸二钠盐，是橙黄色均匀粉末或颗粒。耐光、耐酸、耐热，易溶于水、甘油，微溶于乙醇，不溶于油脂。在酒石酸和柠檬酸中稳定，遇碱变红褐色。最大允许使用量为100mg/kg（食品），可用于饮料、配制酒、糖果等。

以上介绍色素中的四种性能比较如表8-2所示。

**表8-2　四种食用合成色素的性能比较**

| 名称 | 溶解度 | | | 坚牢度 | | | | | | | |
|---|---|---|---|---|---|---|---|---|---|---|---|
| | 水 | 乙醇 | 植物油 | 耐热性 | 耐酸性 | 耐碱性 | 耐氧化性 | 耐还原性 | 耐光性 | 耐食盐性 | 耐细菌性 |
| 苋菜红 | 17.2（21℃） | 极微 | 不 | 1.4 | 1.6 | 1.6 | 4.0 | 4.2 | 2.0 | 1.5 | 3.0 |
| 胭脂红 | 23（20℃） | 微 | 不 | 3.4 | 22.0 | 4.0 | 2.5 | 3.8 | 2.0 | 2.0 | 3.0 |
| 柠檬黄 | 11.8（21℃） | 微 | 不 | 1.0 | 1.0 | 1.2 | 3.4 | 2.6 | 1.3 | 1.6 | 2.0 |
| 靛蓝 | 1.1（21℃） | 不 | 不 | 3.0 | 2.6 | 3.6 | 5.0 | 3.7 | 2.5 | 34.0 | 4.0 |

注：“坚牢度”一栏中，1.0～2.0表示稳定；2.1～2.9为中等稳定；3.4～4.0为不稳定；4.0以上是极不稳定。

市场上常出现由于滥用色素带来某些食品比较严重的毒性问题，以致形成一种偏见，有些人完全排斥合成色素而使用天然色素。但应注意，并非所有天然色素都是无毒无害的，有些植物色素有一定的药物作用，在以异常量摄入时也会有危害。

## 二、各类色素的优缺点

### （一）天然色素的优缺点

优点：①人体的安全性较高；②有的天然色素既是一种色素，又是营养物质；③天然色素来源天然，能更好地模仿天然物的颜色，着色时的色调比较自然和谐。

缺点：①天然色素一般溶解性不太好；②天然色素中共存成分的存在有时会导致天然色素有某种异味，容易霉变和发臭；③随着天然色素存在环境中酸碱性的变化，有时容易使颜色发生变化；④染着性不如合成色素；⑤难以按一定比例调配形成新的色彩，因此只宜单独使用；⑥在调配颜色和烹饪加工过程中容易受外界因素的影响，使颜色变得不稳定。

### （二）合成色素的优缺点

优点：①合成色素的色泽鲜艳，无臭，无味；②合成色素容易溶解，溶液中的成分较单纯，进行调色和配色很方便；③着色力强，稳定性好；④成本低廉，容易保存。

缺点：①色素本身或食入体内后的代谢产物对人体健康有一定程度的影响和危害；②食用合成色素都是非营养物，只能作为单纯的色素使用；③用量较大时，使人觉得不舒适。

## 三、烹饪中色泽的变化

### （一）褐变作用引起的颜色变化

褐变主要发生在某些含酚类化合物的新鲜蔬菜水果中，常见的有藕、茄子、马铃薯、蘑菇、芦笋、荸荠、苹果、梨、香蕉、桃、荔枝等食物。在烹制这些物质的菜肴时，常用水浸泡、上浆挂糊、加热处理等方法防止褐变。

羰氨反应在烹饪中较常用，如炸制品和面点焙烤时利用该反应产生金黄色的色泽和浓郁的香味，使成品诱人食欲。但有些情况也应加以控制，例如奶制品易发生羰氨反应，在烹制奶汁时应注意用小火和添加少量水的方法控制反应温度和反应物浓度，以免产生色变而达不到预期效果。

糖在较高的温度下才能发生焦糖化反应，所以在要求糖为本色的成菜或面点中，火候不能太大，例如，挂霜菜要求色白如霜，熬糖时一定要注意清洁和小心，因为糖在较高温度下会进行焦糖化反应，同时，在发生焦糖化反应的过程中醛类物质作为中间产物由糖在高温下脱水分解产生，这时只要有一点氨基化合物和氧化性的杂质存在，就会发生羰氨反应和氧化反应，使糖色变暗。在烹饪过程中焦糖化反应和羰氨反应常常同时存在。

各类褐变反应在食品的加工贮存过程中并非单独进行，常常是多种褐变交叉进行。例如藕容易发生褐变现象，它主要是酚类物质引起的酶褐变，氨基酸与糖类物质间的羰氨反应，另外藕遇铁或用铁锅烹制马上呈紫黑色，这是由于藕中的单宁与高价铁生成了单宁酸铁。

### （二）油脂煎炸对菜肴色泽的影响

油炸食品的表层往往呈金黄色或黄褐色，这是由于高温油脂的导热情况下，食物中所含的羰基化合物（如糖类）与含氨基的化合物（如蛋白质、氨基酸）发生化学反应而变色。在油炸过程中，油脂中的一些脂溶性色素也有部分吸附在被炸食物的表面使其着色。

烹制绿色蔬菜时，锅内放入适量油脂并加热后，再放入蔬菜快速煸炒，以使蔬菜在短时内断生、烹熟，使得菜肴能保持新鲜的绿色，给人以一种清新光亮的感觉。

烹饪所用的油脂随着使用次数的增多或加热时间的增加，颜色会逐渐加深。用这种油脂煎炸食物时，虽然食物表面容易上色，但是食物的风味却不好。

### （三）其他因素引起的颜色变化

由于食品中某些色素的不稳定性，使食品在烹饪过程中发生色变；还有些物质在食品加工贮藏中的各种化学反应（如氧化反应、聚合反应）生成了有色物质使食品变色。

在烹调中要注意利用食物中的天然色素配菜，如某些蔬菜的绿色、藕的白色、西红柿和樱桃的红色、鸡蛋黄的黄色、海参和发菜的黑色等。但是食物中的天然色素能在各种因素的影响下发生色变，在烹饪过程中主要是受氧、水、光、金属、加热温度和时间、酸、碱等因素的影响而使食物变色。例如，叶绿素在加热过程中很容易失去镁生成褐色的脱镁叶绿素，也可在光的作用下裂解为无色物质，这是绿色蔬菜易失去绿色的主要原因。又如类胡萝卜素可在光和氧的作用下发生氧化裂解而失去颜色，单独使用天然类胡萝卜素着色剂时应注意到这一点。甲壳类动物中含有虾黄素，可与蛋白质结合为蓝青色的色素蛋白，当加热烹制后蛋白质变性，色素蛋白被破坏，虾黄素被氧化成虾红素，使蟹虾呈砖红色，烹饪中常利用这个色变来配成花色菜，如淮扬菜中的“鸳鸯海参”常以虾做花蕊。酚类色素也很易氧化、聚合形成黑褐色的聚合物，所以在烹饪过程中应注意各类色素的性质，以免褪色或变色，使成品达不到预期的效果。

食物中的某些物质发生的化学反应也易使食品在加工贮藏过程中发生颜色变化。如蛋白质可经细菌分解生成硫化氢。硫化氢能与肌红蛋白、血红素分别化合成绿色的色素，使肉、鱼在贮藏时出现绿色，还能与铁、铝、铜等很多金属生成硫化物沉淀，使食物带上不应有的颜色。含单宁类的食物遇铁反应生成紫黑色的单宁酸铁使食品变色，如西红柿与铁接触部分易变黑。

在烹饪中也使用着色剂染色，特别是面点和花色菜。不论使用天然色素还是食用合成色素，都应考虑到引起各类色素性质变化的因素和避免的方法，合理选择色素，力求做到调色恰当、合理，烹饪加工时颜色变化小，在理论和实践密切配合下，选择出最佳着色方法。

**观察思考**

1．举例说明食用色素在烹饪操作过程中的应用。

2．试述褐变对菜点加工过程的影响。

**食物的褐变**

食品在加工、储藏过程中，经常会发生变色现象，褐变就是一种最普遍的变色现象，在一些食品中，适当程度的褐变是有益的，如面包、糕点、咖啡等食品在焙烤过程中生成的焦黄色和由此而引起的香气等；而在另一些食品中，特别是水果和蔬菜，褐变是有害的，它不仅影响外观，还影响风味，并降低营养价值，而且往往是食品腐败、不堪食用的标志。

**专业向导**

**熬制糖色**

分别称两份各100g的绵白糖，按照烹调操作课中讲的工艺方法熬制糖色，注意其中一份在熬制时加少量的水，观察各自发生的现象，比较二者的区别。

## 练习实践

### 一、判断题

1．肉在冷藏过程中，冷藏温度越低，颜色变化越大。 (　　)

2．含有花黄素的果汁久储变褐，是由于花黄素的氧化引起的。 (　　)

3．含水的食品，含水量越高，褐变反应越快。 (　　)

4．在熬糖时，如果要求色白中霜，则要注意清洁和小火。 (　　)

## 二、选择题

1．叶绿素在（　　）环境中比较稳定。

A．酸性　　B. 光　　C. 热　　D. 弱碱

2．将下列问题前的序号填写在括号内，肉受热（　　）以下时，肉色比原来变浅；在（　　）时呈现浅红色；在（　　）以上时呈褐色；当温度达到（　　）时，肉就完全变成褐色了。

A. 75℃　　B. 70℃　　C. 65 ～ 70℃　　D. 60℃

3．在烹制奶汁时，往往要小火并加些水，是为了防止（　　）的发生。

A. 酶促褐变　　B. 焦糖化反应　　C. 羰氨反应　　D. 抗坏血酸反应

## 三、简答题

1．使用合成色素时应注意哪些问题？

2．绿色蔬菜采摘一段时间过后，为什么会由绿变黄？

# 第三节　菜 肴 的 香

菜点的香味是评判其质量好坏的一个重要标准。菜点中挥发出来的香气物质，经过鼻子刺激人的嗅觉神经，然后传至中枢神经而使人感到它的香气。美好的香气是令人愉快的，有助于增强人的食欲。香气物质必须满足两个条件，才能散发出气味：①具有挥发性；②含有一定的芳香基团。

芳香基团绝大部分是有机基团，这些芳香基团是：羟基 —OH、羧基 —COOH、醛基 —CHO、硝基 —$NO_2$、醚 R—O—R、酯 R—O—CO—R。

## 一、气味分类

根据描述 600 多种物质气味的词汇，将气味归纳为樟脑臭、刺激臭、醚臭、花香、薄荷香、麝香、恶臭（腐败臭）和甜香等 8 种“原臭”。不属于以上这 8 种“原臭”的任一种气味，则是由几种原臭同时刺激而产生的复合气味。

嗅觉是一种比味感更敏感、更复杂的感觉现象，据测量人从嗅到气味物质到产生感觉，仅需 0.2 ～ 0.3s。人们通常将产生令人喜爱感觉的挥发性物质称为香气，而产生令人厌恶感觉的挥发性物质称为臭气。

嗅感物质种类极多，初步估计有香气的物质约有 40 万种 。

## 二、嗅感阈值

嗅感阈值就是嗅觉器官感觉到气味时，嗅感物质的最低浓度。和呈味物质一样，不同的嗅感物质产生的气味不同，相同的气味嗅感强度也不同。

香气值也称为芳香值、香味强度或嗅感值。

嗅感物质浓度与其阈值的比值就是香气值，即香气值（FU）＝嗅感物质浓度 / 阈值。

若食品中某嗅感物质的香气值小于 1.0，说明这个食品中该嗅感物质没有嗅感，或者说嗅不到食品中该嗅感物质的气味。

香气值越大，说明越有可能成为该体系的特征嗅感物质。

## 三、影响嗅觉的因素

嗅觉的敏感性与人的生理因素、心理因素及某些外界因素有关，某些疾病或心情的好坏也能使嗅觉感受能力降低或升高。

人的嗅觉器官很灵敏，但是也很容易适应所感觉到的气味。所以有“入芝兰之室，久而不闻其香；入鲍鱼之肆，久而不闻其臭”。一般情况下，较平常的气味约 1 ～ 2min 就可适应，即使较为强烈的气味经过 10min 也能适应。

影响嗅觉的外界因素还与气味物质的浓度、环境的温度有关。

## 四、食物产生香气的主要途径

（1）原料自身形成，如萝卜、韭菜和黄瓜等。这些香气天然存在，不需加工。

（2）烹饪加工过程中，原料中的一些物质发生转化分解而产生，如肉香、鱼香、面包香等。

（3）通过微生物的作用而将香气前体转化分解产生，如豆腐乳、臭豆腐干、酱香等。

（4）运用香料使食物具有香气，如五香粉、蒜末等。 脂肪是香味物质最好的载体，因为绝大部分香味物质是亲脂性的。常用于食品工业的调味料中的主要风味化合物如表 8-3 所示。

**表 8-3 食品工业常见调味料中的主要风味化合物**

| 调味料 | 植物部分来源 | 主要风味化合物 |
|---|---|---|
| 甘椒 | 浆果、叶子 | 丁子香酚、$\beta$- 丁子香烯 |
| 茴香芹 | 果实 | （E）- 茴香脑、甲基萎叶酚 |
| 辣椒 | 果实 | 辣椒素、二氢辣椒素 |
| 贡蒿 | 果实 | *d*- 蒿萜酮、蒿萜酮衍生物 |
| 小豆蔻 | 果实 | $\alpha$- 萜乙酯、1,8- 桉树脑、沉香醇 |
| 肉桂、中国肉桂 | 皮、叶子 | 肉桂醛、丁香酚 |
| 丁香 | 花蕾 | 丁香酚、丁子香乙酯 |
| 芫荽 | 果实 | *d*- 沉香醇、C10-C142- 链烯缩醛 |
| 枯茗 | 果实 | 枯茗醛、*p*-1,3- 肉豆蔻二缩醛 |
| 小茴香 | 果实、叶子 | *d*- 香芹酚 |
| 茴香 | 茴香 | （E）- 茴香脑、小茴香酮 |
| 姜 | 根茎 | 橙花醛、萜醛、姜醇、生姜酚 |
| 肉豆蔻种衣 | 假种皮 | 桧烯、$\alpha$- 蒎烯、1- 萜 -4- 醇 |
| 芥子 | 种子 | 烯丙基异硫氰酸盐 |
| 肉豆蔻 | 种子 | 桧宁（sabinine）、$\alpha$- 蒎烯、肉豆蔻醚 |
| 荷兰芹 | 叶、种子 | 芹菜脑 |
| 辣椒 | 果实 | 胡椒碱、$\delta$-3- 蒈烯、$\beta$- 胡萝卜菲烯 |
| 番红花 | 眼点（柱头） | 藏红花醛 |
| 姜黄 | 根茎 | 姜黄酮、1,8- 桉树脂、姜烯 |
| 香草 | 果实、种子 | 香草醛、对 - 羟基苄甲醚 |

(5) 烹饪中的调香。从理化角度看，烹饪中的调香原理包括了挥发、吸附、渗透、溶解、扩散等几种作用。绝大多香味物质是亲脂性的，香味物质的挥发分子与脂肪结合就会被黏附。水也有这种性质，但较弱，且只能吸着亲水性的香味分子。由于油脂和水可以渗透，附着的香味物质也就跟着渗透了。浓度大的香味油质和香味水，可以扩散在整个汤汁中。

专 业 向 导

**菜品中的风味酶**

风味酶的发现是食品生物化学中的一项成就，利用提取的风味酶可以再生、强化以至改变食品的香气。从何种原料提取的风味酶就可以产生该原料特有的香气。例如用从洋葱中提取的风味酶处理干制的甘蓝，得到的是洋葱的气味而不是甘蓝的气味。风味酶实际是酶的复合体，而不是单一酶。

## 五、常见食物的香气

一般食物的香气有的是自身具备，有的是在烹制过程中发生复杂的质变，发出诱人的香气。

### （一）植物类食物的香气

#### 1. 蔬菜类

各种蔬菜都略有清香，它们的香气主要是一些含硫化合物，即蔬菜里所含的香味前体，在风味酶的作用下，能转化为挥发性香味物质。如芦笋的挥发性香味是二甲基硫醚、1,2- 二噻茂烷等。真菌类蔬菜（如蘑菇）挥发性成分多于 20 种，其中有强烈香味感的是 1- 辛烯 -3- 醇。

#### 2. 水果

水果的香气成分主要为有机酸酯和萜类化合物。近年来已析出的葡萄的香气成分多达 78 种，草莓有 150 种以上。

许多受欢迎的新鲜水果和饮料中都有柑橘风味。萜烯、醛、酯、乙醇和已鉴定的不同柑橘提取物中大量挥发性物质是形成柑橘风味最主要的成分。但是柑橘类水果中具有特征效应的化合物却相对较少，在一些主要柑橘类水果中起重要作用的风味成分如表 8-4 所示。橘子和橙子的风味很宜人，但极易变味。虽然其他风味物质大量存在，但含量相对较少的萜烯和醛却是形成这些风味所必需的化合物。橘子和橙子中均有 $\alpha$-、$\beta$- 二甲基亚甲基十二碳三烯醛，其中 $\alpha$- 二甲基亚甲基十二碳三烯醛是橙子呈现成熟橘子风味最重要的风味物质。葡萄柚中含有诺卡酮和 1- 对 - 薄荷烯 -8- 硫醇两种特征风味物，后者是影响柑橘风味的含硫化合物之一，诺卡酮已广泛用于葡萄柚风味的人工合成。

柠檬风味是大量重要成分共同作用产生的，尤其是几种萜烯醚的作用。香蕉和苹果的成熟风味大多是由氨基酸挥发物引起的。在许多果实中，虽然萜烯的浓度低，但它对柑橘果实和许多调味料及草本植物的香味有着很大作用。

表 8-4 柑橘风味中起重要作用的挥发性化合物

| 橙 子 | 橘 子 | 葡 萄 柚 | 柠 檬 |
|---|---|---|---|
| 乙醛 | 乙醛 | 乙醛 | 乙醛 |
| 辛醛 | 辛醛 | 癸醛 | 香叶醛 |
| 壬醛 | 癸醛 | 乙酸乙酯 | $\beta$- 蒎烯 |
| 柠檬醛 | $\alpha$- 甜橙醛 | 丁酸甲酯 | 牛儿萜醇 |
| 丁酸乙酯 | $\gamma$- 萜品烯 | 丁酸乙酯 | 乙酸－牛儿酯 |
| $d$- 柠烯 | β- 蒎烯 | $d$- 柠烯 | 乙酸橙花酯 |
| $\alpha$- 蒎烯 | 麝香草酚 | 诺卡酮 | 香柠檬烯 |
|  | 甲基 -N- 氨茴酸甲酯 | 1- 对 - 薄荷烯 -8- 硫醇 | 丁子香烯 |
|  |  |  | 香芹乙醚 |
|  |  |  | 小茴香乙醚 |
|  |  |  | 表茉莉酮酸甲酯 |

3．蕈类

食用蕈类的种类很多，以风味鲜美和富含蛋白质及多种维生素而受到人们的喜爱，蘑菇的挥发性成分已鉴定出 20 多种，其中呈强烈蘑菇香的主成分为辛烯 -1- 醇。而香菇中的为香菇精。香菇经火烤或晒干后会发出香菇精的异香，这种特殊的香气具有强烈的诱惑魅力，是酒席上高级菜肴的佐料。

（二）动物类食物的香气

1．鱼和海产品

鱼臭的主成分为三甲基胺 $(CH_3)_3N$ 及尸胺 $NH_2(CH_2)_5NH_2$。三甲胺分解产生的甲醛容易使蛋白质发生交联，因而使冷藏的鱼肌肉变硬。二甲基硫化物可为熟蛤肉和牡蛎提供极好的特征香味。

2．牛乳

牛乳的香气成分主要为丙酮、乙醛、二甲硫醚及低级脂肪酸等，鲜乳在过度加热煮沸时常产生一种难闻的臭味，其中含甲酸、乙酸及丙酮酸等，牛乳在日光下放置会产生所谓的日光臭，这主要是蛋氨酸的降解产物所致。

3．乳制品

新鲜黄油中的香气成分有挥发性脂肪酸、异戊醛、二乙酰、3- 羟基丁酮等。丁二酮和乙醛的混合物为发酵奶油和乳酪提供大部分特征香味。

4．肉类

肉类在烧烤时产生的香气有 200 多种，其中有醇、醛、酮、酸、酯、醚、呋喃、吡咯、内酯、碳水化合物、苯系化合物（硫醇、硫酸酯、噻吩、噻唑）、含氮化合物（氨、胺、吡嗪）等。在这些成分中，没有任何一种成分具有特征性的肉香味。显然，肉香味是这许多种成分综合作用的结果。这些肉香味主要是糖和氨基酸反应生成的各种挥发性物质，此外，也与油脂分解和含硫化合物热分解的生成物有关。

用于食品烟熏产生的特殊香味源于木质素在高温热解时，生成了许多酚类化合物。

### （三）其他食品的香气

#### 1．发酵食品

利用酵母及乳酸菌等微生物，可在发酵制品中产生浓郁的香味。

#### 2．嗜好性食品

巧克力和可可粉的风味已受到人们的极大关注。烘烤可可豆时，生成许多吡嗪和其他杂环化合物。咖啡的香气以愈疮木酚、N- 甲基吡咯为主。茶叶的香气有法尼醇、苯甲醇、牻牛儿醇、水杨酸甲酯及己烯醛等。

### （四）热处理方式与香气的形成

#### 1．焙烤与香气

温度较高、时间较长，为大量的嗅感物质产生创造了有利条件。

#### 2．蒸煮与香气

肉、禽、鱼等动物性食物通过热反应能产生大量浓郁的香气。受热常使蔬菜、谷类原有的香气部分损失，新嗅感物生成较少。对水果、乳品等食品则常常造成原有香气挥发损失，而热反应生成的新嗅感物质极少。对于一些有清淡香气或易挥发较浓香气的果蔬等食物，长时间蒸煮会造成原有风味的严重损失。

#### 3．油炸与香气

油炸已成为当前熟制食品和生成芳香风味的重要手段。油炸食品的诱人香气非常刺激食欲。油炸食品的各种羰化物是气味的重要成分，其中对特征风味贡献最大的组分是 2,4- 癸二烯醛，它被认定是油脂热分解出的特有香气。用芝麻油油炸的食品带有芝麻酚香，用椰子油油炸的食品带有甜感的椰香；而色拉油无特征香气，故为油炸常用油。

**观察思考**

1．五香牛肉的香气是如何形成的？
2．面包的香气是如何形成的？

专业向导

## 菜肴香气的产生

作为菜肴属性之一的香气，常被作为衡量一道菜肴好坏的标准之一。一道品质上乘的菜肴均有其特有的香气，在某种意义上说，其魅力可能优于色和形。

平常人们习惯将菜肴的香气称为香味。其实，香和味是两个有着本质区别的概念。香，属于气味，气味物质一般都具有挥发性和沸点低的特性。它依靠的是人的嗅觉器官，而味则是呈味物质通过味蕾所引起的感觉，依靠的是味觉。呈味物质不一定要有挥发性，但必须具有水溶性，否则就品尝不出其味道。

菜肴香气的主要来源主要有两方面。一方面来源于烹饪原料自身的味，烹饪原料中含有的香气成分非常复杂，科学实验表明不少于十万多种。新鲜的蔬果大多具有浓郁的清香味，而鳞茎类、辛辣类、蔬菜具有浓郁的香辛气味。各种动物性原料在没有加热前，几乎闻不到香气，而均有其特有的异味。“水居者腥、肉攫者臊、草食者膻”这些原料中均含有成分不同而且复杂多样的香气前体，只有经过加热后才会产生各种香气。还有各种动、植物油特有的脂香味；各式调味料特有的香气；各种香料的香气等等。另一方面来源于烹调加工过程中产生的系列香味。大多数烹饪原料在没有加热前香气都较清淡，一经烹调加工便会香气四溢，诱人食欲。加热产生香气的原理主要是由于羰氨反应产生的众多香气；油脂的水解、氧化、分解生酚类，低级脂肪酸物质；糖的焦化反应能生成醛、醇、酮等物质，肽、核酸、氨基酸及含氮化合物的分解与氧化反应产生的香气等。

为使菜肴增香，在制作过程中（包括加热前、加热中、加热后）往往采取诸多不同的调香方法，使之达到一定的要求，成为人们愿意接受的菜肴香气。首先，常用的是加热增香法，借助热量的作用促使烹饪原料主料的香气大量挥发，并与配料、调料的香味交融形成浓郁香气，如在烹制动物性或某些植物性菜肴之前的炝锅，制作泥茸菜时加入以葱姜浸泡的葱姜水进行加热后便会产生香味。其次是抑制异味调香法。烹饪中的异味，是指原料中本身固有的，或是因腐败变质，加工不当所产生的各种气味，如腥、膻、臊、臭、苦、焦糊味。通常采用洗涤、焯水、初加工（除去腥臊部位，如猪腰的腰臊部位，鲤鱼的鱼筋等）、过油等方法消除异味；还可采用浓香的各类调料加以掩盖、中和和消除，以压抑异味。再次是密封增香法，这也是一种在烹制菜肴时被广泛应用的一种增香方法，它是建立在加热增香法基础上的一种辅助手段，在菜肴制作时，由于呈香物质具有挥发性。为了尽量减少其挥发程度，常采用封闭的方法对原料进行加热，从而使菜肴在上桌时获得较浓的香气，如各种风味的瓦罐煨、竹筒烤制菜、泥烤菜、纸包菜等都是采用了封闭调香的方法。还有利用具有特殊香气的樟木、枣木、苹果木、茶叶等对菜肴进行增香，以达到特殊风味的效果，如熏烤。

## 练习实践

### 一、判断题

1．气味物质的浓度越高，人对其感受能力越强。（　　）

2．气味清淡的蔬菜最好与浓郁的畜肉拼配以达到味的平衡。（　　）

3．海鱼的腥味比淡水鱼浓，活鱼的腥味比死鱼淡。（　　）

4．用铜制或铁制容器盛饭，会加速氧化臭味的形成。（　　）

## 二、选择题

1．下列香气形成的途径，属于生物合成的是（　　）。

A. 大葱香气的形成　　B. 香蕉香气的形成

C. 红茶香气的形成　　D. 面包香气的形成

2．下列香味物质阈值最小的是（　　）。

A. 甲醇　　B. 水杨酸甲脂　　C. 乙酸乙酯　　D. 乙基硫醇

## 三、简答题

1．举例说明烹饪中异味的来源有哪些？

2．烹饪中常用的调香方法有哪些，试举例说明。

# 第四节　菜 肴 的 味

每一种食物都有其特有的风味。风味是一种感觉现象。一般舌尖对甜味最敏感，舌两侧对酸味敏感，舌尖到舌两侧的区域对咸味敏感，舌根对苦味较敏感。从看到食品到食品进入口腔所引起的感觉就是味觉。它包括心理味觉（形状、色泽和光泽等）；物理味觉（软硬度、黏度、冷热、嚼感及口感）；化学味觉（酸、甜、苦及咸等）。

食品中的化学成分作用于味觉的感受器所引起的感觉称为化学味觉。

食品的味是多种多样的，但都是由于食品中可溶性成分溶于唾液或食品的溶液刺激舌表面的味蕾，再经过味觉神经达到大脑的味觉中枢，经过大脑的分析，才能产生味觉。

味感有甜、酸、咸、苦、鲜、涩、碱、凉、辣及金属味等十种，其中酸、甜、苦、辣和咸为基本的味觉。

物质结构与其味感有内在的联系。一般说来，化学上的“酸”是酸味的，化学上的“盐”是咸味的，化学上的“糖”是甜味的，生物碱及重金属盐是苦味的，物质分子结构上的变化，如引入取代基，取代基位置及立体位置不同，都可使味感发生极大变化。

## 一、呈味时间

一切呈味物质都必须是水溶性的。当食物中的这些呈味物质溶解于水或唾液后，通过舌头味蕾上的味孔进入味蕾，并刺激味觉神经时，就会使人对食物产生味觉。

呈味物质从入口到产生味觉的过程较为复杂，但产生味觉所需要的时间极短，一般以 ms 为单位。产生不同味觉的口感时间：甜味为 0.446s，酸味为 0.536s，咸味为 0.307s，苦味为 1.082s。

## 二、影响味觉的因素

食品的美味以味觉感度为基础，味觉感度与食品温度密切相关。饮食中最佳温度是指人在品尝食物时感到最舒服的温度，而不是人的味感达到最灵敏时的温度。

### （一）温度对味觉的影响

食物的温度对产生味感时最能刺激味觉神经的温度在 10 ～ 40℃，其中又以 30℃时为最敏感。低温导致感觉麻痹，高温引起感觉迟钝。在低温（0℃）和常温（25℃）这两种不同的食物温度时，人对产生酸、甜、咸、苦四种基本味感和阈值上，是有着明显差异的。

（二）年龄对味觉的影响

舌头上味蕾数目的多少与年龄的高低有着一定的关系，而一个人味蕾数目的多少又能反映出他对味觉敏感程度的强弱。随着人年龄的增长，人的味觉敏感程度有普遍下降的趋势，严重时甚至对于咸味都没有正确的感觉，或者容易把咸味和酸味错误等同。一个20岁成年人的味蕾和嗅觉神经细胞数量至少是一个75岁老年人的两倍。因此，对于专门为老年人所烹调的菜肴一定要注意两点：①味道要偏重，弥补味觉不足；②菜肴的质地要酥烂，蒸煮时要投其所好。

（三）性别对味觉的影响

不同性别的人群对味觉的反应也有一定的差异。一般来讲，女性在甜味和咸味的感觉上比男性要敏感些；而男性在酸味的感觉上比女性要更敏感些。对于苦味，感觉基本趋于一致。

（四）季节对调味的影响

秋、冬两季，由于气温寒冷，人的食欲旺盛，口味偏重；而春、夏两季，由于天气炎热，人的食欲有所减弱，对菜肴的口味喜欢清淡。

（五）食物色彩对味觉的影响

色彩是构成食品感官性状的要素之一，往往给人以味道的联想。虽然食物色彩不直接对人产生味觉，但却间接影响人的味觉，是一种心理味觉。

红色可以使人解馋，黄色可以止渴，绿色则使人清凉。更细微的感受是，粉红颜色的酒比淡红色、深红色、白色、棕色酒的感觉更甜，咖啡颜色的深浅差异会使人感觉苦味的差异较大，颜色浅的红烧肥肉比颜色深的肥肉更有油腻感觉。

（六）调味品的溶解速度对味觉的影响

调味品的颗粒大小对产生味觉时间的快慢有影响，对味觉维持的时间也有影响。比如蔗糖较容易溶解，味觉的产生和消失都较快；较难溶解的糖精与此相反，味觉产生较慢，维持的时间也较长。

（七）食物颗粒度对味觉的影响

细腻度越大食物颗粒越小，越有利于呈味成分的释放，同时对口腔的触动较柔和，对味觉的影响有利，细腻的食品可美化口感。有些食品就是要在咀嚼过程中体验丰美的口感和食用的快乐，这些食品就要有一定的颗粒度、适当的弹性、韧性及滑顺的质感。

（八）黏稠度对味觉的影响

黏稠度是影响食品质量的重要因素。良好、适当的黏稠度使食品看上去具有一种浓厚感、真实感。黏稠度高可以延长呈味成分在口腔内黏着的时间，给较弱的味感更多的感受时间。食品的黏稠度必须适当，黏稠度过高后味不净，有糊住嗓子、非常难受的感觉。黏稠度较稀，味感迅速消失，食品的风味不完整、不细腻、不丰满。

**专业向导**

**鸡汤产生的鲜味醇厚感**

在鸡汤中除了含有一定量的谷氨酸钠以外，还含有其他多种鲜味物质（肌苷酸钠、呈鲜味的氨基酸和短肽等），这些鲜味物质之间又可以发生一种称为鲜味相乘的作用。众多呈鲜成分的存在和相互作用、互相配合，从而使得鸡汤的鲜美味变得格外醇厚浓郁。此外，还需注意的是，在鸡汤中还含有一些用味精做成的鲜汤中所没有的动物性脂类、无机盐和其他辅助呈鲜成分。辅助呈鲜成分有的虽然含量甚微，但在呈现鸡汤的鲜味感上却起到了很好的味感辅助作用和诱导作用。

（九）其他因素对味觉的影响

樟脑气味等嗅觉刺激物可以使舌头的感觉能力降低，吸烟使味感降低。光线可以强化嗅觉、味觉和触觉的能力，但却减弱听觉的能力，一般的人都愿意在明亮的地方进餐。在有噪声条件下，味觉和视觉的能力会降低。愉悦舒缓的音乐能增强味觉感受能力，人的食欲也会增加。

**视野拓展**

**人怎样感觉到味**

人之所以能够通过舌头来感觉食物中不同的味道，其原因主要是食物中可溶性的呈味成分溶解于唾液或食物呈味成分的溶液刺激舌头表面的味蕾，味蕾中的味感神经受到刺激后，通过神经脉冲传递到大脑的中枢神经，通过大脑的综合判断，最终得出进入口腔的食物是何种滋味。

据试验测量，食物进入口腔触及舌头开始，到产生味的感觉，这一反应过程是非常快的，仅需 1.5 ~ 4.0ms。其中咸味感觉最快，为 0.307s；甜味为 0.446s；酸味为 0.536s；苦味感觉最慢，为 1.082s。所以一般来说，各种味觉中，苦味总是在最后才能使人产生感觉。

**活动探究**

1. 先品尝过甜的食品后，再品尝酸的食物，有何感觉？
2. 试将 5 种不同的味道点在不同的舌头区域内，试比较其敏感度。

## 三、味的分类

在味的分类上，各国有各国的分类法。鲜味不属于传统味的分类（酸、苦、辣、咸），而是单独的另外一种味，如谷氨酸钠（味精中的重要成分）、肌苷酸、鸟苷酸、琥珀酸等均属于鲜味。对于中国烹饪调味来说，它是能体现菜肴鲜美味的一种十分重要的味，应该看成是一种独立的味，在菜肴的调味中尤其突出和重要。欧美地区不把鲜味作为一种独立的味，而把鲜味物质看作是“风味增强剂”或是“风味增效剂”。部分国家和地区传统味的分类法如表 8-5 所示。

表 8-5　传统味的分类法

| 国家或地区 | 具体味别 | 味的类数 |
|---|---|---|
| 中国 | 甜、酸、咸、苦、辣（鲜） | 5 味 |
| 日本（1） | 咸、酸、甜、苦、辣 | 5 味 |
| 日本（2） | 咸、酸、甜、苦、鲜 | 5 味 |
| 欧美各国 | 甜、酸、苦、咸、辣、金属味 | 6 味 |
| 印度 | 甜、酸、咸、苦、辣、淡、涩、不正常味 | 8 味 |

从生理学研究的角度来看，一般是研究人的咸、酸、苦、甜这四种基本味。调味上可以以此为基础，调配成各种不同的味。

## 四、常见的基本味

### （一）咸味

咸味在调味中的作用是举足轻重的，常被称为“百味之主”、“百味之首”。具有咸味的物质并非只有食盐，KCl、$NH_4Cl$、NaBr、NaI、LiI、苹果酸钠等都具有咸味，但这些盐除了有咸味以外，却还带有其他味。比较下来只有食盐的咸味最为纯正。

### （二）鲜味

味精最早由日本东京帝国大学池田菊苗教授 1908 年发现。我国 1923 年开始生产佛手牌味精，厂主为民族工业家、著名化学家吴蕴初。1960 年日本化学家国中明博士从海产鱼体中发现另外一种鲜味物质肌苷酸。第二代味精便由此出现，这就是特鲜味精。特鲜味精又称为超鲜味精、强力味精、味精之王等。

### （三）甜味

愉快的甜味感要求甜味纯正，强度适中，能很快达到甜味的最高强度，并且能迅速消失。烹饪中常用食糖的主要成分蔗糖所产生的甜味就具备上述特点。蔗糖的甜味纯正，食入后能在极短的时间内使人感到甜味的产生，并且约 30s 后甜味即可全部迅速地消失。食物中糖的含量控制在 10% ~ 25% 比较适宜，因为这是人们普遍喜爱的甜味浓度，而甜味浓度太强或太低均不能使人感到满意。

甜味的高低称为甜度。它是衡量甜味剂的重要指标。不同的甜味剂具有不同的甜度。温度在 20℃时，人为地将 5% 或 10% 浓度的蔗糖溶液规定为 1 或 100，其他甜味物质在相同条件下与之相比，得出的数值称为这种甜味物质的甜度。

（四）酸味

从化学的观点看，食物中的酸味主要来自酸味物质中产生的氢离子（$H^+$）。当酸味物质与舌头黏膜相接触时，氢离子就会刺激舌头黏膜，从而使人产生酸味感。在同一pH时，若将柠檬酸作为酸味标准，则醋酸最强，盐酸最弱。几种酸的酸感受强度顺序为醋酸＞甲酸＞乳酸＞草酸＞盐酸。

（五）辣味

辣味感与酸、甜、咸、苦味的味感有所不同，它不限于舌头，而且对咽喉和鼻腔的刺激也很强，它可以同时对舌头上的味觉神经和鼻腔内的嗅觉神经产生刺激，甚至对皮肤也会产生一定的灼烧感。辣味可以分为热辣味、麻辣味和辛辣味3种。

（六）苦味

苦味是中国传统五味（酸、甜、咸、苦、辣）之一，属于基本的味。单纯的苦味令人不快，因为过多的苦味，会严重影响食品的风味，甚至令人苦不堪食。当苦味与其他味恰当组合时，却可以形成独特的风味。自然界中，苦味物质要比甜味物质的种类多。苦味食物与人的精神活动也有密切关系。可产生提神醒脑之功效，消除大脑疲劳，恢复精力，有益健康。

人的味觉感受器官对苦味极为敏感，能尝出苦味的溶液浓度要比酸、甜、咸的浓度低得多。苦味在生理上能对味觉感受器官起到强有力的刺激作用，苦味原料入馔，可赋予菜肴独特的风味，将苦味与其他味调和为一体，可成为美味。

**生活向导**

**冬季的青菜为何有些甜**

俗话说“冬天的青菜赛羊肉”。冬季里的青菜不但新鲜碧绿，而且美味可口，食用时有一种微甜的感觉。而其他季节的青菜就没有这种感觉。这是为什么呢？

因为冬季的气温很低，青菜的细胞组织里大部分都是水分，很容易结冰，造成青菜的死亡。为了适应低温环境，保存自己，青菜将体内的一部分淀粉转化分解为葡萄糖，提高了细胞组织的浓度，降低了溶液的结冰点（凝固点）。天气越冷，转变的葡萄糖越多，细胞组织的浓度越高。细胞中溶液的浓度提高后，增加了青菜的抗寒能力，就不容易发生结冰现象，从而使青菜能够在寒冷季节中顽强地生存下去。

冬季青菜体内的糖分增多，实际上是青菜适应低温环境而继续生存的一种本能表现。所以在冬季食用青菜的时候，由于青菜体内糖分的增加，从而觉得青菜有微甜的感觉。

**专业向导**

**菜肴的调味**

人的口味喜好、个体特异性极强，即便是一个人，口味也会因时因地而变化，所以1000多年前就有“适口者珍”的说法。

中餐烹饪调味很注意与菜肴成熟过程的配合，为此分别采取烹调前调味、烹调中调味和烹

**专业向导**

调后调味的阶段处理方法，一切都为了保证整体菜肴有良好的风味效果。调味需要根据菜肴设计中的口味特征选择在某一个或几个制作阶段进行调味处理，因此调味的具体实施方法也是不同的，归纳起来有以下几种。

(1) 腌渍法：将原料与调料拌匀放置或浸泡在调料溶液中，前者称干法腌渍，后者称湿法腌渍。

(2) 掺和法：将调料先溶于水或汤中，然后加入肉糜、茸泥搅拌均匀，是烩菜、汤菜调味方法。

(3) 热渗透法：如蒸菜、干热烤菜。

(4) 裹浇法：将液体或半流体的料汁浇裹黏附于原料或菜肴半成品的表面，如上浆、挂糊、收汁、拔丝、蜜汁、挂霜和熘菜等。

(5) 粘撒法：将固态调料粘撒在原料菜肴表面。

(6) 自助蘸食法。

平时进餐时，以上方法常常可以交替使用。

## 练习实践

### 一、判断题

1．通常食品中呈现的无法明确形容的怪味可以定义为单一味。（ ）

2．酸味感觉与浓度成正比。（ ）

3．呈鲜物质的溶液由于食盐的添加，鲜味减弱。（ ）

### 二、选择题

1．吃过甜食后，再吃酸的东西，会感到酸味更厚实，这是由于味的（ ）。

A．对比现象 B．消杀现象 C．适应现象 D．变调现象

2．将少量的味精加入具有下列滋味的物质中，会产生复杂味感的是（ ）。

A．咸 B．酸 C．甜 D．苦

### 三、简答题

味精使用需要注意什么问题？

## 归纳小结

对于中国烹饪而言，对食物风味的追求超过了营养追求。然而，风味概念下的食物成分，大多没有直接的营养功效，但因其能够增进食欲、刺激消化，即提高了人体对食物的利用率。

### 一、风味的概念

（1）物理风味：食品的颜色、形状、温度和进食时的声音，以及食品的质构（质感）。

(2) 化学风味：食品的滋味和食品中小分子挥发物质所引起的嗅觉效应。

## 二、菜肴的色

(1) 常见色素：天然色素及合成色素。

(2) 烹饪中影响色泽变化的因素：褐变作用、原料间的化学反应、着色剂的添加。

## 三、菜肴的香

### 1. 食物产生香气的主要途径

(1) 原料自身形成的。

(2) 烹饪加工过程中，原料中的一些物质发生转化分解而产生。

(3) 通过微生物的作用而将香气前体转化分解产生。

(4) 运用调香料使食物具有香气。

(5) 从化学和物理的角度来看，烹饪中调香的原理包括了挥发、吸附、渗透、扩散等几种作用。

### 2. 常见食物的香气

(1) 植物性食物的香气：水果的香气、蕈类的香气。

(2) 动物性食物的香气：鱼和海产品的香味、牛乳的香气、乳制品的香气、肉类的香气和其他食品香味。

### 3. 热处理方式与香气的形成

(1) 焙烤与香气：温度较高，时间较长，为大量的嗅感物质产生创造了有利条件。

(2) 蒸煮与香气：肉、禽、鱼等动物性食物通过热反应能产生大量浓郁的香气。

(3) 油炸与香气：油炸已成为当前熟制食品和生成芳香风味的重要手段。

### 4. 香料的使用要求

(1) 明确使用食用香料的目的。

(2) 食用香料的用量要适当。

(3) 食品的香气要和味感协调一致。

(4) 注意食用香料可能对食品色泽的影响。

(5) 食用香料的香气不能太新异。

## 四、菜肴的味

影响菜肴味的因素：温度、年龄、抽烟与否、性别、季节、食物色彩、调味品的溶解速度、食物颗粒度、黏稠度。

# 第九章

# 食品化学安全

食品安全问题是目前烹饪化学科学亟待解决的一个重大问题。食品安全是指食品无毒、无害，符合应当有的营养要求，对人体健康不造成任何急性、亚急性或者慢性危害。安全性是构成食品的第一要素。目前对食品造成污染，影响其安全性的污染途径主要来源于物理性污染、化学性污染、生物性污染和其他污染。其中的化学性污染和生物性污染是食品污染的主要来源。化学性污染是指由有害有毒的化学物质对食品的污染。本章主要探讨了目前最严重的食品化学性污染，主要涵盖亚硝酸盐化合物、有毒金属、杂环胺化合物和残留农药等方面的污染。

**视 野 拓 展**

**食品市场准入标志**

食品市场准入标志由QS和“质量安全”中文字样组成，标志主色调为蓝色，字母Q与“质量安全”中文字样为蓝色，字母S为白色。该标志的样式、尺寸及颜色都有具体的制作要求，使用时可根据需要按比例放大或缩小，但不得变形、变色。贴（印）有QS标志，意味着该食品符合质量安全的基本要求。

## 第一节　亚硝酸盐化合物

亚硝酸盐，俗称硝盐，是一类无机化合物的总称，主要包括亚硝酸钠、亚硝酸钾等。亚硝酸钠为白色至淡黄色粉末或颗粒状，味微咸，易溶于水，外观及味道都与食盐相似，在工业、建筑业中广为使用，肉类制品中也允许作为发色剂、防腐剂限量使用。由亚硝酸盐引起食物中毒的几率较高。

### 一、亚硝酸盐的毒性

亚硝酸盐的毒性表现在：与血液中血红蛋白反应，使正常的二价铁被氧化成三价铁，形成高铁血红蛋白。高铁血红蛋白能抑制正常的血红蛋白携带氧和释放氧的能力，因而使组织缺氧，中毒的主要特点是由于组织缺氧引起的紫绀现象，如口唇、舌尖、指尖青紫，重者眼结膜、面部及全身皮肤青紫。亚硝酸盐对人的急性中毒量为0.2 ~ 0.5g，致死量为0.18 ~ 2.5g。亚硝酸盐的慢性毒性作用表现在长期摄入会导致维生素A的氧化破坏，并阻碍胡萝卜素转化为维生素A，导致维生素A缺乏。亚硝酸盐还能与仲胺或叔胺结合成亚硝基化合物，而亚硝基化合物大都有强烈的致癌作用。

## 二、食物中亚硝酸盐的来源

亚硝酸盐中毒是指由于食用硝酸盐或亚硝酸盐含量较高的腌制肉制品、泡菜及变质的蔬菜引起的中毒，或者误将工业用亚硝酸钠作为食盐食用而引起的中毒，也可见于饮用含有硝酸盐或亚硝酸盐的苦井水、蒸锅水后。

（1）新腌制的食物一般在腌制2～4天后亚硝酸盐含量逐渐增高，7～8天达到高峰，腌制20天后降至最低。同时亚硝酸盐含量与食盐浓度及腌制的温度也有一定关系。气温高于20℃时，腌制食物在8天以内，食盐浓度在15%以下，极易引起亚硝酸盐中毒，而变质腌菜中亚硝酸盐含量最高。

（2）叶菜类一般含有较多的硝酸盐。这些蔬菜长时间贮存后，会慢慢腐烂，在硝酸盐还原菌的作用下，蔬菜中的硝酸盐被还原成亚硝酸盐，亚硝酸盐含量就会明显升高。蔬菜腐烂越严重，亚硝酸盐含量就越高。即使烹调熟制后，若蔬菜在不洁的容器中存放过久，亚硝酸盐含量同样会升高。

（3）在一定时间内，集中吃大量叶菜类蔬菜，若同时消化功能紊乱，胃酸浓度降低，肠内硝酸盐还原菌会大量繁殖，致使胃肠道内亚硝酸盐产生速率加快，体内又不能及时将大量亚硝酸盐分解成氨，这时会因亚硝酸盐大量吸收入血液而引起中毒，这称为肠原性青紫。

（4）某些地区的井水中也含有较多的硝酸盐及亚硝酸盐（一般称苦井水）。长时间熬煮的蒸锅剩水也含有较多亚硝酸盐。饮用或使用这些水煮饭（粥）等也会引起中毒。

（5）虽然肉制品中允许使用硝酸盐和亚硝酸盐作发色剂和防腐剂，但用量要严格按照国家卫生标准规定使用，不可为了追求经济利益而使用过量。

（6）亚硝酸钠的外观与味道和食盐都非常相似，若错把它当食盐或碱面使用，会引起严重的急性食物中毒。

## 三、亚硝酸盐中毒的预防

日常生活中要注意减少亚硝酸盐化合物的摄入，预防措施有如下几点。

（1）少吃或不吃腌腊制品等，尤其勿食人量刚制作的腌菜，腌菜时盐应稍多，不吃腌制时间在7天左右的咸菜，至少待腌制15天以上再食用。

（2）保持蔬菜新鲜，禁食腐烂变质蔬菜。低温保存食物，以减少亚硝酸盐生成。

（3）短时间内不要进食大量含硝酸盐较多的叶菜类，防止肠原性青紫。

（4）肉制品中硝酸盐和亚硝酸盐的用量应严格按国家卫生标准的规定，不可多加。

（5）不喝苦井水，不用苦井水煮饭、煮粥。不喝长时间熬煮的蒸锅剩水。

（6）妥善保管亚硝酸盐，防止错把其当成食盐或碱误食而中毒。

（7）多吃新鲜的富含维生素C和维生素E的蔬菜和水果。

对于亚硝酸盐急性中毒，一般要及时送往医院立即给予吸氧处理。如果中毒时间短，还应及时予以洗胃处理。对于心肺功能受影响的患者还应对症处理，如用呼吸兴奋剂，纠正心律失常药物等。病情平稳后，给予病人能量合剂、维生素C等支持疗法。

**生活向导**

**慎用食品添加剂——亚硝酸钠**

亚硝酸钠，是亚硝酸根离子与钠离子化合生成的无机盐，化学式为 $NaNO_2$，白色至淡黄色颗粒状结晶或粉末，有咸味，易潮解，微溶于乙醇及乙醚等有机溶剂，易溶于水和液氨，水溶液呈碱性，相对密度 2.17g/cm$^3$，熔点为 271℃。属强氧化剂但又有还原性。遇强氧化剂能被氧化，如与硝酸铵、过硫酸铵等铵盐在常温下即能互相作用产生高热，使可燃物燃烧；亚硝酸钠暴露在空气中会与氧气反应生成硝酸钠，表面则变为硝酸钠。

亚硝酸钠是丝绸和亚麻的漂白剂、金属热处理剂、钢材缓蚀剂、氰化物中毒的解毒剂等，被称为工业盐。

亚硝酸钠还是一种食品添加剂，主要用于腌制肉类食品。添加亚硝酸钠可以抑制肉毒芽孢杆菌，并且与肉制品中的肌红蛋白、血红蛋白生成亮红色的亚硝基肌红蛋白或亚硝基血红蛋白，可以防止鲜肉在空气中被逐步氧化成灰褐色的变性肌红蛋白，从而使肉制品保持鲜红色，所以在肉类制品加工中广泛用作发色剂、防腐剂，如用于熟肉类、灌肠类和罐头等动物性食品的加工中。但是亚硝盐类的添加会使肉制品中亚硝酸盐的残留进入人体，与蛋白质的氨基酸、磷脂等有机物质在一定环境和条件下产生胺类反应生成亚硝胺。亚硝胺具有强烈的致癌作用，会给消费者的健康带来危害。鉴于亚硝酸盐对肉类腌制具有多种有益的功能，目前还没有找到更好的替代品，世界各国仍允许用它来腌制肉类，但用量需严加限制。

**练习实践**

**一、填空题**

1．亚硝酸盐在肉类制品中主要作 __________ 剂和 __________ 剂。

2．亚硝酸盐的毒性表现在：其与血液中血红蛋白作用，使正常的 __________ 被氧化成 __________，形成高铁血红蛋白。高铁血红蛋白能 __________，因而致使组织缺氧。

3．亚硝酸盐能与仲胺或叔胺结合成亚硝基化合物，亚硝基化合物大都有强烈的 __________ 作用。

4．亚硝酸钠的外观与味道和 __________ 都非常相似，若把它错当食盐或碱面使用，会引起严重的急性食物中毒。

**二、问答题**

日常生活中哪些措施可以减少亚硝酸盐的摄入？

## 第二节　有毒金属污染

金属元素对人体而言，可分为有益金属元素和有害金属元素两类。

适量的有益金属元素，如钙、铁、钾、钠等对人体的健康有着不可或缺的作用，一旦缺乏，就会出现生长发育迟缓、新陈代谢受到抑制等。补充这些有益金属元素适量即可，过分追求反而会成为身体负担甚至产生毒害。例如，锌是形成人体多种酶所需的元素。缺乏时会导致食欲减退、生长迟缓、异食癖和皮炎等，但过多摄入则会干扰体内铁、铜的吸收和利用，易发生肠胃炎和锌中毒，而出现呕吐、电解质紊乱、恶心、失眠、肌群失调等。

有害金属对人体则毫无有益作用。

## 一、有毒金属简介

重金属是指密度在 $5g/cm^3$ 以上的金属。许多重金属元素通过食物进入人体，干扰人体正常生理功能，危害人体健康，为有毒金属。常见有毒重金属元素主要有：铅、汞、镉、锡、铬等。食品中的有毒金属元素主要来源有：工业“三废”的排放和农药、化肥的使用等造成的环境污染，农作物生长过程中从环境对有毒金属元素的富集；食品生产加工、包装储藏、运输，甚至因生产工艺需要添加的食品添加剂带来的污染等。

有毒金属元素在食品中的危害性有以下 3 个特点。

（1）强蓄积性：进入机体后排出速率缓慢，生物半衰期较长。

（2）不能被生物降解：在食物链富集后进入人体，最后进入人体浓度高达环境浓度的数百或数千倍。

（3）在人体内和蛋白质发生作用，使其失去活性发生急性中毒。但危害以慢性中毒、长期效应为主，进入人体后不易被察觉。

## 二、金属元素毒性机制

金属元素毒性机制是一个十分复杂的问题，与金属元素的侵入途径、浓度、溶解性、存在状态、代谢特点、金属元素本身的毒性、生物体的种类及其健康状况等因素密切相关。一般来说，下列任何一种机制都可能引起金属的毒性。

（1）金属元素阻断了生物分子表现活性必需的功能基。例如 Hg（Ⅱ）、Ag（Ⅰ）离子与酶中半胱氨酸残基的—SH 结合，半胱氨酸的—SH 是许多酶的催化活性部位，结合重金属离子后，就抑制了酶的催化活性，阻断酶促反应，引起中毒；无机砷（砷属于非金属元素，但根据其化学性质和毒性，一般将其列在有毒金属元素一类）与—SH 结合使酶变性，增加活性氧引起细胞损伤，从而破坏金属酶的活性。

（2）金属元素置换了生物分子中必需的金属离子。金属酶的活性与金属元素有着密切关系，不同的金属元素与同一大分子配体的稳定性不同，稳定性大的金属元素会取代稳定性小的金属元素，从而破坏金属酶的活性。

（3）金属元素改变了生物大分子构象或高级结构。为了使生物大分子具有一定的功能，它必须具有某种特定的构象。金属离子的结合能改变一些生物大分子（如蛋白质、核酸和生物膜等）的构象，从而影响其相应的生物活性。例如，多核苷酸负责贮存和传递遗传信息，一旦与金属离子结合，构象发生变化，生物活性会发生很大的变化，可能会引起严重后果，如致癌和先天性畸形。

## 三、几种常见有毒金属元素

### （一）铅

铅对人体各系统均有毒害作用，尤其是对人体的神经系统、造血系统和血管危害很大。

铅中毒会干扰血红素的合成而造成贫血。铅对儿童的生长发育危害极大，它能严重影响儿童的智力发育和行为，造成智能发育障碍和行为异常。人体内的铅主要来自食物。例如制作皮蛋时，有些人会在鲜蛋外面包裹的辅料中掺入一种称为“密陀僧”的物质，它的化学成分就是氧化铅。加入氧化铅可以促进配料均匀、快速地渗入蛋中，也可使皮蛋迅速凝固，易于脱壳。但放置的过程中，这些氧化铅会逐渐渗透到蛋内，多食这种皮蛋易铅中毒。市场上的皮蛋有含铅皮蛋和无铅皮蛋之分，应选择无铅皮蛋。

（二）汞

汞是通过食物链的传递在人体内慢慢蓄积起来的，往往积累在人体的骨髓、肾脏、肝脏、脑、肺、心脏等处，它对人体的神经系统、肾脏、肝脏等会产生不可挽回的伤害。在我国，蔬菜中汞的食品安全检出率较高，应格外警惕。

（三）镉

镉通过环境污染对食物安全造成影响。镉主要损害肾脏和骨骼系统，它会导致负钙平衡。当镉被摄入人体后会损害血管，导致组织缺血，引起多系统损伤；镉在人体内会干扰铜、钴、锌等微量元素的代谢，妨碍肠道对铁的吸收，抑制血红蛋白的合成和肺泡巨噬细胞的氧化磷酰化代谢过程，从而引起肺、肾脏、肝脏等器官的损害。

有毒金属对人体器官的毒害是各不相同的，但肝脏和肾脏总是首当其冲，因为肝脏有解毒的功能，肾脏负责排毒，而有毒金属进入人体后集中于肾脏和肝脏，由肝脏先将其进行化学处理，然后由肾脏进行排泄，因此肾脏和肝脏往往受害最深。

**生 活 向 导**

**如何预防有毒金属污染食品**

预防有毒金属污染食品的所有措施中，消除污染源是最主要的环节，还要防止因意外事故造成食品污染。具体做法有：

(1) 制定各类食品中有毒金属的最高允许限量标准，加强监督检测和管理，自觉加强食品化学安全教育和学习，提高公众环保意识，共同保护自然生态环境，维护自身健康。

(2) 不要购买放置时间过长的水果和蔬菜；用加醋的水来清洗果蔬，有助于去除果蔬表面的重金属；主动减少食盐的摄入量；尽量少吃包装物含铝的食品，不要在铝箔上烤肉或用铝箔包裹食物，少用铝制的锅或壶；少用含铝的抗酸类药物；不吃无来源地的冷冻海鱼。

(3) 尽量食用有机食物和绿色食品，可以减少肝肾负担；多吃含钙、锌和维生素 C 的食物，因为它们能有助于抵御重金属的侵害；生活在污染严重地区的人要更多地补充维生素 C 等有利于抗有毒金属的食物；不要酗酒，尽少摄入含酒精类饮料，酒精会增加人体对铅的吸收。

## 练 习 实 践

### 一、填空题

1. 重金属是指 ________________，常见的 ________、________、________、________ 等都是重金属元素。

2. 有毒金属元素在食品中的危害性有以下3个特点：__________，__________，__________。

3. 有铅皮蛋在制作过程中使用了一种称为 _________ 的物质，它的主要成分是 _________。

4. 有毒金属往往对人体的 __________、__________ 部位毒害最深，因为它们是人体的解毒、排毒器官。

## 二、选择题

1．下列物质中，（　　）能够损害细胞中的氧化酶，引起全身细胞缺氧而窒息死亡。

A．砷　　B．铅　　C．汞　　D．氰化物

2．下列物质中，（　　）能引起细胞代谢紊乱，神经系统损伤。

A．镉　　B．汞　　C．铅　　D．砷

## 三、问答题

简述引起金属元素毒性的机制，谈谈日常饮食中应如何做好预防工作？

# 第三节　杂环胺化合物

20世纪70年代末，人们发现从烤鱼或烤牛肉炭化表层中提取的化合物具有致突变性。对烤鱼中主要致突变物的研究表明，这类物质主要是复杂的杂环胺类化合物。进一步研究发现，烧焦的肉甚至正常高温烹制的肉类也含有强烈的致突变性物质杂环胺，因此杂环胺类化合物越来越引起人们的关注。

## 一、杂环胺简介

杂环胺是烹调加工含蛋白质的食物时，从蛋白质、肽、氨基酸的热解物中分离的一类具有致突变、致癌的杂环芳烃类化合物。它对食品的污染已成为目前食品安全领域关注的热点问题之一。到目前为止人们已经发现了20多种杂环胺，如咪唑喹啉。

杂环胺按结构主要分为最初从烤沙丁鱼、炸牛肉等中发现的氨基咪唑氮杂芳烃类和从大豆蛋白、色氨酸热解产物等中发现的氨基喹啉两类。

## 二、食品中杂环胺形成的机制

食物的组成及烹调方式、时间、温度都对杂环胺的生成有很大影响。

杂环胺主要由含蛋白质较多的食物生成，基本上所有的肉类（包括鸡肉和鱼肉）在烧烤、煎炸时都会产生大量的致癌物。

实验结果表明：氨基酸和肌酸是杂环胺合成的主要前体物，这些前体是肉类天然含有的，与动物品种改良和现代饲料无关。例如，其他富含蛋白质的食品如牛奶、奶酪、豆腐和各种豆类因为不含肌酸，所以在高温处理时，虽然严重炭化但仅含有极少量的杂环胺，具有微弱的致突变性。高温和长时间加热是杂环胺的产生条件，而水分是杂环胺形成的抑制剂。食物与明火或灼热的金属表面接触有助于杂环胺的生成，加工温度高、加热时间长产生的杂环胺含量高。例如，肉在蒸煮时，因为达到的最高温度一般略大于100ºC，远低于生成杂环

胺所需要的温度，因此杂环胺含量也极少。

## 三、杂环胺的毒性

杂环胺是致突变性、致癌性很强的物质，远高于苯并芘。它的毒性主要表现在以下方面。

### （一）致突变

杂环胺经口服能很快被吸收，通过血液分布于各组织。肝脏是杂环胺的重要代谢器官，肠、肺、肾脏等也有一定代谢能力。杂环胺与动物体内 DNA 形成加合物，是致癌、致突变的基础。所有的杂环胺都是前致突变物，必须经过代谢活化才能产生致癌、致突变物。

### （二）致癌性

杂环胺可诱发人体多种部位的肿瘤。人摄取的致癌物越多，得癌症的几率越高。作为一种已知的诱变剂，杂环胺可直接与 DNA 交联而导致突变，进而引发癌症。

### （三）心肌毒性

由于杂环胺在心肌中形成高水平的 DNA 加合物，而心肌不是致癌的靶器官，所以可能对心血管系统有损伤作用。

## 四、减少食品中杂环胺的措施

杂环胺形成的主要前体物是肌酸、氨基酸，普遍存在于鸡、鱼、肉等食品中，而且简单的高温加热就可形成杂环胺，不可避免其在膳食中存在。但仍可采取一些措施减少。

（1）肉类加工，不使用过高温度烹调，加水烹调较好，防止烧焦，烧焦的部分尽可能除去。

（2）尽量少用油炸和明火烘烤食物。

（3）高温加热的肉食最好与新鲜的蔬菜水果一起吃。杂环胺化合物的致突变性可被多种物质抑制或破坏，新鲜的水果蔬菜如苹果、茄子、白菜、生姜、菠萝等可除去色氨酸热解物的致突变作用。注意饮食原料的科学搭配，能减少高温加热的肉食带来的弊病。

**视野拓展**

### 烤肉中的苯并芘

烤肉中的致癌物有两类：一类是杂环胺，另一类是多环芳烃。多环芳烃在自然界中广泛存在，种类繁多。在烤肉中发现的苯并芘是较常见的一种，也是最早被人类认识的化学致癌物。

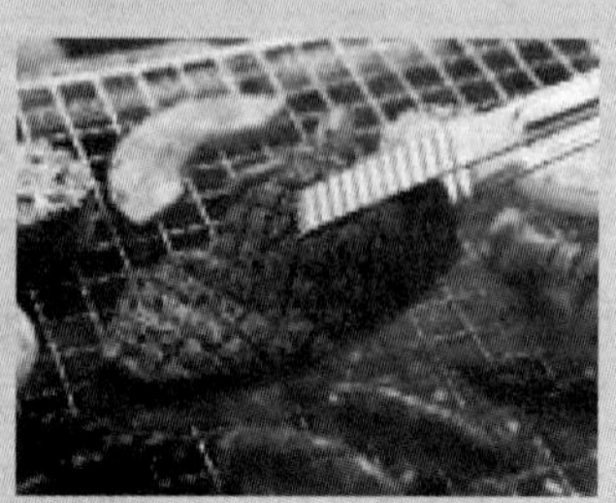

苯并芘是一类具有明显致癌作用的有机化合物。它是由一个苯环和一个芘分子结合而成的多环芳烃类化合物。目前已经检查出的 400 多种主要致癌物中，一半以上属于多环芳烃类化合物，其中苯并芘则是一种强致癌物。日本人曾将苯并芘涂在兔子的耳朵上做过实验，实验表明，涂到第 40 天，兔子耳朵上便长出了肿瘤。

熏烤食品时所使用的熏烟中含有苯并芘等多环芳烃类物

**视野拓展**

质，其来源主要有以下4个方面：①熏烤所用的燃料木炭含有少量的苯并芘，在高温下可能伴随烟雾侵入食品；②烤制时，滴于火上的食物脂肪焦化产物发生热聚合反应，形成苯并芘，附着于食物表面，这是烤制食物中苯并芘的主要来源；③熏烤的鱼或肉等自身的化学成分（糖和脂肪）不完全燃烧也会产生苯并芘，如熏鱼制作过程中脂肪燃烧不完全，加上烟雾的污染，成品中苯并芘含量高达67 mg/kg；④食物炭化时，脂肪因高温裂解产生自由基，并相互结合（热聚合）生成苯并芘，如烧焦的咖啡豆、熏红肠甚至淀粉等，也含有不同程度的苯并芘。经检测，烤焦的鱼皮苯并芘含量高达70mg/kg。

多次使用的高温植物油、油炸过火、爆炒的食品都会产生苯并芘，这也是各国营养专家都在提倡“油炸食品对身体健康的危害不容忽视”的一个原因。煎炸时所用油温越高，产生的苯并芘越多。另外，食用油加热到270℃时，产生的油烟中含有苯并芘等化合物，不管是油炸的油烟，还是烤羊肉串、烤肉的烟气，经常接触都会增加肺癌发生的风险，而油温不到240℃时，其损害作用较小。

苯并芘有巨大的致癌、致畸性和致突变危害，它主要是通过食物或饮水进入机体后在肠道被吸收，进入血液后很快分布全身。乳腺和脂肪组织可蓄积苯并芘。苯并芘对眼睛、皮肤有刺激作用，是致癌物和诱变剂，有胚胎毒性。动物实验发现，经口摄入苯并芘可通过胎盘进入胎仔体内，引起毒性及致癌作用。苯并芘主要经过肝脏、胆道从粪便排出体外。

苯并芘的毒性具有长期性和隐匿性的特点。苯并芘如果在食品中有残留，即使人食用后无任何反应，也会在人体内形成长期性和隐匿性的潜伏，在表现出明显的症状之前有一个漫长的潜伏过程，它影响的也可能是人类的子孙后代。因此，甚至有科学家担心，人类的进化是否会被这类物质终止。不过，人体对于少量苯并芘有代谢功能，所以只要不是长期接触并不会有太大危险。

**练习实践**

**一、填空题**

1．__________、__________是杂环胺合成的重要前体物，__________、__________是杂环胺的产生条件。

2．杂环胺是烹调加工含__________的食物时，由蛋白质、肽、氨基酸的热解物中分离的一类具有致突变、致癌的________。

3．杂环胺按结构可分为__________、__________两类。

4．高温加热的肉食最好与__________一起吃，这种科学的搭配，能减少吃高温加热的肉食带来的弊病。

5．杂环胺的毒性主要表现在__________、__________、__________。

**二、简答题**

简述食品中杂环胺的形成机制，在食品加工中应如何预防此类食物中毒？

## 第四节　农药残留污染

农药是指用于预防、消灭或者控制危害农业、林业的病、虫、草和其他有害生物以及有目的地调节植物、昆虫生长的化学合成或者来源于生物、其他天然物质的一种物质或者几种物质的混合物及其制剂。按不同分类标准，农药可分为不同种类。

（1）按化学结构可分为有机磷类、有机氯类、拟除虫菊酯类、氨基甲酸酯类等。

（2）按用途可分为杀虫剂、杀菌剂、杀螨剂、杀鼠剂、除草剂和植物生长调节剂等。

（3）按来源可分为矿物农药、植物性农药、有机农药、微生物农药等。

## 一、农药残留及其限量

农药残留是农药使用后一定时期内未被分解而残留于生物体、收获物、土壤、水体、大气中的微量农药原体、有毒代谢物、降解物和杂质的总称。施用于作物上的农药，其中一部分附着于作物上，一部分散落在土壤、大气和水等环境中。残留农药直接通过植物果实、水或大气到达人畜体内，或通过环境、食物链最终传递给人畜。

不同植物机体内的农药残留量取决于其对农药的吸收能力。农药被吸收后，在植物体内分布量的顺序是根＞茎＞叶＞果实。

人吃了有残留农药的食品后引起的毒性作用称为农药残留毒性。残留农药进入粮食、蔬菜、水果、鱼、虾、肉、蛋、奶中，造成食物污染，危害人的健康。世界卫生组织和联合国粮农组织对农药残留限量的定义为，按照良好的农业生产规范，直接或间接使用农药后，在食品和饲料中形成的农药残留物的最大浓度。各国对食品中农药残留限量都有严格规定。如果最终收获的食品中农药残留量超过国家规定的最高残留限量标准，该食品即属于不合格产品，应禁止出售。在世界贸易一体化的今天，农药最高残留限量也成为各贸易国之间重要的技术壁垒。一般食品进口国对农药要求严格，出口国要求较松，加之各国人民膳食结构差异，各国对不同种类的食品中农药残留限量都有不同的严格要求。

**生 活 向 导**

### 农药残留食物进食前的处理方法

食物原料的农药残留有两种形式，一种是附着在蔬菜、水果的表面；另外一种是植物在生长过程中，农药直接进入蔬菜、水果的根茎叶中。专家推荐以下几种方法有效去除蔬菜农药的残留。

去皮：蔬菜表面有蜡质，很容易吸附农药。因此，对能去皮的蔬菜，应先去皮后再食用。

水洗：自来水中的氯可以去除部分的农药残留，一般蔬菜先用清水冲洗3～6遍，然后泡入淡盐水中再冲洗一遍。对包心类蔬菜，可先切开，放在清水中浸泡1～2h，再用清水冲洗，以清除残附的农药。一般用清水浸洗后，可去除蔬菜中残留农药的40%，西红柿可除90%以上。不过，水洗只能去除蔬菜表面的普通水溶性农药，有两种农药是不能洗掉的。一种就是酸性农药，酸性农药会跟蔬菜反应，它附着在蔬菜的表面很紧。还有一些能够渗透到蔬菜的细胞里的农药。

碱洗：先在水中放一小勺碱粉（无水碳酸钠）或冰碱（结晶碳酸钠），搅匀后再放入蔬菜。浸泡5～6min，把碱水倒出去，接着用清水漂洗干净。如没有碱粉或冰碱，可用小苏打代替，但应适当延长浸泡时间，一般需15 min左右。

**生活向导**

洗洁精洗：用洗洁精稀释300倍先清洗一次，再用清水冲洗1～2遍，这样可去除蔬菜上的病菌、虫卵和残留的农药。

开水烫：对有些残留农药的最好清除方法是烫，如青椒、菜花、豆角、芹菜等，在下锅炒或烧前最好先用开水烫一下，据试验，可清除90%以上的残留农药。但如果洗洁精未冲洗干净，反而有害。

阳光晒：利用阳光的多光谱效应，可使蔬菜中部分残留农药被分解、破坏。这样经日光照射晒干后的蔬菜，农药残留较少。据测量，鲜菜、水果在阳光下照射5min，有机氯、有机汞农药的残留量损失达60%。对于方便贮藏的蔬菜，最好先放置一段时间，空气中的氧与蔬菜中的色酶对残留农药有一定的分解作用。购买蔬菜后，在室温下放置24h左右，残留化学农药平均消失率为5%。

此外，用淘米水洗菜能除去残留在蔬菜上的部分农药。我国目前大多用甲胺磷、辛硫磷、敌敌畏、乐果等有机磷农药杀虫，这些农药遇到酸性物质就会失去毒性。在淘米水中浸泡10min左右，用清水冲洗干净，就能使蔬菜残留的农药成分减少。

## 二、几种常见农药

农业生产中的常见农药有以下几类。

### （一）有机氯类农药

有机氯类农药是用于防治植物病、虫害的组成成分中含有有机氯元素的有机化合物。主要分为以苯为原料和以环戊二烯为原料的两大类。各类化合物化学结构和药理作用类似，但毒性却相差较大，其中DDT（双对氯苯基三氯乙烷）及其同系物和六六六（六氯环就已烷）由于毒性较大，而且在环境中降解较慢，所以我国于20世纪60年代开始禁止将DDT、六六六用于蔬菜、茶叶、烟草等作物上。

有机氯通过食物链进入人体，能在肝脏、肾脏、心脏等组织中积蓄，特别是由于这类农药脂溶性大，所以在动物体内脂肪中的贮存更加突出，积蓄的残留农药也能通过乳汁排出，或转入卵蛋等组织储存。

有机氯类农药残留的总体情况是：动物性食品高于植物性食品；含脂肪多的食品高于含脂肪少的食品；猪肉高于牛羊肉；淡水产品高于海产品。

有机氯类农药对人的急性毒性主要是刺激神经中枢，慢性中毒表现为食欲不振、体重减轻，有时也可产生小脑失调、造血器官障碍等，某些有机氯农药有致癌性。

### （二）有机磷类农药

有机磷类农药是用于防治植物病、虫害的含有机磷元素的有机化合物。有机磷类农药大多呈油状或结晶状，工业品呈淡黄色至棕色，大多有蒜臭味。一般不溶于水，易溶于有机溶剂，对光、热、氧均较稳定，遇碱易分解破坏。根据结构划分，有机磷类农药主要分为3类：磷酸酯类，如敌百虫、敌敌畏等；单硫代磷酸酯类，如丙硫磷、杀螟硫磷等；双硫代磷酸酯类，如乐果等。

有机磷类农药可经消化道、呼吸道及皮肤黏膜进入人体，职业性农药中毒主要由皮肤污染引起。吸收的有机磷类农药在体内分布于各器官，其中以肝脏含量最大。有机磷类农药中毒的主要机理是抑制胆碱酯酶的活性。有机磷与胆碱酯酶结合，形成磷酰化胆碱酯酶，使胆碱酯酶失去催化乙酰胆碱水解作用，破坏中枢神经系统兴奋和抑制其平衡，使中枢神经调节功能紊乱，可引起昏迷等症状。

有机磷类农药品种多、药效高、用途广、易分解，在人畜体内一般不积累，在农药中是极为重要的一类化合物。但有不少品种对人畜的急性毒性很强，在使用时特别要注意安全，近年来，高效低毒的品种发展很快，逐步取代了一些高毒品种，使有机磷农药的使用更安全有效。

### （三）氨基甲酸酯类农药

氨基甲酸酯类农药是针对有机磷农药的缺点开发的新一类农药，广泛用作农药的杀虫剂、除草剂、杀菌剂等。主要品种有西维因、叶蝉散、涕灭威、呋喃丹、异索威等。除少数品种如呋喃丹等毒性较高外，大多数氨基甲酸酯类农药毒性作用机理与有机磷农药相似，主要是抑制胆碱酯酶活性，使该酶活性中心丝氨酸的羟基被氨基甲酰化，因而失去酶对乙酰胆碱的水解能力。由于氨基甲酸酯类农药与胆碱酯酶的结合是可逆的，且在机体内很快被水解，胆碱酯酶活性较易恢复，故其毒性作用较有机磷农药轻，属中、低毒性。

氨基甲酸酯类农药可经呼吸道、消化道侵入机体，也可经皮肤黏膜缓慢吸收，主要分布在肝脏、肾脏、脂肪和肌肉组织中。在体内代谢迅速，经水解、氧化和结合等代谢产物随尿排出，24h一般可排出摄入量的70%～80%。氨基甲酸酯类农药中毒发病快但恢复得也快。

### （四）拟除虫菊酯类农药

拟除虫菊酯是一类能防治多种害虫的广谱杀虫剂，其杀虫能力是老一代杀虫剂如有机氯、有机磷、氨基甲酸酯类的 10 ~ 100 倍。拟除虫菊酯对昆虫具有强烈的触杀作用，其作用机理是扰乱昆虫神经的正常生理，使之由兴奋、痉挛到麻痹而死亡。拟除虫菊酯因用量小、使用浓度低，故对环境的污染很小，对人畜较安全。其缺点主要是对某些益虫也有伤害，长期重复使用也会导致害虫产生抗药性。常见拟除虫菊酯类农药主要有氯氰菊酯（灭百可）、溴氰菊酯（敌杀死）、杀灭菌酯（速灭杀丁）等。

拟除虫菊酯按来源分为天然和合成两大类。合成拟除虫菊酯类农药生产工艺的反应步骤较多，对原料质量和操作控制要求严格，是典型的精细有机合成。

**视野拓展**

### DDT“胜衰”的背后

DDT 由其英文名称缩写而来，又名滴滴涕，化学名称为双对氯苯基三氯乙烷。DDT 于 1874 年首次合成，但是这种化合物具有杀虫剂效果的特性却是 1939 年才被发现的，该产品几乎对所有的昆虫都非常有效，能使农作物增产。第二次世界大战期间，DDT 的使用范围迅速得到了扩大，人们把 DDT 粉剂撒到许多士兵、难民、俘虏身上，以灭虱子，十分有效，对人却无伤害，它在疟疾、痢疾等疾病的防治方面也有很大作用。因此人们把 DDT 视为“人类救星”。

但在以后十多年的实践过程中，科学家们逐步发现 DDT 对生物和人体是有较大毒性的。而且具有很强的积蓄性、持久性，在环境中非常难降解，给环境带来一系列问题。

DDT 是脂溶性很强的有机化合物，极易在人体和动物的脂肪中蓄积，且积蓄性很强。人体各器官脂肪含量越高，DDT 的残留量也越高。DDT 会通过食物链上的各个环节由一个机体传至另一机体，若渗入水体，就会进入水生生物体内。例如，用含有百万分之七至八 DDT 的干草喂养奶牛，牛奶里的 DDT 含量就会达到大约百万分之三，再把这种牛奶制成奶油，由于经过浓缩，DDT 含量就会增至百万分之六十以上。

DDT 在杀灭害虫的同时，也大量杀灭益虫。美国伊利诺伊州自然历史考察所的 R · 巴克博士在 1958 年发表的著作中说明：DDT 不仅杀死了要消灭的树皮甲虫，也杀死了许多益虫。毒物在树叶和树皮上形成了一层很牢的黏膜，秋天，榆树叶落到地上，恰好是蚯蚓喜爱的食物，于是 DDT 进入蚯蚓体内，深积在蚯蚓的消化道、血管、神经和体壁中。有的蚯蚓抵挡不住这种毒剂而死去，而活下来的蚯蚓则成为鸟儿的食物，11 条蚯蚓就可以使一只鸟致死。同时人们发现，在使用 DDT 几年后，许多昆虫，如苍蝇、蚊子、臭虫、跳蚤、虱子等都有了抗药性。DDT 消灭害虫的有效性已不像当初那么灵验了。

DDT 化学性质稳定，在常温下不易分解。在环境中非常难降解，具有较长的持久性，长期累积，给生态环境造成了许多问题。例如，在未施撒 DDT 的土壤中发现的 DDT 浓度为 0.10 ~ 0.90mg/kg，只比施撒 DDT 10 年或 10 年以上的耕地土壤中的浓度（0.75 ~ 2.03mg/kg）稍低。大部分 DDT 存在于地表层 2.5cm 深的土壤内。

渐渐地，人们意识到决不能低估 DDT 对生物和人体的危害性，不能继续使用 DDT。20 世纪 60 年代起，各国陆续停止生产和使用 DDT。到 20 世纪 70 年代，DDT 已是世界各国明确宣布的禁用品。科学家们又努力研究一些新的毒性较低的化学杀虫剂。

## 练习实践

### 一、填空题

1．农药是指____________________，按化学结构，可分为_________、_________、_________、_________等几类。

2．农药残留限量的定义为：_________________________。

3．农药被吸收后，在植物体内分布量的顺序是_________＞_________＞_________＞_________。

4．_________类农药脂溶性大，所以在动物体内脂肪中的贮存更加突出，

5．DDT 及其同系物和六六六由于__________________，所以我国于 20 世纪 60 年代开始禁止将 DDT、六六六用于蔬菜、茶叶、烟草等作物上。

6．_________因用量小、使用浓度低，故对人畜较安全，对环境的污染很小。其缺点主要是对某些益虫也有伤害，长期重复使用也会导致害虫_________。

### 二、简答题

简述有机磷农药的毒性机理。

## 归纳小结

### 一、亚硝酸盐化合物

#### 1．亚硝酸盐的毒性

与血液中血红蛋白作用，使正常的二价铁被氧化成三价铁，形成高铁血红蛋白。高铁血红蛋白能抑制正常的血红蛋白携带氧和释放氧的能力，因而致使组织缺氧。

#### 2．食物中亚硝酸盐的来源

主要来源于硝酸盐或亚硝酸盐含量较高的腌制肉制品、泡菜及变质的叶菜类、苦井水、蒸锅水，或者误将工业用亚硝酸钠作为食盐使用。

#### 3．亚硝酸盐中毒的防治

(1) 少吃或不吃腌腊制品等。

(2) 保持蔬菜新鲜。

(3) 短时间内不要进食大量叶菜类。

(4) 肉制品中硝酸盐和亚硝酸盐的用量应严格按国家卫生标准规定执行。

(5) 不喝苦井水与蒸锅剩水。

(6) 防止把亚硝酸盐当成食盐或碱误食。

(7) 多吃新鲜的蔬菜、水果。

## 二、有毒金属污染

### 1．重金属

重金属指密度在 $5g/cm^3$ 以上的金属。主要来源于：农作物生长过程中从环境对有毒金属元素的富集；食品生产加工、包装贮藏、运输，甚至因生产工艺需要添加的食品添加剂带来的污染。危害性有 3 个特点：①强积蓄性；②不能被生物降解；③危害以慢性中毒、长期效应为主。

### 2．金属元素中毒机制

（1）金属元素阻断了生物分子表现活性所必需的功能基。
（2）金属元素置换了生物分子中必需的金属离子。
（3）金属元素改变了生物大分子构象或高级结构。

### 3．几种常见有毒金属元素

常见有毒金属元素为铅、汞、镉、砷。

## 三、杂环胺化合物

杂环胺是烹调加工含蛋白质的食物时，由蛋白质、肽、氨基酸的热解物中分离出的一类具有致突变、致癌的杂环芳烃类化合物。主要分为氨基咪唑氮杂芳烃类和氨基喹啉两类。

### 1．食品中杂环胺形成的机制

氨基酸和肌酸是杂环胺合成的重要前体物，高温和长时间加热是产生条件，水是其产生的抑制剂。

### 2．杂环胺的毒性

（1）致突变。
（2）致癌性。
（3）心肌毒性。

### 3．减少食品中杂环胺的措施

（1）肉类加工时，尽量避免使用过高温度并尽量带水烹调，防止烧焦，烧焦的部分尽可能除去。
（2）尽量少用油炸和明火制作或烘烤食物。
（3）高温加热的肉食最好与新鲜的蔬菜水果一起吃。

## 四、农药残留污染

农药是指用于预防、消灭或者控制危害农业、林业的病、虫、草和其他有害生物以及有目的地调节植物、昆虫生长的化学合成或者来源于生物、其他天然物质的一种物质或者几种物质的混合物及其制剂。按化学结构，可分为有机磷类、有机氯类、拟除虫菊酯类、氨基甲酸酯类等；按用途可分为杀虫剂、杀菌剂、杀螨剂、杀鼠剂、除草剂和植物生长调节剂等。

1．农药残留及其限量

农药残留是农药使用后一定时期内未被分解而残留于生物体、收获物、土壤、水体、大气中的微量农药原体、有毒代谢物、降解物和杂质的统称。按照良好的农业生产规范，直接或间接使用农药后，在食品和饲料中形成的农药残留物的最大浓度称为农药残留限量。

2．几种常见农药

（1）有机氯类农药。

（2）有机磷类农药。

（3）氨基甲酸酯类农药。

（4）拟除虫菊酯类农药。

# 实践模块

# 第十章 化学实验

## 化学实验须知

化学实验是学习化学知识的重要手段，在化学教学中占有重要地位。化学实验的主要任务是理解和巩固所学知识，掌握化学实验基本操作技术，培养独立思考、发现问题、解决问题的能力。通过化学实验一方面使学生树立辩证唯物主义观点，另一方面也可以培养学生实事求是和严谨的科学态度，养成准确、细致、整洁等良好习惯，为将来从事生产实践和科学实验打下一定基础。

要做好化学实验，学生必须遵守下列各项规则和要求。

(1) 实验前认真做好预习，明确实验目的和基本原理，了解实验内容和方法，对实验操作有大概了解。

(2) 实验应在教师的指导下，按实验教材进行操作。仔细观察、认真记录、深入思考，联系理论学习得出正确结论。实事求是地写出简明的实验报告。若实验现象不够理想或实验完全失败，要在教师的指导下，分析原因，重做实验。

(3) 严格按操作规程进行实验，重视安全操作，熟悉安全知识。爱护仪器，节约药品，仪器和药品要按规定取用，遵守纪律，保持实验室的安全与整洁。

(4) 实验完毕，清洗仪器，若有损坏，应进行登记。关好水、电，方能离开实验室。

### 1. 化学实验安全规则

(1) 不允许把各种化学药品任意混合，以免发生意外事故。

(2) 凡是进行有刺激性气味、有恶臭、有毒物质的实验，都应在通风橱里或在室外通风的空地上进行。

(3) 易挥发、易燃物质的实验，要远离明火。

(4) 不能用手接触药品，更不能品尝药品的味道；闻物质的气味时，用手扇动气体入鼻。

(5) 加热试管时，不要将试管口对着别人或自己；也不要俯视正在加热的液体。

(6) 浓酸、浓碱具有强腐蚀性，勿溅在衣服或皮肤上。

(7) 使用电器时，应注意安全，使用完毕应将电器的电源切断。

### 2. 实验室意外事故处理

(1) 被玻璃割伤时，伤口若有玻璃碎片，需先取出，然后抹上红药水并包扎。

(2) 烫伤可用高锰酸钾或苦味酸溶液揩洗灼伤处，再擦上凡士林或烫伤油膏。

(3) 若眼睛或皮肤上溅有强酸或强碱，应立即用大量清水冲洗，强酸用碳酸氢钠稀溶液冲洗，强碱用硼酸稀溶液冲洗。最后再用清水冲洗。

(4) 若吸入氯气、氯化氢气体，可立即吸入少量酒精和乙醚的混合蒸气解毒。吸入硫化氢气体感到不适时，应立即到室外呼吸新鲜空气。

(5) 如有毒物进入口内，可将 5 ~ 10mL 稀硫酸铜溶液加入一杯温水中，内服后，用手指伸入咽喉部，促使呕吐，然后立即送医院。

(6) 若因酒精、苯或乙醚等引起着火，应立即用湿布或沙土（实验室应备有灭火沙箱）等扑火。若遇电气设备着火，必须先切断电源，再用二氧化碳或四氯化碳灭火器扑灭火种。

(7) 触电时，首先切断电源，然后在必要时进行人工呼吸。

(8) 伤势较重者，必须立即送医院抢救。

3．化学实验作业格式

| 序号 | 实验名称 | 仪器 / 药品 | 实验步骤及现象 | 反应方程式 |
|---|---|---|---|---|
| | | | | |
| | | | | |
| | | | | |
| 备注 | | | | |

# 实验一　化学实验基本操作

**【实验目的】**

(1) 了解化学实验室的规则和要求。

(2) 认识常用玻璃器皿并学会洗涤方法。

(3) 学习固体和液体试剂的取用，掌握用试管加热的方法。

**【实验内容】**

1．酒精灯的使用

化学实验中最常用的加热工具是酒精灯。由于其易挥发、易燃烧，所以在使用酒精灯时，要特别注意安全，严格操作规范。

2．玻璃器皿的洗涤

要取得实验的预期效果，必须把仪器清洗干净。每做完一次实验，应立即把仪器清洗干净。如不立即清洗干净，某些物质会附着在仪器内壁上，不易洗掉，影响下次实验效果。用过的塞子和导管等也应冲洗干净。洗仪器时可以使用肥皂、合成洗涤剂或去污粉。洗涤后的玻璃仪器内外壁上应没有水珠附着，用少量蒸馏水多次冲洗后，才能作为干净仪器。确定无法洗净时，可交实验管理员统一处理。

3．药品的处理

（1）不要用手拿药品。不要品尝药品的味道。不要直接嗅药品的气味，要用手扇。

（2）取用一定体积溶液时，要用量筒。向量筒或试管中倒入液体时，瓶口要紧挨量筒或试管口，慢慢倾倒。读取量筒里的数据时，眼睛应和液体凹面保持水平。

（3）取少量溶液时，要用滴瓶上所附的滴管或用单独的干净滴管。不要使药液进入滴管上的胶管内，以免沾污药液或损坏胶管。用滴管向容器或试管中滴加药液时，不要使滴管接触容器壁。

4．加热的方法

（1）加热液体物质可使用试管、烧杯、烧瓶、蒸发皿等器皿。在加热烧杯和烧瓶时，要加垫石棉网，使其受热均匀，以免炸裂。烧热的玻璃器皿也不能和冷物体接触。

（2）加热试管时，要用试管夹将试管倾斜受热，这样可以增大被蒸发液体的表面积，同时液体也不易溅出。试管口不要对着别人或自己。加热试管的底部不要和酒精灯的灯芯接触，以免试管受冷炸裂。用试管加热时，火焰不宜高出试管内液面，因液体上方的玻璃很热时，溅出的液体能使玻璃炸裂。

（3）固体药品加热时，可将固体药品装入试管底部，铺平，管口略向下倾斜，以免管口的冷凝水滴倒流而使试管炸裂。

**【实验思考】**

（1）使用酒精灯时应注意什么？

（2）固体试剂、液体试剂应如何取用？

（3）用试管加热时，应注意什么？

（4）玻璃器皿洗净的标准是什么？

## 实验二　元素周期律

**【实验目的】**

巩固对同周期、同主族元素性质递变规律的认识。

**【实验用品】**

仪器：试管、试管夹、酒精灯、火柴、烧杯、砂纸、药匙、漏斗、滤纸、镊子。

药品：K、Na、镁条、铝片、2 mol/L NaOH 溶液、0.5mol/L $MgCl_2$ 溶液、0.5mol/L 溶液、0.5mol/L $AlCl_3$ 溶液、酚酞、氯水、溴水、0.1mol/L NaBr 溶液、0.1mol/L NaI 溶液、0.1mol/L $H_2SO_4$、0.1mol/L $H_3PO_4$、0.1mol/L $HNO_3$、pH 试纸。

**【实验内容与步骤】**

学生可在进行实验时将实验内容与步骤补充完善。

## 一、同周期元素性质的比较

### （一）钠、镁、铝与水的反应

1．钠与水的反应

取一个 100mL 的小烧杯，加入 50mL 蒸馏水，用镊子取一小块（豆粒大小）金属钠，

用滤纸吸干其表面的煤油，投入烧杯中，现象为____________。加入 2 滴酚酞，溶液颜色变化为____________。写出反应方程式____________。

2．镁、铝与水的反应

取 2 支试管，各加入 5mL 蒸馏水，取一小段镁条，一小块铝片，用砂纸擦去表面的氧化膜，观察镁、铝的光泽和颜色，放入试管中，观察有无有反应发生____________。再加热至沸，现象为____________。写出反应方程式____________，____________。说明：Na 的金属性比 Mg 和 Al____________（填强或弱）。

### （二）$H_2SO_4$ 和 $H_3PO_4$ 酸性强弱的比较

（1）取 1 张 pH 试纸，滴 1 滴 0.1mol/L $H_2SO_4$ 溶液，观察颜色变化____________，与标准色卡比较，pH 为____________。

（2）取 1 张 pII 试纸，滴 1 滴 0.1mol/L $H_3PO_4$ 溶液，观察颜色变化____________，与标准色卡比较,pH 为____________。说明：硫酸比磷酸的酸性____________（填强或弱）

### （三）$Mg(OH)_2$、$Al(OH)_3$ 与碱的反应

（1）取 1 支试管，加入 3mL 0.5mol/L $MgCl_2$ 溶液，逐渐滴加过量的 2mol/L NaOH 溶液，观察现象____________。

（2）取 1 支试管，加入 3mL 0.5mol/L $AlCl_3$ 溶液，逐渐滴加过量的 2mol/L NaOH 溶液，观察现象____________。

说明：$Al(OH)_3$ 可以溶于碱，显示____________性，而 $Mg(OH)_2$，不溶与碱，只显____________性。$Mg(OH)_2$ 的碱性比 $Al(OH)_3$____________（填强或弱）。

结论：同周期元素，从左到右，金属性逐渐__________；非金属性逐渐__________。

## 二、同主族元素性质的比较

(一) 钾、钠与水的反应

1．钠与水的反应

操作步骤参照上文。

2．钾与水的反应

取1个100mol/L的小烧杯，加50mL蒸馏水，用镊子取1小块（豆粒大小）金属钾，用滤纸吸干其表面的煤油，投入烧杯中，立即用漏斗罩住烧杯，观察现象__________。加入2滴酚酞，观察溶液颜色变化__________。写出反应方程式__________。

说明：钾与水的反应和钠与水的反应__________更剧烈。

(二) NaCl、NaBr、NaI与氯水和溴水的反应

(1) 取3支试管，分别加入1mL 0.1mol/L NaCl溶液、0.1mol/L NaBr溶液和0.1mol/L NaI溶液，然后分别向3支试管中滴加1mL氯水，振荡，观察现象__________。

(2) 取3支试管，各加入1mL 0.1mol/L NaCl溶液、0.1mol/L NaBr溶液和0.1mol/L NaI溶液，然后分别向3支试管中滴加1mL溴水，振荡，观察现象__________。

说明：非金属性__________<__________<__________。

(三) 硝酸和磷酸的酸性比较

(1) 取1条pH试纸，滴1滴0.1mol/L $HNO_3$溶液，观察颜色变化__________，与标准色卡比较，pH为__________。

(2) 取1条pH试纸，滴1滴0.1mol/L $H_3PO_4$溶液，观察颜色变化__________，与标准色卡比较，pH为__________。

说明：硝酸比磷酸的酸性__________（填强或弱）。

结论：同主族元素，从上到下，金属性逐渐__________；非金属性逐渐__________。

**【实验思考】**

1．镁条、铝条与水反应前为什么要用砂纸打磨表面？

2．同周期、同主族元素的性质，随着原子序数的递增，会发生什么变化？

# 实验三　海带和碘盐中碘含量的检测

**【实验目的】**

海带富含碘元素，食用碘盐中也应含0.02‰的碘酸钾。但如何知道所购得的是真正的碘盐呢？通过实验探索，让学生通过对海带和碘盐进行检测，得出科学准确的结论。

**【实验用品】**

仪器：试管、试管夹、试管架、烧杯、量筒、玻璃棒、酒精灯、火柴。

药品：海带、碘盐、熟淀粉、氯水、蒸馏水、盐酸、KI、NaCl、亚铁盐、氯化亚锡。

**【实验原理】**

海带或碘盐中的碘遇淀粉变蓝紫色。

**【实验内容与步骤】**

(1) 将一根海带用适量温水浸泡数小时后，取浸泡后的清液 200mL，稍加过滤，取其滤液 3 ~ 5mL 于试管中，滴加几滴熟淀粉溶液后，再滴加氯水，可见试管中溶液立即变蓝。实验证明海带中富含碘离子。注意滴加氯水时不可过量。

此步骤也可用含 $Fe^{3+}$ 的溶液代替氯水，实验现象也很明显。若气温偏低，宜适当加热。

(2) 将 500g 袋装食用碘盐全部倒入 500mL 烧杯中，加适量蒸馏水，液面以浸没食盐晶体稍过一点为宜，用玻璃棒充分搅拌，静置。取其清液 3 ~ 5mL 于试管中，滴加 2 ~ 3 滴熟淀粉溶液，再滴加 2 ~ 3 滴盐酸，可用下列 3 种试剂分别进行检验，均可得到理想效果。

① 向其中加入 1 ~ 3 滴 KI 溶液，可见试管内溶液变蓝。该反应灵敏度高，但因人为加入碘离子，难免有其他因素会将碘离子氧化为单质碘，即信度不高。

② 向其中加入亚铁盐溶液，振荡，片刻后即可见试管内溶液变蓝。若气温偏低，可稍加热，试管中溶液就会很快变蓝。

③ 将氯化亚锡溶液滴入试管中，先勿振荡，可明显看到 $Sn^{2+}$ 离子溶液与碘盐溶液界面处出现有趣的蓝色环，稍稍振荡，蓝色环向下移动。

同时用纯净的 NaCl 进行对照实验，效果会更好。

## 实验四　电解质溶液 pH 的测定

**【实验目的】**

(1) 掌握配制各种溶液的方法。

(2) 了解在各种 pH 溶液中各指示剂所显示的特征颜色。

(3) 熟练掌握 pH 试纸的使用方法。

(4) 初步学习酸度计测定溶液 pH 方法。

**【实验用品】**

仪器：烧瓶、烧杯、试管、pH 计、pH 试纸、点滴板等。

药品：甲基橙指示剂、溴百里酚蓝指示剂、酚酞指示剂、茜黄素指示剂、蒸馏水。

**【实验内容与步骤】**

## 一、配制各种 pH 溶液

（1）在一只清洁的烧瓶中装入 400mL 蒸馏水并加热到沸腾。把一只小烧杯倒扣在烧瓶口上，将其冷却。蒸馏水中往往由于溶有 $CO_2$ 而微显酸性，加热可驱出 $CO_2$，煮沸过的蒸馏水，将作为一种 pH = 7 的溶液，并将用于下列稀释溶液。

（2）从试剂台上取 5ml $10^{-3}$ mol/L 的 HCl 溶液，用 45mL 煮沸过的蒸馏水加以稀释，搅拌。最终溶液中的 $H^+$ 浓度是 $10^{-4}$ mol/L，即 pH = 4。

（3）由 5mL pH 为 4 的溶液配制 50mL pH 为 5 的溶液。由 5mL pH 为 5 溶液配制 50mL pH 为 6 的溶液。

（4）类似地，用 $10^{-8}$ mol/L 的 NaOH 溶液，依次配制 pH 为 10、9 和 8 的溶液。

现在有了 pH 从 3 到 11 的 9 种溶液。取 5mL 的各溶液分别放在 9 支清洁干燥的试管中。向每支试管中加入（不多于 2 滴）甲基橙指示剂溶液，摇动试管并观察每一支试管中产生的颜色。把这些结果记录在数据表内。相似地，取新鲜的样品用下列各种指示剂（不多于 2 滴）进行试验：甲基橙、溴百里酚蓝、酚酞和茜黄素等。

## 二、测定未知酸和碱溶液的 pH

### 1. 用各种指示剂测定溶液的 pH

在清洁干燥的试管中各加入 5mL 酸溶液，向各试管中加入不同的指示剂 2 滴，记录观察到的颜色。

用相同的方法，向 0.05 mol/L 的未知碱溶液中加入各种指示剂记录产生的颜色，碱溶液由试剂台提供。

### 2. 用 pH 计测定溶液 pH

可从 pH 计表头上直接读出 0.1 pH 单位，测量精度较高，是工业生产中常用仪器。

取 2 只洁净干燥的烧杯，分别加入 50mL 未知酸和碱溶液，测量并记录 pH，其测量方法见酸度计使用说明。

## 三、用 pH 试纸测定盐类水溶液的 pH

取少量下列各盐溶液于点滴板上，用广泛 pH 试纸测定其 pH。

$CaCl_2$（0.1 mol/L）、NaAc（0.1 mol/L）、$NH_4Ac$（0.1 mol/L）、$NH_4Cl$（0.1 mol/L）。

**【实验思考】**

测定溶液的 pH 比较简便的方法是用 pH 试纸。这种试纸由多种指示剂的混合溶液浸制而成。把待测液滴在试纸上，将试纸显示的颜色和标准比色卡相比，就可以估计该溶液的 pH。测定溶液 pH 最精确的方法是用 pH 计。问：

（1）常见的 pH 测定方法有几种？

（2）pH 测定的原理是什么？

（3）pH 测定的注意事项有哪些？

## 实验五　凝胶的制备与性质

**【实验目的】**

（1）了解凝胶形成的条件，实验浓度、温度和电解质等因素对胶凝速度的影响。

（2）观察凝胶的液胀现象，掌握测定凝胶液胀最佳 pH 的方法。

（3）熟悉恒温水浴锅的原理、结构和操作注意事项。

**【实验用品】**

仪器：恒温水浴锅、秒表（或手表）、台式天平、试管、移液管（2mL，10mL）、烧杯、量筒、水银温度计 4 支（100℃）。

药品：$K_2SO_4$ 溶液（0.5mol/L）、$KA_C$ 溶液（1mol/L）、KCl 溶液（1 mol/L）、KCNS 溶液（1mol/L）、HCl 溶液（0.5mol/L）、NaOH（0.5mol/L）广谱 pH 试纸、片状明胶、干猪蹄筋、滤纸、食盐水溶液（10%）。

**【实验内容与步骤】**

（一）明胶溶胶的制备

称取 3g 明胶放入 1 个 100mL 烧杯中，加入 50mL 蒸馏水在 60℃水浴中边加热边搅拌，待完成溶解后，制得 6% 的明胶溶胶，备用。

（二）凝胶的制备和影响胶凝速度的因素

1．温度

取 4 支试管，各加入 2mL 6% 明胶溶胶，分别同时放置于下列温度环境中：60℃水浴中；室温空气中；冰水混合液中；10% 食盐 - 冰混合液中，开始记时并记录环境温度。每隔一定时间倾侧各试管，观察明胶是否流动，如不流动表示溶胶已转变为凝胶，记录各试管胶凝的时间和环境温度，并比较。

2．溶解度

取 4 支试管分别加入蒸馏水 0mL、2mL、6mL、10mL，将试管均置于 50 ～ 60℃热水浴中，再在每支试管内各加入 2.0mL 6% 明胶溶液，用玻璃棒搅匀，继续恒温 5min。以后取出一起置于室温下观察，记录各试管胶凝的时间，并比较。

3．电解质

取5支试管，分别用移液管加入0.5mol/L $K_2SO_4$、1mol/L KAc、1mol/L KCl、1mol/L KCNS及$H_2O$各2mL，置于60℃水浴中，再在各试管中加入6%明胶溶胶各2mL，用玻璃棒搅匀，恒温5min后，一起取出置于室温下观察，记录各试管胶凝的时间，并比较不同电解质影响胶凝速度的顺序。

（三）凝胶的溶液

（1）配置下列不同pH溶液各100mL。

HCl溶液：0.1mol/L、0.01mol/L、0.001mol/L、0.0001mol/L、0.00001mol/L。

NaOH溶液：0.1mol/L、0.01mol/L、0.001mol/L、0.0001mol/L、0.00001mol/L。

（简易配法：取0.1mol/L溶液10.0mL，加入90.0mL蒸馏水，配成0.01mol/L的溶液，依此类推）。

（2）取10支大试管并编号，依次将上述10种溶液分别注入相应标号的试管中，置于60℃恒温水浴中，使管内外温度平衡。

（3）用广谱pH试纸测定各试管溶液pH并记录。

（4）称取10根干猪蹄筋，使每根重约10g（精确至0.1g），一起插入各试管浸泡液中并开始计时。1h后蹄筋开始明显溶胀时一起取出，迅速用滤纸吸干蹄筋表面水分，在台式天平上称量猪蹄筋凝胶溶胀后的质量（精确至0.1g）。

（5）计算不同pH条件下，在相同温度下猪蹄筋凝胶不同的溶胀度，绘制溶胀度与pH曲线，找出最大溶胀度pH。

**【实验思考】**

（1）通过本实验请归纳哪些因素会影响溶胶凝速度？分别是怎样影响的？

（2）研究本实验凝胶溶胀的实验过程，思考哪些因素会影响凝胶的溶胀过程？试设计影响凝胶溶胀其他因素的实验过程。

## 实验六　烃的含氧衍生物的性质

**【实验目的】**

（1）了解一些烃的含氧衍生物的主要化学性质。

（2）学会乙酸乙酯的制法。

**【实验用品】**

仪器：试管、镊子、滤纸、小刀、火柴、酒精灯、细玻璃管、烧杯、砂纸。

药品：金属钠、镁片、苯酚晶粒、无水乙醇、乙醇、乙醛、乙酸、冰醋酸、5% NaOH溶液、10% NaOH溶液、2% $CuSO_4$溶液、2% $AgNO_3$溶液、2%氨水（体积分数）、浓

$H_2SO_4$、$Na_2CO_3$ 溶液、pH 试纸。

**【实验内容】**

学生可在进行实验时将实验内容补充完善。

## 一、乙醇与金属钠反应

在干燥的试管中加入 1mL 无水乙醇，再用镊子从煤油中取出一小块金属钠，先用滤纸擦干表面的煤油，用刀切除表面的氧化膜，再切成黄豆粒大小放入试管中，观察试管中的现象，使试管口靠近点燃的火柴和灯焰，观察有什么现象________________，写出反应方程式____________________。

## 二、苯酚的弱酸性

分别在 2 支试管中加入少量苯酚晶粒，加入 2mL 水，振荡，溶液出现____________，第一支试管加热，出现____________，第二支试管中滴加质量分数为 5% 的 NaOH 溶液，振荡，可以观察到溶液____________，写出反应方程式______________________。
通过 1 支玻璃管向试管中吹气（即通入 $CO_2$ 气体），可以观察到溶液____________，写出反应方程式____________________。说明苯酚的酸性比碳酸的酸性____________。

## 三、醛的费林反应

在试管中加入 2mL 质量分数为 10% 的 NaOH 溶液，再滴入 4 ~ 8 滴质量分数为 2% 的 $CuSO_4$ 溶液，振荡，观察发生的现象_______________，写出反应方程式________________________。再加入 0.5mL 的乙醛，振荡后把试管放在沸水浴中，加热 3 ~ 5min，观察发生的现象____________________，写出反应方程式________________。

## 四、醛的银镜反应

在 1 支干净的试管中加入 2mL 质量分数为 2% 的 $AgNO_3$ 溶液，然后一边振荡试管，一边逐滴加入体积分数为 2% 的稀氨水，直到产生的沉淀恰好溶解为止，再加入 3 滴乙醛，振荡后把试管放入 50 ~ 60℃的热水浴中，保持几分钟，观察现象______________________，写出反应方程式______________________________。

## 五、乙酸的酸性

（1）用 pH 试纸检验乙酸的 pH 为______________________。

（2）在试管中加入 2mL 乙酸和 2mL 冰醋酸，混合均匀后加入 5 滴浓硫酸，把试管放入 70 ~ 80℃的水浴中加热，并时常摇动。10min 后，在试管口闻一下气味，取出试管，用冷水浴冷却，再滴加 2mL 饱和碳酸钠溶液，观察发生_______________________现象，写出反应方程式______________________________。

【实验习题】

从煤焦油里得到了苯酚和苯的同系物的混合物，设计一个方案，将苯酚分离出来。

有 3 支试管，分别盛有乙醇、乙醛和乙酸，设计一个方案，把它们鉴别出来。

## 实验七　糖类、脂肪、蛋白质的性质

【实验目的】

（1）掌握葡萄糖的还原性和淀粉的水解反应的相关知识。

（2）认识蛋白质的性质，学会蛋白质的检验方法。

（3）了解油脂皂化反应的意义，学会检验油脂的不饱和性。

【实验用品】

仪器：试管、试管夹、试管架、烧杯、量筒、温度计、玻璃棒、铁圈、铁夹、铁架台、石棉网、点滴板、酒精灯、火柴。

药品：0.1mol/L $AgNO_3$ 溶液、2mol/L $NH_3 \cdot H_2O$ 溶液、0.3mol/L 葡萄糖溶液、10g/L 淀粉溶液、3mol/L $H_2SO_4$ 溶液、碘水、棉纱、纯羊毛线、鸡蛋清溶液、饱和 $(NH_4)_2SO_4$ 溶液、饱和 $CuSO_4$ 溶液、饱和醋酸铅溶液、甲醛溶液、无水乙醇、水合茚三酮试剂、猪油、乙二醇、30% NaOH 溶液、饱和 NaCl 溶液、菜籽油、桐油、四氯化碳、5% $HgCl_2$ 溶液、3% 碘的四氯化碳溶液。

【实验内容】

（一）葡萄糖的还原性

取清洁试管 1 支，加入 0.1mol/L $AgNO_3$ 溶液 2mL，逐滴加入 2mol/L $NH_3 \cdot H_2O$，边滴边振荡，直至生成的沉淀刚好溶解为止，即得多伦试剂。然后在多伦试剂中加入 0.3mol/L 葡萄糖溶液 1mL，将试管置于 60°C 水浴加热数分钟，取出试管，观察现象________________，说明原因____________________，写出反应的化学方程式________________。

（二）淀粉的水解

取 10mL 10g/L 淀粉溶液加入小烧杯，加入 5mL $H_2O$ 和 1mL 3mol/L $H_2SO_4$ 溶液，水浴加热，每隔 2min 用滴管取 1 滴淀粉水解液于点滴板上，再滴加 1 滴碘液，观察颜色的变化，直至碘液不变色为止。

写出化学反应方程式____________________。

（三）蛋白质的性质

1．蛋白质的灼烧

取一截棉纱和一截羊毛线，分别放在火焰上灼烧，闻两者灼烧产生的气味。灼烧棉纱发出________________气味，灼烧羊毛线发出________________气味。

2．蛋白质的盐析作用

取1mL鸡蛋清溶液于干净试管中，慢慢加入1ml饱和$(NH_4)_2SO_4$溶液，观察到现象，说明________________。加水2mL，轻轻晃动，观察到____________现象。说明________________。

3．蛋白质的变性作用

取1支试管，注入3mL鸡蛋清溶液，在酒精灯上加热，观察到________________现象。加水2mL，观察到________________，说明________________。

4．重金属盐对蛋白质的凝结作用

取2支试管，各加入1mL鸡蛋清溶液，在1支试管中加入1滴饱和$CuSO_4$溶液，有________________生成；在另1支试管中加入1滴饱和醋酸铅溶液，有________________生成。各加入5mL蒸馏水，观察到________________现象。说明________________。

5．有机溶剂对蛋白质的凝结作用

取2支试管，各加入1mL鸡蛋清溶液，然后分别加入1mL甲醛溶液和1mL无水乙醇溶液，混匀，观察到________________现象。再分别加入5mL蒸馏水，观察到________________现象，说明________________。

6．蛋白质的颜色反应

在1支试管中加入鸡蛋清溶液1mL，再加入水合茚二酮试剂3～4滴，酒精灯上加热，观察到现象________________。

（四）油脂的皂化

取50mL干净小烧杯1支，加入1匙猪油（约4g），再加入15mL乙二醇，15mL 30% NaOH溶液，置于酒精灯上加热5～6min后反应趋向完全。用玻璃棒蘸取皂化液滴入沸水中，如能完全溶解而无油滴析出，表明皂化反应已经完成。否则还需继续加热，直到无油析出为止。为什么？

________________________________

在制得的黏稠皂化液中，加入热的饱和 NaCl 溶液至近烧杯口，搅拌，使肥皂盐析出，浮在液面上，取出冷却，肥皂即凝固而成。

（五）油脂的不饱和性

取 2 支干净试管，分别加入菜籽油和桐油各 1 ~ 2mL，再加入四氯化碳 1 ~ 2mL，使之溶解，滴入 1 ~ 2 滴 $HgCl_2$ 溶液，然后滴入含碘 3% 的四氯化碳溶液，边滴入边振荡，可观察到____________________现象，说明____________________________。

**【兴趣实验】**

**白糖变黑碳**

将 60g 白糖（砂糖应研细）放入敞口的圆柱形铁皮罐内（或放于烧杯中），加温水 6mL，搅匀后置于石棉板上，冬天要用水浴加热至 30 ~ 40ºC。

量取浓硫酸 30mL，倒入罐中，用玻棒仔细搅拌，当酸、糖混合物开始发黑时，将玻棒垂直插在罐中央，用手扶住，放置片刻，大量的疏松多孔状黑色物质不断从罐内涌出，同时释放带有焦糊味的气体，反应完毕，整块黑色的物质形如“黑面包”，可完整地取出观察。

说明：本实验的原理是利用浓硫酸强烈的脱水作用，使蔗糖炭化。因此使用的浓硫酸浓度要保证，不能使用低浓度的硫酸。

**【实验思考】**

（1）在葡萄糖与多伦试剂的反应中，要使银镜明亮，操作的关键是什么？

（2）引起蛋白质变性的因素有哪些？

（3）皂化值低、碘值大分别说明油脂的什么性状？

# 实验八　虾蟹遇热变色

**【实验目的】**

了解虾、蟹蛋白质遇热变色的原理。

**【实验用品】**

仪器：烧杯、量筒、吸管、量筒瓶、玻棒、电子天平、酒精灯、火柴。

药品：10% 稀盐酸溶液、10% 氢氧化钠溶液（其他酸性或碱性物质均可）。

材料：虾或蟹数份。

**【实验原理】**

虾、蟹是食品中良好的蛋白质来源，虾蟹肉含有大量的非蛋白态氮，是牛肉中含量的两倍以上，其中以氨基酸所占的比例最大。由于几乎不含脂肪和糖类，虾蟹是低热量的食品，又是良好的磷与钾的来源。

虾和蟹所具有的颜色，主要是其甲壳下真皮层中的色素细胞在起作用。真皮层中散布着各种各样的细胞，能够随着光线的强弱或环境的改变而伸缩。各种色素细胞具有吸收和反射光线波长的功能，因此，在不同的环境里会显现出各种不同的颜色。当色素细胞伸张时，色素就会随着细胞的四周放射而分散；色素细胞的面积扩大，色素分子也变大，接受光线的量增大，机会就多，颜色也会跟着显著变化。相反，色素细胞收缩时，色素细胞缩小了，色素分子变小，接受光线的量减少，机会也减少。同时，色素又会随着细胞的收缩而集中，有时甚至缩成极小的斑点，其颜色自然就会变淡或不明显。

虾蟹体内含有的还原虾红素与蛋白质结合后多呈蓝色、青色或青白色，具有水溶性，但这种结合不稳定，受热易分解。还原虾红素属于胡萝卜素系，为脂溶性，具有荧光反应。虾蟹受热后，原本与还原虾红素结合的蛋白质变性，将还原虾红素游离并氧化成虾红素而呈鲜红色，凡是虾红素多的地方，颜色就深，例如蟹背上等部位；而虾红素少的地方，颜色就比较浅，如腹下等部位。

**【实验内容与步骤】**

1. 加热

把加热后的红色虾（或蟹）汤分成三份，向其中一份加入稀盐酸，向另一份加入氢氧化钠溶液，与第三份原样进行颜色对比。

2. 观察

观察加入酸、加入碱溶液的汤汁颜色的改变并解释其现象。

## 实验九　天然色素和食品褐变

**【实验目的】**

（1）观察实验条件下，食品中常见天然色素在不同条件下的变化，熟悉其性质。

（2）了解食品酶促褐变和非酶促褐变的特点。

（3）通过实验现象归纳，加深对食品在贮藏、烹饪过程中控制色变的原理的理解。

**【实验用品】**

仪器：试管、烧杯试管夹、铁架台组、表面皿、量筒、10mL 移液管、恒温水浴锅、单面刀片、研钵、纱布、剪刀。

药品：$NaNO_2$（10%）溶液、L-抗坏血酸（5%）溶液、$NaHCO_3$（5%）溶液、$CuSO_4$（5%）溶液、$CH_3COOH$（5%）溶液、$FeCl_3$（5%）溶液、$NH_3 \cdot H_2O$（2%）溶液、NaCl（50%）溶液、$NaHSO_4$（5%）溶液、葡萄糖（2%）溶液、果糖（2%）溶液、甘氨酸（0.2%）溶液、赖氨酸（0.2%）溶液、pH 分别为 3.0/5.0/8.0 的醋酸缓冲溶液。

材料：瘦肉（牛肉、猪肉）、绿色蔬菜、色彩鲜明的花瓣或果皮（如茄子皮、牵牛花瓣等）、苹果（或梨、茄子、土豆）。

**【实验内容与步骤】**

（一）观察天然色素

1．观察血红素的变化

将 20g 瘦肉切成薄片，分置于 3 只小烧杯中。A 试样原样暴露在空气中；B 试样滴加 10%$NaNO_2$ 溶液和 5% L- 抗坏血酸溶液各 1mL，拌匀；C 试样置于沸水浴中加热。10min 后观察各样肉片颜色有何变化。为什么？

2．观察叶绿素的变化

将 50g 绿叶蔬菜剪碎置于研钵中，加入 10mL 蒸馏水，用研钵反复研磨（可加入少量洁净石英砂），待大部分叶绿素溶于水中后，用纱布包裹挤滤，滤汁分装入 4 支大试管中，作如下处理：A 管原样放置；B 管加入 5% $NaHCO_3$ 溶液 2mL，混匀；C 管加入 5% $CH_3COOH$ 溶液 2mL，混匀；D 管加入 5% $CuSO_4$ 溶液 2mL，混匀。B、C、D 三支试管一起放入沸水浴中加热 5min。观察并比较 4 支试管中叶绿素溶液颜色有何变化。为什么？

3．观察花青素的变化

取带色素的花瓣或果皮 2 小片置于表面皿中，用单面刀片轻轻将其表皮划破，分别滴加 10% 氨水和 5% 的 $CH_3COOH$ 溶液各一滴，仔细观察其颜色有何变化？用蒸馏水淋洗后，再交换位置滴加上述 $CH_3COOH$ 及氨水溶液各 1 滴。观察颜色是否能回复到原来的色调。为什么？

（二）酶促褐变

将苹果（或梨、茄子等试样）切成 8 片，规格为 5cm × 1.5cm × 0.5cm，分置于标号 A ～ H 的 8 支大试管中，分别作如下处理：A 试管原样置于室温空气中；B 试管加入蒸馏水并浸没 2cm；C 试管加入新煮沸 3min 并冷却后的蒸馏水并浸没 2cm；D 试管加入 5% NaCl 溶液浸没试样；E 试管加入 5% $Na_2CO_3$ 溶液浸没试样；F 试管加入 5% $NaHCO_3$ 溶液浸没试样；G 试管加入 5% L- 抗坏血酸溶液浸没试样；H 试管加入 2% $NaHSO_4$ 溶液浸没。15min 后注意观察各试管中样品变色情况。可以得出什么结论？

（三）非酶褐变——美拉德反应

1．温度的影响

在 2 支试管中，同样注入 2% 葡萄糖溶液和 0.2% 甘氨酸溶液各 2mL，混匀。将其中 1 支在室温下静置，另一支置于沸水浴中加热。5min 后，观察两试管溶液颜色有何变化？有何不同？

2．pH 的影响

在 3 支大试管中，分别加入 pH＝3.0，5.0，8.0 的醋酸缓冲溶液各 5mL。然后，再各加入 2% 葡萄糖溶液和 0.2% 甘氨酸溶液各 2mL，充分混匀，置于沸水浴中 5min，仔细观察 3 支试管中混合物颜色有何不同？哪支的色泽最深？说明了什么问题？

3．不同反应物的影响

在 4 支试管中，按体积 1 ：1 分别加入以下 4 组不同组合的溶液：① 2% 葡萄糖＋ 0.2% 甘氨酸溶液；② 2% 葡萄糖＋ 0.2% 赖氨酸溶液；③ 2% 果糖＋ 0.2% 甘氨酸溶液；④ 2% 果糖＋ 0.2% 赖氨酸溶液。充分混匀，一起放入沸水浴中加热 5min，观察各试管内混合物颜色有何不同。

**【实验思考】**

（1）绿色蔬菜采摘后长期放置为什么会变黄？

（2）结合实验研究提出较长时间保存鲜藕片而不致发生酶促褐变的方案？

## 实验十　烹饪对蔬菜中维生素 C 含量的影响

**【实验目的】**

测定经不同烹饪技法处理后的几种常见蔬菜中的维生素 C 含量，可以了解不同的烹饪技法及加热时间的长短对蔬菜中的维生素 C 造成不同程度的损失，寻求其中的规律性。

**【实验用品】**

仪器：微波炉、捣碎机、微量滴定管（5mL）、容量瓶（100mL）、刻度吸管、锥形瓶、电子天平。

药品：1%、2% 草酸溶液、饱和氯化钠溶液、石油醚、标准抗坏血酸溶液、2,6- 二氯酚靛酚溶液。

材料：大白菜、青椒。

**【实验原理】**

维生素 C 是一种水溶性维生素，是人类所需营养中最重要的维生素之一。人体若缺乏维生素 C 会出现坏血病，因此又将其称为抗坏血病维生素。此外，维生素 C 还具有预防和治疗感冒以及抑制致癌物质产生的作用。

维生素 C 的分布很广，尤其在水果和蔬菜中含量更为丰富。不同种类及品种的果蔬，不同的栽培条件，不同成熟度都会影响果蔬中维生素 C 的含量。

维生素 C 易被破坏，而在酸性溶液中比较稳定。测定维生素 C 的含量是了解果蔬品质高低及其加工工艺成效的重要指标。在烹饪过程中，采用不同的烹饪技法，对蔬菜中维生素C会造成不同程度的损失。选用新鲜时令蔬菜作为样品进行本实验，可以考察不同烹饪技法处理后，样品中的维生素C的含量保存率，为合理烹饪提供科学依据。

**【实验内容与步骤】**

1. 样品准备

(1) 用自来水洗涤蔬菜上的尘土，摘去腐叶，再用蒸馏水洗涤晾干，按下面方法处理后立即烹饪。取50g大白菜中层部分洗净、晾干、切成5cm长、0.5cm宽的块；取青椒50克洗净、晾干并切成5cm长、0.3cm宽的丝；每种蔬菜采用恰当的烹调技法将原料烹饪煮或蒸全熟，加入10mL 2%草酸溶液（以免维生素C变为氧化型而无法滴定）。

(2) 将所得材料放入组织捣碎机打成匀浆，取全部滤液，移入100mL容量瓶，用1%草酸溶液稀释至刻度，摇匀，静置，待测，记录滤液总体积。

2. 样品预处理

取10mL样品于分液漏斗中，加入10mL饱和氯化钠溶液，混匀，再加10mL石油醚振荡混合，分取下层。石油醚层用5mL饱和氯化钠洗两次，合并全部水层于蒸馏瓶中。

3. 2,6-二氯酚靛酚溶液的测定

准确吸取4.0mL标准抗坏血酸溶液（含0.4抗坏血酸）置于100mL锥形瓶中，加入16mL 1%草酸溶液，用2,6-二氯酚靛酚溶液滴定至淡红色（15s不褪色即可）。记录所用染料溶液的体积，计算出1mL染料溶液所能氧化的抗坏血酸的毫克数。

4. 样品的滴定

准确吸取两份样品提取液，各20mL于100mL锥形瓶中，用已标定过的2,6-二氯酚靛酚溶液滴定至淡红色（15s不褪色即可），记录所用染料溶液的体积。

5. 空白滴定

吸取20mL 1%草酸溶液于100mL锥形瓶中，进行两次空白对照滴定。

**【实验讨论】**

从实验可以看出：青椒比大白菜维生素C含量高很多。在煮的状态下，维生素C会随水流出而损失。而蒸的情况下，蔬菜封闭在固定器皿中，维生素C会在器皿中。所以补充维生素C时未加工比蒸的保存率高，蒸比煮的保存率高。

# 练习实践参考答案

## 第一章　物质结构和元素周期表

### 第一节　原子结构和同位素

#### 一、选择题

1．C、D　2．D　3．B　4．B

#### 二、计算题

$35 \times 75.77\% + 37 \times 24.23\% \approx 35.5$

### 第二节　元素周期律　元素周期表

#### 一、填空题

1．7，7　2．减小，减弱，增强，减弱，增强

3．增大，增强，减弱，增强，逐渐减弱

4．主族，该元素原子最外层电子数 -8

5．填表

| 核外电子排布 | (+11) 2 8 1 | (+12) 2 8 2 | (+7) 2 5 | (+16) 2 8 6 |
|---|---|---|---|---|
| 周期数 | 三 | 三 | 二 | 三 |
| 族数 | ⅠA | ⅡA | ⅤA | ⅥA |
| 元素名称及符号 | 钠 Na | 镁 Mg | 氮 N | 硫 S |
| 最高正化合价 | +1 | +2 | +5 | +6 |

#### 二、选择题

1．A　2．B　3．C　4．B

#### 三、问答题

1．元素原子核外电子排布呈周期性变化。

2．①金属性 Na < K；　②金属性 B < Al，非金属性 B > Al；

③金属性 P < Al，非金属性 P > Al； ④非金属性 O > S；
⑤非金属性 S < Cl。

3. ① C,O,Na,Al； ②周期序数＝核外电子层数；主族序数＝最外层电子数。

# 第二章 非金属元素

## 第一节 卤族元素

### 一、填空题

1. $F_2$，$Cl_2$，$Br_2$，$I_2$ 2. 7，1，−1 3. F，F

4. 淡黄，不溶，$Ag^+ + Br^- = AgBr\downarrow$，棕，$2AgBr = 2Ag + Br_2$

### 二、选择题

1. A、B 2. A、D 3. A、C

### 三、实验题

A 是 $CuCl_2$，B 是 NaOH，C 是 KBr，D 是 $AgNO_3$

## 第二节 氧族元素

### 一、填空题

1. 增多，增大，减弱，由上而下，增强 2. 6，得到 2，−2，+4，+6

### 二、选择题

1. C 2. D 3. C 4. C

### 三、问答题

通过反应 $O_2 + H_2S = S\downarrow + H_2O$ 可看出，$O_2$ 能将 S 氧化，说明 O 的氧化性比 S 强，即非金属性比 S 强。从原子结构角度说，O 和 S 属于同一主族，但是 O 的电子层数只有两层，比 S 少一层，所以核对电子引力强，难失去电子，表现为非金属性强。

## 第三节 氮族元素

### 一、填空题

1. VA，5，N 2. 5，增大，减弱，减弱，减弱 3. +5，−3，减弱

4. 共价 5. 自燃，水 6. 水

### 二、选择题

1. A 2. D 3. B 4. B 5. D 6. B

### 三、问答题

一定条件下，两者可以相互转化。

## 第四节 碳族元素

### 一、填空题

1. 弱

2．$SiO_2 + 2NaOH \xlongequal{} Na_2SiO_3 ++ H_2O$

## 二、选择题

1．B　2．C　3．D　4．A

# 第三章　金属元素

## 第一节　碱金属元素

### 一、填空题

1．Cs，Li　　2．活泼，多，失去

3．钠的化合物，黄，钾的化合物，紫，蓝，样品，钠元素　4．钾，钠

### 二、选择题

1．D　2．D

### 三、写出下列反应的化学方程式

1．$2Na+O_2 \xlongequal{点燃} Na_2O_2$　　2．$2Na+Cl_2 \xlongequal{点燃} 2NaCl$

3．$2Na + 2H_2O \xlongequal{} 2NaOH + H_2\uparrow$　　4．$Na_2O+H_2O \xlongequal{} 2NaOH$

### 四、实验题

焰色反应，黄色火焰的为钠的化合物，紫色火焰的为钾的化合物；分别向两种钠的化合物溶液里加盐酸，有气体产生的为 $Na_2CO_3$；分别向两种钾的化合物溶液里加盐酸，有气体产生的为 $K_2CO_3$。

$Na_2CO_3+2HCl \xlongequal{} 2NaCl+H_2O+CO_2\uparrow$　　$K_2CO_3+2HCl \xlongequal{} 2KCl+H_2O+CO_2\uparrow$

## 第二节　碱土金属元素

### 一、填空题

1．左边，少，大，失去，阳离子，氧化，还原　2．酸，碱，两性，两性

3．产生白色沉淀，沉淀不溶，产生白色沉淀，沉淀溶解，$Al(OH)_3 < Mg(OH)_2 < NaOH$

### 二、选择题

1．B　2．C　3．B

### 三、问答题

1．以常见的铝为例。物质的性质决定其用途。由于金属铝有多种优良性能，因而有着极为广泛的用途。

（1）铝的密度小，可制成各种铝合金，如硬铝、超硬铝，防锈铝、铸铝等。广泛应用于飞机、汽车、火车、船舶、宇宙火箭、航天飞机、人造卫星等制造工业。

（2）铝的导电性仅次于银、铜，在电器制造工业、电线电缆工业和无线电工业中有广泛的用途。

（3）铝是热的良导体，它的导热能力比铁大 3 倍，可制造各种热交换器、散热材料和炊具等。

（4）铝有较好的延展性（它的延展性仅次于金和银），制成的铝箔广泛用于包装香烟、

糖果等，还可制成铝丝、铝条等。

（5）铝的表面因有致密的氧化物保护膜，不易受到腐蚀，常被用来制造医疗器械、冷冻装置、石油和天然气管道等。

（6）铝粉具有银白色光泽（一般金属在粉末状时的颜色多为黑色），常用来做涂料，俗称银粉、银漆，以保护铁制品不被腐蚀，而且美观。

（7）铝在氧气中燃烧能放出大量的热和耀眼的光，常用于制造爆炸混合物、燃烧混合物和照明混合物。

但人若长期摄入过量铝元素后会造成脑中毒，如老年痴呆。

2. 合金是两种或两种以上金属（或金属和非金属）熔合而成的具有金属特性的物质。其中铝合金因其良好的抗蚀性、足够的强度、优良的工艺性能和焊接性能、广泛用于建筑物构架、门窗、吊顶、装饰面等。而锌铜合金除了作为仿金镀层外，还有如下用途：

（1）作为镀铜、镀镍的底层。

（2）白色锌铜合金作为代镍镀层。

（3）在铁、铝件上镀黄铜，加强与橡胶的黏接能力等。

# 第四章　电解质溶液

## 第一节　溶液的基本概念

### 一、选择题

1．B　2．B　3．D　4．D

### 二、调研题

略

## 第二节　溶液的浓度及换算

### 一、填空题

1．溶液浓度，溶质的质量与溶液的质量，100，20　2．20%

### 二、计算题

1．168g

2．量取 18.4mL 98% 的浓硫酸，加水稀释成 500mL 稀溶液即可

3．0.1mol/L

## 第三节　电解质溶液

### 一、选择题

1．A　2．D

### 二、判断题

1．×　2．✓　3．✓　4．×

## 第四节　溶液的酸碱性

### 一、选择题

1．A　2．B　3．C

### 二、判断题

1．✓　2．×

### 三、调研题

营养医学中，判定食物的酸碱性，是将食物经过燃烧成灰质后，再取出以水溶解，测定其酸碱度。食物由胃消化、吸收，是一连串燃烧的过程，而体内燃烧与空气中燃烧，几乎是相似状态，所以用这个方法模拟检定出食物的酸碱性。分析食物的酸碱性后，可以得到以下几项特点。

(1) 大部分动物性食物，属酸性食物。

(2) 大多数谷类、部分坚果类，属于酸性食物，它们为人类提供能量。

(3) 碱性食物包括多数蔬菜类、水果类和海藻类。即低热量的植物性食物，几乎都是碱性食品。

如果日常饮食中食用过多高酸度的食物，身体会偏酸，注意及时以其他高碱性食物调和。

# 第五章　有机化合物——烃

## 第一节　甲烷和烷烃

### 一、填空题

1．4，双，三，碳链　　2．$C_nH_{(2n+2)}$，14 3．氢原子

### 二、选择题

1．D　2．C　3．A　4．D

### 三、填表

“相互关系”栏中从上至下依次为：E，D，C，A，B。

## 第二节　乙烯和烯烃

### 一、填空题

1．无，稍有，难，排水　　2．碳碳双，$C_nH_{2n}$，$CH_3—CH=CH_2$，$CH_3—CH_2—CH=CH_2$

3．氧化，加成，加聚

### 二、选择题

1．C　2．C　3．C、D

## 第三节　乙炔和炔烃

### 一、填空题

$C_{15}H_{32}$；$C_8H_{16}$，$C_{17}H_{34}$，$C_7H_{14}$；$C_9H_{16}$，$C_8H_{14}$

### 二、选择题

1．D　2．D

### 三、填表

| 化合物名称 | | 甲　烷 | 乙　烯 | 乙　炔 |
|---|---|---|---|---|
| 结构简式 | | $CH_4$ | $CH_2=CH_2$ | $CH\equiv CH$ |
| 所属烃类的结构特点 | | 碳碳单键 | 碳碳双键 | 碳碳三键 |
| 与溴反应 | 反应类型 | 取代反应 | 取代反应 | 加成反应 |
| | 反应终产物 | $CBr_4$ | $CH_2Br—CH_2Br$ | $CHBr_2—CHBr_2$ |
| 主要用途 | | 略 | 略 | 略 |

## 第四节　苯

### 一、填空题

1．无，有芳香，不，液　2．

```
        H
        |
        C
      //  \
 H—C        C—H
    |        ||
 H—C        C—H
      \\  /
        C
        |
        H
```

，单双键间　3．分子结构中含苯环的烃

### 二、选择题

1．B　2．C、D　3．B

### 三、问答题

1．(1) 已烷不发生加成反应，化学性质较稳定；已烯活泼，其官能团是碳碳双键，易发生加成和加聚反应；苯要在镍作催化剂并加压加热时才和氢气加成，比较困难。

(2) 它们虽然都是液体，但可以区别：先各自加入溴水，使溴水褪色的是已烯；然后另外两支试管中可以加入浓溴水和铁粉，能够发生反应的是苯（生成溴苯和溴化氢），不能够反应的就是已烷。

2．$C_6H_5—CH_3$

# 第六章　烃的衍生物

## 第一节　乙醇——醇类

### 一、填空题

1．$CH_3CH_2OH$，$C_nH_{2n}O$

2．乙醇，乙醇，丙三醇，甲醇

二、选择题

1．C、D　2．D

## 第二节　苯酚

一、填空题

1．晶，小，浑浊，澄清，浑浊　　　2．酒精

二、选择题

1．C　2．D　3．A

## 第三节　乙醛——醛类

一、填空题

1．碳氧双，加成，还原，醇，氧化

2．先有蓝色沉淀产生，后又产生砖红色沉淀，$CuSO_4 + 2NaOH = Cu(OH)_2 \downarrow + Na_2SO_4$
$HCHO + 4Cu(OH)_2 = 2Cu_2O \downarrow + CO_2 \uparrow + 5H_2O$，醛

二、选择题

1．A　2．B

三、鉴别题

取样同时加溴水，己烯褪色，苯酚产生白色沉淀；在没有变化的试管中再加高锰酸钾溶液，苯和乙醛无变化，甲苯褪色；最后不变化的两试管加银铵溶液，发生银镜反应的是乙醛。

## 第四节　羧酸和酯类

一、选择题

1．A　2．B

二、解释概念

略

三、计算题

（1）$C_2H_4O_2$　（2）$CH_3COOH$

# 第七章　有机营养素

## 第一节　糖类

一、填空题

1．醛，—CHO　　2．蔗糖，蔗糖，麦芽糖

二、选择题

1．B　2．C　3．C　4．B　5．A，B　6．A

### 三、问答题

1．因为这两种食物都是由淀粉组成的。人体的唾液中有大量的淀粉酶，淀粉酶可以使淀粉转化成糖，所以我们的味觉可以触嗅出甜甜的味道。

2．淀粉可用于稀释剂、黏合剂、崩解剂，并可用来制备糊精和淀粉浆。化学实验中用直链淀粉检验碘。当然，作为植物体内的储能物质可以满足人体最大的需要——食用。

纤维素用于纺织造纸。化工上制备人造丝，赛璐玢以及硝酸酯、醋酸酯等酯类衍生物和甲基纤维素、乙基纤维素、羧甲基纤维素、聚阴离子纤维素等醚类衍生物原料。人体生理功能就是作为膳食纤维。

3．检验淀粉是不是还有剩余，用碘水，观察是否使溶液变蓝。

4．生苹果内含有大量淀粉，淀粉遇碘会变蓝色。苹果成熟后，原淀粉成分发生转化，含有具有还原性的葡萄糖及其他成分，因此可以还原银氨溶液，发生银镜反应。

### 四、综合题

略

## 第二节　脂类

### 一、选择题

1．A　2．B　3．D

### 二、综合题

人体摄入油脂有四大作用：①为人体提供热量；②提供人体无法合成而必须从植物油脂中获得的必需脂肪酸（亚油酸、亚麻酸等）；③供给脂溶性维生素（维生素A、维生素D、维生素E、维生素K）；④提供食品风味和制作功能（烘焙用油、麻油香味等）。

## 第三节　蛋白质

### 一、选择题

1．D　2．D　3．C　4．C　5．C　6．B

### 二、简答题

1．蛋白质的胶凝作用是指变性的蛋白质分子聚集并形成有序的蛋白质网络结构的过程。它的化学本质是蛋白质的变性。大多数情况下，热处理是蛋白质凝胶必不可少的条件，但随后需要冷却，略微酸化有助于凝胶的形成。添加盐类，特别是钙离子可以提高凝胶速率和凝胶的强度。

2．蛋白质分子受到某些物理、化学因素的影响时，会发生生物活性丧失、溶解度降低等分子空间结构的改变，这类变化称为变性作用。变性的实质是蛋白质分子次级键的破坏引起二级、三级、四级结构的变化。蛋白质变性的影响因素有：热、辐射、超声波、剧烈震荡等物理因素，还有酸、碱、化学试剂、金属盐等化学因素。例如，压力和热结合处理使牛肉中蛋白质变性可提高牛肉的嫩度和强化灭菌效果，同时，可以使肌肉的构成发生变化，从而影响制品的功能性质，如颜色、组织结构、脂肪氧化和风味等。

## 第四节 维生素

### 一、选择题

1. C 2. D

### 二、填空题

1. (1) 176 (2) 9 : 1 : 12

2. (1) 2，120 : 15 : 8 (2) 油脂

# 第八章 菜点风味化学

## 第一节 风味的概念

### 一、判断题

1. × 2. × 3. ×

### 二、选择题

1. C 2. C 3. C

### 三、简答题

1. 风味是一种感觉现象。它是指食物入口后，给予口腔的触感、温感、味感及嗅感这四种感觉的综合，是人对某一种食物的综合印象。

2. 风味与食物待征等客观因素有关，也与消费者个人的生理、心理、嗜好等主观因素有关。

3. 味精加在 pH 为 6.5 ~ 7.0 的中性食品中味道最佳，过酸或过碱都会影响味精提鲜的效果。pH＝3.2 时鲜味最小。

## 第二节 菜肴的色

### 一、判断题

1. × 2. ✓ 3. × 4. ✓

### 二、选择题

1. A 2. D、C、B、A 3. B

### 三、问答题

1. 使用合成色素时应注意：

(1) 严格执行标准；

(2) 使用适当的溶剂溶解；

(3) 水要经过脱氧或去离子处理；

(4) 溶解器具宜用玻璃、陶器等，不用金属器皿。

2. 叶绿素在活细胞中与蛋白质相结合，细胞死亡后叶绿素即被释出。游离叶绿素很不稳定，它会被细胞中的有机酸分解为脱镁叶绿素，叶绿素受光辐射发生光敏氧化，裂解为无色物质。

## 第三节　菜肴的香

### 一、判断题

1．×　2．✓　3．×　4．✓

### 二、选择题

1．A　2．C

### 三、简答题

1．烹饪中异味的来源有：

(1) 原料自身形成的，如猪腰等。这些异味天然存在，不需加工。

(2) 烹饪加工过程中，原料体内的一些物质发生转化分解而产生，如肉香、鱼香、面包香等。

(3) 通过微生物的作用而产生，如臭豆腐干等。

2．烹饪中常用的调香方法一般有 3 个：

(1) 抑臭调香法。运用一定的调料和适当的手段，消除、减弱或掩盖原料带有的不良气味，同时突出并赋予原料香气。比如在原料烹调成菜后，加入带有浓香气味的调料，主要为香葱、蒜泥、胡椒粉、花椒面、小麻油等，以掩盖原料的轻微异味。

(2) 加热调香法。是借助热力的作用使调料的香气大量挥发，并与原料的本香、热香相交融，形成浓郁香气的调香方法。例如在菜肴起锅前或起锅后，乘热淋浇或粘撒呈香调料，或者将菜肴倒入烧红的铁板（一种盛器）内，借助热力来产生浓香。

(3) 封闭调香法。这是加热调香法的一种辅助手段。为了使香气不致于在烹制过程中严重散失，将原料保持在封闭条件下加热，临吃时开启，可获得非常浓郁的香气。烹调加工中常用如加盖并封口烹制的汽锅炖、瓦罐煨、竹筒烤等；泥土密封，如制作叫化鸡等；纸包密封，如制作纸包鸡、纸包虾等；面层密封，制作菜肴时可代替泥土密封；浆糊密封，上浆挂糊除了具有调味，增嫩等作用外，还具有封闭调香的功能；原料密封，如荷包鱼、八宝鸭、烤鸭等。

## 第四节　菜肴的味

### 一、判断题

1．×　2．×　3．×

### 二、选择题

1．A　2．D

### 三、简答题

味精使用需要注意以下三个方面的问题。

(1) 烹饪食谱用量不宜过多。一岁以内婴儿，不吃味精为好。烹调中少放一点就能达到增鲜的目的。

(2) 炒菜时不宜放入过早。炒菜一般应在菜肴快熟时或者刚出锅后加入，因为这时菜温在 70 ~ 90℃，是味精溶解的最好温度，鲜味也最浓；相反，在高温时加用，当温度超过 120℃时味精中的谷氨酸钠就会变成焦化的谷氨酸钠，既没有鲜味，还具有一定的毒性。油炸食物一般温度高于 120℃。

(3) 不宜在碱性强的食品中使用。谷氨酸钠中的钠活性甚高，容易与碱发生化学反应，产生一种具有不良气味的谷氨酸二钠，失去调味作用，所以碱性较强的海带、鱿鱼等菜肴不宜加味精。

# 第九章　食品化学安全

## 第一节　亚硝酸盐化合物

### 一、填空题

1．发色，防腐　2．二价铁，三价铁，抑制正常的血红蛋白携带氧和释放氧的能力

3．致癌　　4．食盐

### 二、问答题

(1) 少吃或不吃腌腊制品等，尤其勿食大量刚腌制的菜，腌菜时盐应稍多，不吃腌制时间在 7 日左右的咸菜，至少待腌制 15 天以上再食用。

(2) 保持蔬菜新鲜，禁食腐烂变质蔬菜。低温保存食物，以减少亚硝酸盐生成。

(3) 短时间内不要进食大量含硝酸盐较多的叶菜类，防止肠原性青紫。

(4) 肉制品中硝酸盐和亚硝酸盐的用量应严格按国家卫生标准的规定，不可多加。

(5) 不喝苦井水，不用苦井水煮饭、煮粥。不喝长时间煮熬的蒸锅剩水。

(6) 妥善保管好亚硝酸盐，防止错把其当成食盐或碱误食而中毒。

(7) 多吃新鲜的含维生素 C 和维生素 E 丰富的蔬菜、水果。

## 第二节　有毒金属污染

### 一、填空题

1．密度在 $5g/cm^3$ 以上的金属，铅，汞，镉，锡

2．强蓄积性，不能被生物降解，危害以慢性中毒、长期效应为主

3．密佗僧，氧化铅　　4．肝脏，肾脏

### 二、选择题

1．D　2．B、C

### 三、问答题

(1) 金属元素阻断了生物分子表现活性所必需的功能基。

(2) 金属元素置换了生物分子中必需的金属离子。

(3) 金属元素改变了生物大分子构象或高级结构。

提高食品安全意识；不要购买放置时间过长的水果和蔬菜；清洗水果蔬菜时用兑醋的水来清洗果蔬，有助去除果蔬表面的重金属；主动减少食盐的摄入量；尽量少吃包装物含铝的食品；不要在铝箔上烤肉或用铝箔包裹食物；少用铝制的锅或壶；少用含铝的抗酸类药物；不吃无来源地的冷冻海鱼；尽量食用有机食物和无污染的绿色食品；多吃含钙、锌和维生素 C 的食物；生活在污染严重的城市要更多地补充维生素 C 等有利于抗有毒金属的食物；不要酗酒，也尽量少摄入含酒精类饮料等。

## 第三节 杂环胺化合物

### 一、填空题

1．氨基酸，肌酸，高温，长时间加热　　2． 蛋白质，杂环芳烃类化合物

3．氨基咪唑氮杂芳烃，氨基喹啉　　4．新鲜的蔬菜水果

5．致突变，致癌性，心肌毒性

### 二、简答题

食物中的氨基酸和肌酸在高温或长时间加热条件下，形成有致突变，致癌和心肌毒性的杂环胺类化合物，水分是杂环胺形成的抑制剂。食物与明火接触或与灼热的金属表面接触，有助于杂环胺的生成，加工温度高、加热时间长产生的杂环胺含量高。

## 第四节 农药残留污染

### 一、填空题

1．用于预防、消灭或者控制危害农业、林业的病、虫、草和其他有害生物以及有目的地调节植物、昆虫生长的化学合成或者来源于生物、其他天然物质的一种物质或者几种物质的混合物及其制剂，有机磷类，有机氯类，拟除虫菊酯类，氨基甲酸酯类

2．按照良好的农业生产规范，直接或间接使用农药后，在食品和饲料中形成农药残留物的最大浓度

3．根，茎，叶，果实

4．有机氯

5．毒性较大，而且在环境中降解较慢

6．拟除虫菊酯，产生抗药性

### 二、简答题

有机磷类农药中毒的主要机理是抑制胆碱酯酶的活性。有机磷与胆碱酯酶结合，形成磷酰化胆碱酯酶，使胆碱酯酶失去催化乙酰胆碱水解作用，破坏中枢神经系统兴奋和抑制其平衡，使中枢神经调节功能紊乱，可引起昏迷等症状。

# 参考文献

崔桂友．1995．中式菜点的风味化学研究．中国烹饪．

冯凤琴．2005．食品化学．北京：化学工业出版社．

黄刚平．2005．烹饪基础化学．北京：旅游教育出版社．

季鸿崑．2000．烹饪化学．北京：中国轻工业出版社．

李顺发．2001．烹饪化学．北京：中国劳动社会保障出版社．

刘尧．1998．化学．北京：高等教育出版社．

彭景．2008．烹饪营养学．北京：中国纺织出版社．

孙翠华．2003．烹饪基础化学．大连：东北财经大学出版社．

孙秀兰．2009．食品安全与化学污染防治．北京：化学工业出版社．

王成忠，任慧贤．2011．食品风味化学进展．中国调味品．

王淑芳．2000．实用化学．苏州：苏州大学出版社．

沃森（英）．2006．食品化学安全．北京：中国轻工业出版社．

吴徐年．1991．风味化学发展及其文献．世界图书，

吴永宁．2003．现代食品安全科学．北京：化学工业出版社．

夏延斌．2008．食品风味化学．北京：化学工业出版社．

谢明勇．2011．食品化学．北京：化学工业出版社．

周志华．2007．化学与生活·社会·环境．南京：江苏教育出版社．

朱婉芳．1995．烹饪基础化学（修订版）．北京：中国商业出版社．

# 附　录

## 附录 1　原子量相对质量表

（1995 年国际原子量）

| 元素 | 符号 | 原子量 | 元素 | 符号 | 原子量 | 元素 | 符号 | 原子量 | 元素 | 符号 | 原子量 |
|---|---|---|---|---|---|---|---|---|---|---|---|
| 锕 | Ac | 227.0 | 铒 | Er | 167.3 | 锰 | Mn | 54.94 | 钌 | Ru | 101.1 |
| 银 | Ag | 107.9 | 锿 | Es | 252.1 | 钼 | Mo | 95.94 | 硫 | S | 32.06 |
| 铝 | Al | 26.98 | 铕 | Eu | 152.0 | 氮 | N | 14.01 | 锑 | Sb | 121.8 |
| 镅 | Am | 243.1 | 氟 | F | 19.00 | 钠 | Na | 22.99 | 钪 | Sc | 44.96 |
| 氩 | Ar | 39.95 | 铁 | Fe | 55.85 | 铌 | Nb | 92.91 | 硒 | Se | 78.96 |
| 砷 | As | 74.92 | 镄 | Fm | 257.1 | 钕 | Nd | 144.2 | 硅 | Si | 28.09 |
| 砹 | At | 210.0 | 钫 | Fr | 223.0 | 氖 | Ne | 20.18 | 钐 | Sm | 150.4 |
| 金 | Au | 197.0 | 镓 | Ga | 69.72 | 镍 | Ni | 58.69 | 锡 | Sn | 118.7 |
| 硼 | B | 10.81 | 钆 | Gd | 157.2 | 锘 | No | 259.1 | 锶 | Sr | 87.62 |
| 钡 | Ba | 137.3 | 锗 | Ge | 72.59 | 镎 | Np | 237.1 | 钽 | Ta | 180.9 |
| 铍 | Be | 9.012 | 氢 | H | 1.008 | 氧 | O | 16.00 | 铽 | Tb | 158.9 |
| 铋 | Bi | 209.0 | 氦 | He | 4.003 | 锇 | Os | 190.2 | 锝 | Tc | 98.91 |
| 锫 | Bk | 247.1 | 铪 | Hf | 178.5 | 磷 | P | 30.97 | 碲 | Te | 127.6 |
| 溴 | Br | 79.90 | 汞 | Hg | 200.5 | 镤 | Pa | 231.0 | 钍 | Th | 232.0 |
| 碳 | C | 12.01 | 钬 | Ho | 164.9 | 铅 | Pb | 207.2 | 钛 | Ti | 47.88 |
| 钙 | Ca | 40.08 | 碘 | I | 126.9 | 钯 | Pd | 106.4 | 铊 | Tl | 204.4 |
| 镉 | Cd | 112.4 | 铟 | In | 114.8 | 钷 | Pm | 144.9 | 铥 | Tm | 168.9 |
| 铈 | Ce | 140.1 | 铱 | Ir | 192.2 | 钋 | Po | 210.0 | 铀 | U | 238.0 |
| 锎 | Cf | 252.1 | 钾 | K | 39.10 | 镨 | Pr | 140.9 | 钒 | V | 50.94 |
| 氯 | Cl | 35.45 | 氪 | Kr | 83.30 | 铂 | Pt | 195.1 | 钨 | W | 183.9 |
| 锔 | Cm | 247.1 | 镧 | La | 138.9 | 钚 | Pu | 239.1 | 氙 | Xe | 131.2 |
| 钴 | Co | 58.93 | 锂 | Li | 6.941 | 镭 | Ra | 226.0 | 钇 | Y | 88.91 |
| 铬 | Cr | 52.00 | 铹 | Lr | 260.1 | 铷 | Rb | 35.47 | 镱 | Yb | 173.0 |
| 铯 | Cs | 132.9 | 镥 | Lu | 175.0 | 铼 | Re | 186.2 | 锌 | Zn | 65.38 |
| 铜 | Cu | 63.55 | 钔 | Md | 256.1 | 铑 | Rh | 102.9 | 锆 | Zr | 91.22 |
| 镝 | Dy | 162.5 | 镁 | Mg | 24.31 | 氡 | Rn | 222.0 | | | |

# 附录 2　常见酸、碱和盐的溶解性表（20° C）

| 阴离子 / 阳离子 | $OH^-$ | $NO_3^-$ | $Cl^-$ | $SO_4^{2-}$ | $CO_3^{2-}$ |
|---|---|---|---|---|---|
| $N^+$ | | 溶、挥 | 溶、挥 | 溶 | 溶、挥 |
| $NH_4^+$ | 溶、挥 | 溶 | 溶 | 溶 | 溶 |
| $K^+$ | 溶 | 溶 | 溶 | 溶 | 溶 |
| $Na^+$ | 溶 | 溶 | 溶 | 溶 | 溶 |
| $Ba^{2+}$ | 溶 | 溶 | 溶 | 不 | 不 |
| $Ca^{2+}$ | 微 | 溶 | 溶 | 微 | 不 |
| $Mg^{2+}$ | 不 | 溶 | 溶 | 溶 | 微 |
| $Al^{3+}$ | 不 | 溶 | 溶 | 溶 | — |
| $Mn^{2+}$ | 不 | 溶 | 溶 | 溶 | 不 |
| $Zn^{2+}$ | 不 | 溶 | 溶 | 溶 | 不 |
| $Fe^{2+}$ | 不 | 溶 | 溶 | 溶 | 不 |
| $Fe^{3+}$ | 不 | 溶 | 溶 | 溶 | — |
| $Cu^{2+}$ | 不 | 溶 | 溶 | 溶 | 不 |
| $Ag^+$ | — | 溶 | 不 | 微 | 不 |